DIE WELT DER GEHEIMEN ZEICHEN

KLAUS SCHMEH

DIE WELT DER GEHEIMEN ZEICHEN

Die faszinierende Geschichte der Verschlüsselung

Mit einem Geleitwort von
Prof. Dr. C. Paar

Autor:
Dipl.-Inf. Klaus Schmeh
E-Mail: klaus.schmeh@W3L.de
http://www.W3L.de

Der Verlag und der Autor haben alle Sorgfalt walten lassen, um vollständige und akkurate Informationen in diesem Buch und den Programmen zu publizieren. Der Verlag übernimmt weder Garantie noch die juristische Verantwortung oder irgendeine Haftung für die Nutzung dieser Informationen, für deren Wirtschaftlichkeit oder fehlerfreie Funktion für einen bestimmten Zweck. Ferner kann der Verlag für Schäden, die auf einer Fehlfunktion von Programmen oder ähnliches zurückzuführen sind, nicht haftbar gemacht werden. Auch nicht für die Verletzung von Patent- und anderen Rechten Dritter, die daraus resultieren. Eine telefonische oder schriftliche Beratung durch den Verlag über den Einsatz der Programme ist nicht möglich. Der Verlag übernimmt keine Gewähr dafür, dass die beschriebenen Verfahren, Programme usw. frei von Schutzrechten Dritter sind. Die Wiedergabe von Gebrauchsnamen, Handelsnamen, Warenbezeichnungen usw. in diesem Buch berechtigt auch ohne besondere Kennzeichnung nicht zu der Annahme, dass solche Namen im Sinne der Warenzeichen- und Markenschutz-Gesetzgebung als frei zu betrachten wären und daher von jedermann benutzt werden dürften.

Gesamtgestaltung: Prof. Dr. Heide Balzert, Herdecke
Lektor: Dr.-Ing. Olaf Zwintzscher, Bochum
Herstellung: Dipl. -Inf. (FH) Kerstin Kohl, Bochum; M.A. Andrea Krengel, Dortmund
Satz: Das Buch wurde aus der e-learning-Plattform W3L automatisch generiert. Der Satz erfolgte aus der Lucida, Lucida sans und Lucida casual.

Genehmigte Lizenzausgabe für Nikol Verlagsgesellschaft mbH & Co. KG, Hamburg 2010

Titelabbildung: istockphoto | Aleksandar Bracinac
Umschlag: Groothuis, Lohfert, Consorten | glcons.de
Printed in the Czech Republic

ISBN: 978-3-86820-088-1

www.nikol-verlag.de

Geleitwort

Erst kürzlich beschäftigte sich ein Artikel auf der Titelseite der New York Times mit dem Brechen geheimer Codes der Irakischen Regierung durch die US-Geheimdienste. Welches andere Thema der Informationswissenschaften kann behaupten, so direkt eine Rolle in der Weltpolitik zu spielen? Vielleicht rührt hierher die Faszination, welche die Kryptologie – die Wissenschaft der geheimen Botschaften – auf viele Menschen ausübt. Die Faszination dieses Themas war auch mein Beweggrund, mich im Jahr 1994 der Kryptologie zuzuwenden. Meine Erfahrung seither ist allerdings, dass eine klassische Einführung in die Kryptologie mit einer gehörigen Portion Theorie – insbesondere der reinen Mathematik – einhergeht. Obwohl ich selber seit 10 Jahren Kryptologie auf diese Weise unterrichte, war mir schon seit langem bewusst, dass für viele besonders »aufregende« Aspekte der Kryptologie ein solch mathematisches Vorgehen nicht notwendig ist.

Herrn Klaus Schmeh ist es nun mit diesem Buch in hervorragender Weise geglückt, die interessantesten Aspekte der Kryptologie in ebenso verständlicher wie fesselnder Weise darzustellen. In den ersten beiden Teilen des Buches wird ein Bogen gespannt, der von der Verschlüsselung im amerikanischen Bürgerkrieg bis hin zum Codebrechen im Kalten Krieg reicht. Natürlich darf eine spannende Behandlung des Brechens der berühmten Enigma nicht fehlen. Auch weniger bekannte Begebenheiten, wie die Erfolge der deutschen Codebrecher im Zweiten Weltkrieg oder Kryptologie in der DDR, werden in interessanter Weise dargestellt.

Die Enigma darf nicht fehlen

Im nächsten Teil des Buches gelingt Herrn Schmeh das Meisterstück, die überaus spannende Geschichte der modernen Datensicherheit seit den siebziger Jahren bildhaft und sehr interessant ohne theoretische Überlast darzustellen. Die

Themen sind hier ebenso vielfältig wie die Bedeutung der Verschlüsselung in unserem täglichen Leben geworden ist: Von der Entstehungsgeschichte der bekanntesten Verschlüsselungssoftware PGP über das deutsche Signaturgesetz bis hin zur Quantenkryptographie, die schon in einigen Jahren einsatzbereit sein kann, werden hier zahlreiche Themen in fesselnder Weise aufbereitet.

Besonders gefällt mir, dass neben der historischen Bedeutung von (oft zu schwachen) Codes auch der technische Hintergrund ohne mathematischen Ballast beschrieben wird. Alles in allem ein Buch, welches einen nicht mehr loslässt und das ich vom Laien bis zum Datensicherheitsexperten jedem empfehlen kann!

Prof. Dr.-Ing. Christof Paar
Inhaber des Lehrstuhls für Kommunikationssicherheit
Ruhr-Universität Bochum

Bochum, im Juni 2004

Lesehinweise   Wenn Sie an technischen Einzelheiten interessiert sind, dann lesen Sie bitte die in den einzelnen Kapiteln angeordneten Boxen (grau unterlegt) und die am Ende vieler Abschnitte angegebenen Glossarbegriffe. Alle Glossarbegriffe alphabetisch sortiert finden Sie nochmals am Ende des Buches.

Wenn Sie den spannenden Lesefluss nicht unterbrechen möchten, dann überspringen Sie die Boxen und Glossarbegriffe.

Inhaltsverzeichnis

1 Das Zeitalter der Verschlüsselung von Hand

1.1 Als die Schrift zum Rätsel wurde

Wirtschaftsspionage muss bereits im alten Mesopotamien ein Problem gewesen sein. Anders ist es nicht zu erklären, dass dort um 1.500 v. Chr. ein Töpfer beim Notieren einer Keramikglasur auf einer Tontafel einen erstaunlichen Trick anwandte: Er veränderte das Aussehen der damals üblichen Keilschriftbuchstaben und machte dadurch den Inhalt des Texts für Außenstehende unlesbar. Mit anderen Worten: Der mesopotamische Töpfer führte eine Verschlüsselung durch.

3.500 Jahre später ist die mesopotamische Tontafel, die später von Archäologen ausgegraben wurde, zu einem einzigartigen kulturhistorischen Dokument geworden. Sie gilt als ältester Beleg für den Einsatz von Verschlüsselung in der Menschheitsgeschichte und bestätigt damit eine interessante Beobachtung: Eine Kultur, die die Schrift nutzt, entdeckt zwangsläufig irgendwann auch die Verschlüsselung. Denn egal, ob es nun um wirtschaftliche, verwaltungstechnische oder militärische Informationen geht, es gibt immer Augen, vor denen es sie zu schützen gilt. Früher oder später kommt daher ein schlauer Kopf auf die Idee, aus der Schrift ein Rätsel zu machen, das nur für Eingeweihte lösbar sein soll.

Verschlüsselung gab es bereits vor 3.500 Jahren

Ein Wettlauf über 3.500 Jahre

3.500 Jahre nach dem mesopotamischen Töpfer ist der Schutz vertraulicher Informationen aktueller denn je. Statt Tontafeln sind es heute vor allem Computer-Dateien, die verschlüsselt werden müssen und an die Stelle von Boten ist das Internet getreten. Doch so wenig sich am Kern der Problematik geändert hat, so viel hat sich in der Verschlüsselung insgesamt getan. Nicht nur der Computer hat dafür gesorgt, dass die Verschlüsselung von Daten seit ihrer Erfindung mehrere Revolutionen durchlebt hat.

Die Kryptologie ist die Lehre der Verschlüsselung

Die größten Fortschritte hat die Verschlüsselungstechnik zweifellos gemacht, seit sie sich in den siebziger Jahren des 20. Jahrhunderts zur akademischen Disziplin entwickelt hat, die an Universitäten betrieben und gelehrt wird. In dieser Zeit hat sich auch die Bezeichnung **Kryptologie** als Name für die Wissenschaft der Verschlüsselung durchgesetzt. Der Begriff stammt aus dem Griechischen, wo *kryptein* für »verstecken« und *logos* für »Lehre« steht. Die Kryptologie ist also wörtlich genommen die Lehre des Versteckens von Informationen.

Es liegt in der Natur der Sache, dass die Kryptologie oft im Verborgenen betrieben wird. Da niemand gern über die Methoden redet, mit denen er den Gegner am Mitlesen hindern will, war die Kryptologie Jahrhunderte lang eine Geheimwissenschaft, die an den Höfen der Mächtigen und im Auftrag des Militärs betrieben wurde. Einen Austausch zwischen den damit betrauten Experten gab es kaum. So entwickelte sich das Wissen um Verschlüsselungscodes und das Knacken derselben über die Jahrhunderte nur langsam, und oft genug waren Dilettanten am Werk.

David Kahn gilt als Pionier

Die Welt der geheimen Zeichen war also lange Zeit buchstäblich eine Geheimwelt. Daran liegt es auch, dass die mittlerweile 3.500 Jahre dauernde Geschichte der Kryptologie erst spät ins Visier der Geschichtsforschung gelangt ist. Als diesbezüglicher Pionier gilt der Historiker und Journalist David Kahn, der 1967 sein Buch »The Codebreakers« veröffentlichte, in dem er die Geschichte der Verschlüsselung in aller Ausführlichkeit erzählte /Kahn 67/. Dieses Werk, das

1996 neu aufgelegt wurde, gilt heute als Klassiker zu diesem Thema und machte David Kahn zum Gründer einer neuen Disziplin. Diese wird als »Kryptologie-Geschichte« bezeichnet und hat in den vergangenen Jahrzehnten immer mehr begeisterte Anhänger gefunden.

Codemaker gegen Codebreaker

Mit den Arbeiten Kahns und seiner Kollegen wurde einer breiteren Öffentlichkeit erstmals bewusst, was für eine faszinierende und vielfältige Geschichte sich hinter der Kryptologie verbirgt. Noch mehr erstaunte viele, wie die Kryptologie den Lauf der Geschichte immer wieder beeinflusste und dabei nicht nur über Einzelschicksale, sondern über Schlachten und ganze Kriege entschied. Den Höhepunkt dieser Entwicklung markierte zweifellos der Zweite Weltkrieg, in dem Verschlüsselungsmaschinen wie die berühmte Enigma für eine bis dahin unerreichte Verschlüsselungssicherheit sorgten. Doch auch die Dechiffrierer rüsteten in dieser Zeit kräftig auf. Sie bauten zum Teil regelrechte Dechiffrier-Fabriken und konnten so ihrerseits erstaunliche Erfolge erzielen.

Doch nicht nur für den Zweiten Weltkrieg gilt: Das Interessanteste an der Geschichte der Kryptologie ist der seit 3.500 Jahren andauernde Wettlauf zwischen den Erfindern von Verschlüsselungsverfahren und ihren Gegenspielern, den Dechiffrierern. Krypto-Historiker sprechen in diesem Zusammenhang auch vom Kampf der Codemaker gegen die Codebreaker. Erstere haben es im Lauf der Zeit immer wieder geschafft, ihre Verfahren zu verbessern, doch in nahezu allen Fällen konnten die Dechiffrierer mit verbesserten Analysemethoden nachziehen. Erst vor etwa 50 Jahren, als die verfügbaren Verschlüsselungsmaschinen immer besser wurden und später auch der Computer Einzug hielt, wendete sich das Blatt erstmals zu Gunsten der Verschlüssler.

Seit 30 Jahren
wird die
Kryptologie
öffentlich
betrieben Als sich die Kryptologie in den siebziger Jahren zu einer akademischen Disziplin entwickelte, die ohne Geheimhaltung an den Universitäten betrieben wurde, gerieten die Code-Knacker weiter ins Hintertreffen. Nun entwickelten geniale Kryptologen moderne Verschlüsselungsverfahren, die nicht nur nicht mehr zu knacken, sondern auch für jedermann zugänglich waren. Die Einschätzung, dass viele der heute bekannten Verfahren auch tatsächlich sehr sicher sind, entspricht zumindest dem aktuellen Stand der Forschung. Nach wie vor gehen die meisten Kryptologen ihrer Tätigkeit jedoch im staatlichen Auftrag und im Verborgenen nach, und niemand weiß, ob nicht irgendwo auf der Welt ein genialer Dechiffrierer die Lösung zu irgendwelchen als sicher geltenden Codes gefunden hat.

Epochen der Kryptologie-Geschichte

Durch den ständigen Wettlauf zwischen Code-Erfindern und Code-Knackern entstanden ständig neue Verfahren und Erfindungen. Dabei nutzten die Entwickler von Verschlüsselungsverfahren zwangsläufig die Technik, die es zur jeweiligen Zeit gab, und machten die Kryptologie damit zu einem interessanten Spiegelbild der Technikgeschichte. Vor diesem Hintergrund bietet sich eine Einteilung der Kryptologie-Geschichte in drei Epochen an.

Die erste und längste Epoche ist das **Zeitalter der Verschlüsselung von Hand**. Sie begann mit dem bereits erwähnten mesopotamischen Töpfer, der etwa 1.500 v. Chr. die erste belegte Verschlüsselung der Menschheitsgeschichte durchführte, und endete um 1920. In diesen knapp dreieinhalb Jahrtausenden verwendeten Menschen abgesehen von simplen Buchstabenscheiben und ähnlichen einfachen Vorrichtungen nur Hand und Schreibwerkzeug zur Verschlüsselung. Um das Zeitalter der Verschlüsselung von Hand geht es im ersten Teil dieses Buchs.

Um 1920 erfanden gleich mehrere Ingenieure mechanisch ausgeklügelte Geräte zum Verschlüsseln von Nachrichten und läuteten damit das **Zeitalter der Verschlüsselungsmaschinen** ein. Zum Symbol dieser Epoche, die von vielen Krypto-Historikern als die interessanteste angesehen wird, wurde die bereits erwähnte deutsche Verschlüsselungsmaschine Enigma, die im Zweiten Weltkrieg eine entscheidende Rolle spielte. Es gab jedoch noch zahlreiche weitere Maschinen, die zu dieser Zeit eingesetzt wurden und schließlich in den frühen Jahren des Kalten Kriegs ein hohes Maß an Perfektion erreichten. Das Zeitalter der Verschlüsselungsmaschinen, das im zweiten Teil dieses Buchs behandelt wird, ging um 1970 zuende, als die Computer-Technik für eine Ablösung der mechanischen Apparate sorgte.

Seit etwa 1920 gibt es Verschlüsselungsmaschinen

So begann schließlich das **Zeitalter der Verschlüsselung mit dem Computer**, das bis heute andauert. Durch die Nutzung der Informationstechnik erreichte die Kryptologie völlig neue Dimensionen und drang in bis dahin unbekannte Anwendungsbereiche vor. Insbesondere ermöglichte der Computer erstmals auch dem Normalbürger den Einsatz von Verschlüsselung, was interessante Folgen für die Gesellschaft hatte. Um die Höhen und Tiefen der Computer-Verschlüsselung geht es im dritten Teil dieses Buchs.

Neben den drei Teilen, die nach den Epochen der Kryptologie-Geschichte gegliedert sind, enthält dieses Buch noch einige interessante Anhänge, in denen es um einen Dechiffrier-Wettbewerb, eine Krypto-Software, Fragen an die Leser und weitere Themen geht.

Cäsars Beitrag zur Kryptologie

Nach Cäsar ist ein Verfahren benannt

In den ersten Jahrtausenden ihrer Geschichte nahm die Kryptologie eine sehr langsame Entwicklung. Die Methoden der Anfangszeit waren noch recht primitiv. Der besagte mesopotamische Töpfer beispielsweise gab Keilschriftbuchstaben ein neues Aussehen und schuf damit eine Geheimschrift. Auch wenn eine solche Geheimschrift, bei der jeder Buchstabe durch ein Fantasiezeichen ersetzt wird, auf den ersten Blick recht geheimnisvoll wirkt, ist sie meist recht einfach zu knacken. Dies liegt daran, dass in allen bekannten Sprachen die jeweils verwendeten Buchstaben unterschiedlich oft vorkommen. Im Deutschen ist beispielsweise der Buchstabe E mit 18 Prozent der häufigste, gefolgt vom N mit etwa 10 Prozent (Abb. 1.1-1). Ein Dechiffrierer muss daher nur die Buchstaben zählen, um eine Geheimschrift entschlüsseln zu können (dies nennt man **Häufigkeitsanalyse**). Schon etwa 40 Buchstaben reichen bei einem deutschsprachigen Text für eine Häufigkeitsanalyse aus.

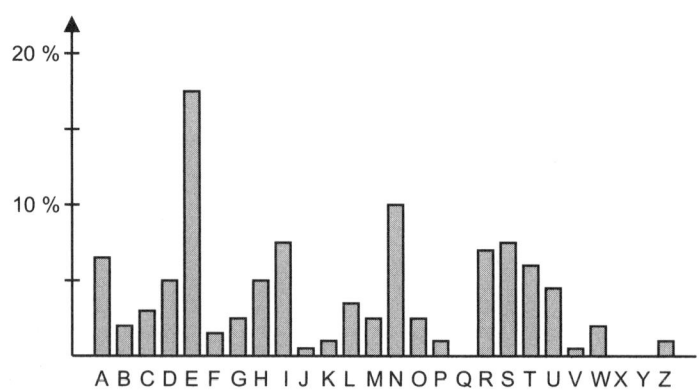

Abb. 1.1-1: Die Buchstaben des Alphabets sind in der deutschen Sprache ungleichmäßig verteilt. Das E ist der häufigste Buchstabe.

Auf ähnliche Weise waren auch die Verschlüsselungen zu knacken, die ab etwa 500 v. Chr. in Indien eingesetzt wurden. Anstatt Geheimbuchstaben zu verwenden, ersetzten die Inder seinerzeit einfach die damals üblichen Buchstaben untereinander. Sie kannten jedoch auch schon Verfahren, bei denen die Reihenfolge von Buchstaben vertauscht wurde (Transposition), was schon deutlich mehr Sicherheit bot. Die Inder waren außerdem die ersten, von denen eine systematische Beschäftigung mit kryptologischen Techniken belegt ist. Das Wissen um Verschlüsselungsmethoden gehörte gemäß dem Kama Sutra, einem zur damaligen Zeit bedeutenden Buch zu Fragen der körperlichen Liebe, zu den Künsten, die eine Frau beherrschen musste. Es ist tröstlich zu wissen, dass damit neben dem mesopotamischen Töpfer eine weitere frühe Erwähnung der Kryptologie eine friedliche Nutzung betrifft, obwohl die Verschlüsselung zweifellos auch schon damals für kriegerische Handlungen eingesetzt wurde.

Sicherlich nicht für friedliche Aktionen gedacht war dagegen die Skytale, ein Verschlüsselungswerkzeug, das ebenfalls für das 5. Jahrhundert vor Christus, und zwar in Griechenland, belegt ist. Eine Skytale bestand aus einem runden Holzstab, um den ein Pergamentstreifen (heute würde man Papier nehmen) gewickelt wurde (Abb. 1.1-2). Der Absender schrieb seine Nachricht auf das Pergament und entfernte dieses anschließend vom Stab. Die Nachricht war nur wieder lesbar, wenn man den Streifen erneut um einen Stab mit dem gleichen Durchmesser wickelte.

Die Skytale war des erste bekannte Verschlüsselungswerkzeug

Historisch gesehen ist die Skytale aus zwei Gründen interessant: Zum einen handelt es sich dabei um das früheste belegte Verschlüsselungsgerät überhaupt. Zum anderen ermöglichte die Skytale die erste bekannte Verschlüsselungsmethode, bei der eine Geheiminformation – in diesem Fall der Durchmesser des Stabs – in die Verschlüsselung ein-

Abb. 1.1-2: Die von den alten Griechen verwendete Skytale ist das älteste bekannte Verschlüsselungsgerät. Die Nachricht wurde auf ein Pergament geschrieben, das um einen runden Stab gewickelt war.

ging. Eine solche Geheiminformation wird in der Kryptologie **Schlüssel** genannt. Alle modernen Verschlüsselungsverfahren arbeiten mit einem Schlüssel, wobei sich ein gutes Verfahren dadurch auszeichnet, dass es ohne Kenntnis des Schlüssels nicht dechiffrierbar ist, selbst wenn ein Dechiffrierer die genaue Funktionsweise kennt. Bei der Skytale war dieser Idealfall zwar noch nicht gegeben, doch immerhin, die Idee war vorhanden. Es sollte jedoch noch über 2000 Jahre dauern, bis dieses Prinzip erstmals formuliert wurde, und erst im 20. Jahrhundert konnte es erfolgreich umgesetzt werden.

Ein weiteres Verfahren mit Schlüssel, das bereits im Altertum bekannt war, ist nach dem römischen Staatsmann und Feldherrn Julius Cäsar benannt. Es wird als **Cäsar-Chiffre** bezeichnet. Julius Cäsar soll diese Methode zur Kommunikation mit seinen Generälen verwendet haben. Die Funkti-

onsweise der Cäsar-Chiffre ist denkbar einfach: Man ersetzt
jeden Buchstaben durch einen anderen, der eine bestimmte
Anzahl von Stellen danach im Alphabet steht (beispielsweise
A durch E, B durch F, C durch G usw.). Die Anzahl der Stellen, um die verschoben wird, ist der Schlüssel. Die Cäsar-
Chiffre mag für die damaligen Barbaren-Stämme ausgereicht
haben, doch eine größere Sicherheit bot sie nicht. Wie einer
Geheimschrift ist auch ihr mit einer Häufigkeitsanalyse einfach beizukommen.

Die Chiffre indéchiffrable

Nach Caesar dauerte es etwa 1.500 Jahre, bis die Kryptologie wieder einen entscheidenden Fortschritt machte. Sicherlich nicht ganz zufällig fiel diese Entwicklung in das Italien
der Renaissance, wo zu dieser Zeit das finstere Mittelalter
zuende ging und eine neue Blüte der Künste und Naturwissenschaften einsetzte. Zu den zahlreichen Gelehrten dieser
Zeit, die sich im Gegensatz zu heute noch nicht spezialisie-
ren mussten, um Bedeutendes zu entdecken, gehörte auch
der Architekt, Mathematiker, Komponist und Philosoph Leon
Alberti. Dieser entwickelte um 1460 eines der frühesten
Verschlüsselungswerkzeuge, von dem wir wissen, die so genannte **Chiffrierscheibe**. Dabei handelt es sich um eine
Vorrichtung, die aus zwei konzentrischen Scheiben besteht,
auf denen jeweils die Buchstaben des Alphabets abgetragen
sind (Abb. 1.1-3 zeigt eine moderne Variante, die aus mehr
als zwei Scheiben zusammengesetzt ist). Die innere Scheibe
lässt sich drehen. Damit ist die Chiffrierscheibe zwar nur
ein Hilfsmittel für den Einsatz der damals schon seit langem
bekannten Cäsar-Chiffre, doch immerhin stand sie am Anfang einer interessanten Entwicklung. Albertis Überlegungen gingen ohnehin noch weiter: Anstatt die Einstellung der
Chiffrierscheibe für einen Text konstant zu lassen, wie es
die Cäsar-Chiffre vorsah, schlug er vor, zwischen zwei Ein-

In der
Renaissance
erlebte die Ver-
schlüsselung
einen
Aufschwung

Abb. 1.1-3: Chiffrierscheiben gab es bereits im 15. Jahrhundert. Dieses Exemplar stammt vermutlich aus der Zeit der Weimarer Republik, der Einsatzzweck ist nicht bekannt (als Farbfoto im Anhang).

stellungen hin und her zu springen (Abb. 1.1-4). Eine Häufigkeitsanalyse wurde dadurch deutlich erschwert.

Cäsar

Ersetzungstabelle: ABCDEFGHIJKLMNOPQRSTUVWXYZ
GHIJKLMNOPQRSTUVWXYZABCDEF

Unverschlüsselter Text: DIE WELT DER GEHEIMEN ZEICHEN

Verschlüsselter Text: JOK CKRZ JKX MKNKOSKT FKOINKT

Alberti

Ersetzungstabelle: ABCDEFGHIJKLMNOPQRSTUVWXYZ
GHIJKLMNOPQRSTUVWXYZABCDEF
MNOPQRSTUVWXYZABCDEFGHIJKL

Unverschlüsselter Text: DIE **WELT** DER **GEHEIMEN** ZEICHEN

Verschlüsselter Text: JUK IKXZ VKD MQNQOYKZ FQOONQT

Abb. 1.1-4: Bei der Cäsar-Chiffre werden die Buchstaben des Alphabets gemäß einer Tabelle ersetzt. Leon Alberti führte im 15. Jahrhundert das Abwechseln zwischen zwei Tabellenzeilen ein.

Mehrere Kollegen Albertis entwickelten diese Idee weiter, bevor sie der Franzose Blaise de Vigenère im 16. Jahrhundert schließlich perfektionierte. Die von Vigenère entwickelte Methode (die **Vigenère-Chiffre**) sieht vor, unter einen zu verschlüsselnden Text ein Passwort zu schreiben, das sich ständig wiederholt. Dieses Passwort ist der Schlüssel des Verfahrens. Mit dem Schlüssel KARL sieht das beispielsweise so aus:

```
DIE WELT DER GEHEIMEN ZEICHEN
KAR LKAR LKA RLKARLKA RLKARLK
```

Als nächstes werden die jeweils untereinander stehen Buchstaben zusammengezählt (A=1, B=2 usw., ist das Ergebnis größer als 26, dann wird 26 abgezogen):

```
DIE WELT DER GEHEIMEN ZEICHEN
KAR LKAR LKA RLKARLKA RLKARLK
------------------------------
OJW IPML PPS YQSFAYPO RQTDZQY
```

Der verschlüsselte Text lautet damit OJWIP MLPPS YQSFA YPORQ TDZQY. Für die damalige Zeit bedeutete die Vigenère-Chiffre einen großen Fortschritt, denn mit den damals bekannten Methoden war sie nicht zu knacken. Auch die zu diesem Zeitpunkt längst bekannte Häufigkeitsanalyse half nicht weiter, da die Buchstabenhäufigkeit in einer verschlüsselten Nachricht bei der Vigenère-Chiffre nichts über den ursprünglichen Text oder den Schlüssel aussagt. Weil den damaligen Dechiffrierern nichts anderes einfiel, um dieses Verfahren zu knacken, hielt man die Vigenère-Chiffre etwa drei Jahrhunderte lang für vollkommen sicher. Sie ging daher auch als »Chiffre indéchiffrable« in die Kryptologie-Geschichte ein.

Die Vigenère-Chiffre galt als unknackbar

Aus heutiger Sicht erscheint es erstaunlich, dass sich die Code-Knacker 300 Jahre lang die Zähne an der Vigenère-Chiffre ausbissen. Heute kommt in der Regel selbst ein mathematisch versierter Laie innerhalb einer Viertelstunde auf den richtigen Lösungsansatz. Diese verwunderliche Tatsache hat sicherlich auch damit zu tun, dass sich die Vigenère-Chiffre trotz ihrer eleganten Funktionsweise längst nicht so stark verbreitete wie man vermuten könnte. Noch im 19. Jahrhundert wollte sie ein Brite zum Patent anmelden – ihm war nicht bekannt, dass das Verfahren bereits seit 300 Jahren existierte.

Wie aber lässt sich die Vigenère-Chiffre nun lösen? Man kann dazu wiederum ein Häufigkeitsanalyse einsetzen, darf jedoch nicht alle Buchstaben zählen. Wenn man beispielsweise weiß, dass der Schlüssel fünf Buchstaben lang ist, dann zählt man stattdessen nur jedes fünfte Zeichen, bestimmt das häufigste davon und kann so den ersten Buchstaben des Schlüssels ermitteln. Anschließend zählt man den zweiten, sechsten, elften, sechzehnten usw. Buchstaben, wodurch man den zweiten Buchstaben des Schlüssels erhält. In ähnlicher Weise lässt sich auch der Rest des Schlüssels ermitteln. Das einzige Problem besteht darin, dass ein Dechiffrierer im Normalfall die Länge des Schlüssels nicht kennt. Doch auch das ist kein wirkliches Hindernis: Ein Dechiffrierer kann einerseits raten, andererseits gibt es auch verschiedene statistische Methoden, um auf die richtige Schlüssellänge zu kommen.

Der erste, der die Vigenère-Chiffre auf diese Art löste, war der Brite Charles Babbage, der sich auch mit der Konzeption einer Rechenmaschine, die allerdings nie gebaut wurde, einen Namen machte. Babbage gelang diese Entdeckung um das Jahr 1854, doch da er sie nie veröffentlichte, geriet seine Leistung in Vergessenheit. So ging schließlich der preußische Offizier Friedrich Kasiski, der seine Lösung 1863 der Öffentlichkeit präsentierte, als Vigenère-Knacker in die Kryptologie-Geschichte ein. 300 Jahre nach seiner Entstehung war das als undechiffrierbar geltende Verfahren damit gelöst. Heute kann selbst ein geübter Laie eine Vigenère-Nachricht innerhalb einer halben Stunde entschlüsseln – ohne Computer-Unterstützung.

Babbage knackte die Vigenère-Chiffre

Das Kerckhoffsche Prinzip

Genau 20 Jahre nach Kasiskis Veröffentlichung setzte der Belgier Jean Kerckhoff van Nieuwenhof einen weiteren Mei-

Die Sicherheit muss im Schlüssel liegen

lenstein in der Geschichte der Kryptologie. Er entwickelte jedoch weder ein Verschlüsselungsverfahren noch eine De-chiffrier-Methode, sondern formulierte eine These, die bis heute ihre Gültigkeit hat: das nach ihm benannte **Kerckhoffsche Prinzip**. Dieses besagt, dass ein Verschlüsselungsverfahren auch dann noch sicher sein muss, wenn ein Dechiffrierer alle Einzelheiten darüber – außer dem Schlüssel – kennt. Mit anderen Worten: Die Sicherheit muss allein im Schlüssel liegen.

Die Vorteile des Kerckhoffschen Prinzips liegen auf der Hand: Ist es erfüllt, dann genügt es, den Schlüssel geheim zu halten, anstatt immer neue Verschlüsselungsverfahren zu entwickeln. Im Lauf des 20. Jahrhunderts wurde das Kerckhoffsche Prinzip zu einer Standard-Anforderung an jedes Verschlüsselungsverfahren, wodurch die Code-Knacker stets eine doppelte Aufgabe zu lösen hatten: Sie mussten zunächst herausfinden, wie ein Verfahren funktionierte, um anschließend die verwendeten Schlüssel zu ermitteln. Wenn das Kerckhoffsche Prinzip erfüllt war, dann war der zweite Schritt nicht möglich. Es dauerte jedoch noch einige Jahrzehnte, bis Kryptologen in der Lage waren, derartige Verfahren zu entwickeln. Zuvor mussten Code-Entwickler in aller Welt noch viele schmerzhafte Erfahrungen machen.

Glossar   **Chiffrierscheibe** Einfache Verschlüsselungsvorrichtung, die für das 15. Jahrhundert erstmals belegt ist. Eine Chiffrierscheibe besteht genau genommen aus zwei Scheiben, die konzentrisch zusammengefügt sind und sich gegeneinander verdrehen lassen. Auf beiden Scheiben ist das Alphabet abgetragen. Die Stellung der Scheiben gibt an, welcher Buchstabe durch welchen anderen ersetzt wird.

Cäsar-Chiffre Primitives Verschlüsselungsverfahren, bei dem jeder Buchstabe durch einen anderen ersetzt wird, der im Alphabet um eine bestimmte Anzahl von Stellen später folgt. Die Cäsar-Chiffre, die bereits Julius Cäsar eingesetzt haben soll, ist durch das Zählen von Buchstaben (Häufigkeitsanalyse) oder durch einfaches Durchprobieren leicht zu knacken.

Häufigkeitsanalyse Methode zur Dechiffrierung einfacher Verschlüsselungsverfahren, die eine Ermittlung der Häufigkeit einzelner Buchstaben oder Zeichen vorsieht. Damit kann beispielsweise eine Cäsar-Chiffre geknackt werden.

Kerckhoffsches Prinzip Prinzip in der Kryptologie, wonach die Sicherheit eines Verfahrens ausschließlich im Schlüssel liegt. Wurde im 19. Jahrhundert formuliert und gilt als wichtige Grundlage der modernen Kryptologie.

Kryptologie Wissenschaft der Verschlüsselung und verwandter Themen. Umfasst die beiden Teilgebiete Kryptografie (Verschlüsselung) und Kryptoanalyse (unbefugtes Entschlüsseln).

Schlüssel Geheiminformation (Passwort), die in einen Verschlüsselungsvorgang eingeht. Alle gängigen Verschlüsselungsverfahren arbeiten mit Schlüsseln, wobei die Funktionsweise des Verfahrens veröffentlicht werden kann.

Vigenère-Chiffre Einfaches Verschlüsselungsverfahren, das im 16. Jahrhundert entwickelt wurde. Galt bis ins 19. Jahrhundert als unknackbar, ist heute jedoch leicht zu lösen.

1.2 Der Telegrafie-Schub

1830 wurde zwischen Berlin und Potsdam die weltweit erste optische Telegrafenlinie in Betrieb genommen. Damit begann eine bis heute andauernde Zeit, in der die Übermittlung von Nachrichten immer schneller und immer weniger aufwendig wurde. Erfindungen wie die elektrische Telegrafie, die drahtlose Nachrichtenübermittlung und später das Telefon sorgten für eine stetige Verbesserung der Kommunikationstechnik und machten schließlich den sekundenschnellen Transport von Informationen über Kontinente hinweg zum alltäglichen Vorgang.

Die Kryptologie im 19. Jahrhundert

Es versteht sich von selbst, dass diese Entwicklung auch an der Kryptologie nicht spurlos vorüberging. Denn mit der zunehmenden Verbreitung der Kommunikationstechnik bot sich zwangsläufig immer häufiger die Möglichkeit, Nachrichten abzufangen, was insbesondere bei drahtlosen Techniken oft ein Kinderspiel war. Die Notwendigkeit für den Einsatz von Verschlüsselung war also mit Aufkommen der Telegrafie größer denn je. Da die steigende Anzahl an versendeten Nachrichten auch ein logistisches Problem darstellte, mussten die verwendeten Verschlüsselungsverfahren nicht nur sicher, sondern auch einfach und praktikabel sein. Die Übertragung von Nachrichten erfolgte bis weit ins 20. Jahrhundert hinein mit Hilfe des Morse-Alphabets, weshalb eine brauchbare Verschlüsselung auf Basis von Buchstaben und Zahlen arbeiten musste.

Die Kryptologie machte Fortschritte

Angesichts dieser neuen Herausforderungen ist es sicherlich kein Zufall, dass die Kryptologie in der zweiten Hälfte des 19. Jahrhunderts erhebliche Fortschritte machte. Babbage und Kasiski entwickelten in dieser Zeit ihre Methoden zum Knacken der Vigenère-Chiffre, und Jean Kerckhoff van Nieuwenhof formulierte das nach ihm benannte Kerckhoffsche Prinzip. Letzteres – es besagt, dass die Sicherheit eines Verfahrens allein in der Geheimhaltung des Schlüssels liegen muss – spiegelt in besonderem Maße die Anforderungen der damaligen Zeit wider, denn angesichts der ständig wachsenden Datenmenge und des dadurch steigenden Personalbedarfs wurde es immer schwieriger, ein Verfahren geheim zu halten.

Doch trotz aller Fortschritte war die Kryptologie im 19. Jahrhundert noch weit davon entfernt, Verfahren zu entwickeln, die sich auf Dauer als sicher erwiesen. In den entscheidenden Duellen zwischen Code-Erfindern und Code-Knackern siegten in jenen Jahren daher meist letztere, auch wenn die Dechiffrier-Techniken zu jener Zeit ebenfalls noch in den Kinderschuhen steckte. Doch immerhin, der Durchbruch war geschafft, und es begann eine rasante Entwicklung, die innerhalb von etwas mehr als 100 Jahren zu erstaunlichen Leistungen führte.

Der erste Buchstabenkrieg

1861 begann der amerikanische Bürgerkrieg (Sezessionskrieg), nachdem sich zuvor neun Südstaaten von den USA
losgesagt hatten. Der Sezessionskrieg, den die Südstaaten
am Ende gegen die in der Union verbliebenen Nordstaaten
verloren, kostete etwa 600.000 Menschen das Leben und gilt
als erster mit industriellen Mitteln geführter Krieg. Auch die
elektrische Telegrafie wurde im Sezessionskrieg erstmals im
großen Stil eingesetzt. Den Ausschlag für den Sieg des Nor-
dens gab nach Ansicht von Historikern deren leistungsfä-
higere Industrie, wobei auch die bessere Telegrafietechnik
eine Rolle spielte.

*Der Sezessions-
krieg war auch
ein Buchsta-
benkrieg*

Durch die neue Kommunikationstechnik stieg auch die militärische Bedeutung der Kryptologie im Sezessionskrieg
deutlich an. Man kann die Auseinandersetzung zwischen
Nord- und Südstaaten, die heute als die große Dummheit
der US-Geschichte gilt, daher als ersten Buchstabenkrieg bezeichnen. Zu einer echten Blüte gelangte die Kryptologie
im Sezessionskrieg dennoch nicht, denn auf beiden Seiten
regierte vor allem der Dilettantismus. Die Nordstaaten ver-
hielten sich jedoch etwas weniger stümperhaft und konnten
sich dadurch einen weiteren Vorteil verschaffen, der ihnen
neben einigen anderen zum Sieg verhalf.

Zu sagen, die Südstaaten hätten im Sezessionskrieg die Bedeutung der Verschlüsselung unterschätzt, hieße zu un-
tertreiben. Es gab dort nicht einmal eine zentrale Stelle,
die sich um dieses Thema kümmerte, und so kochte jeder
Südstaaten-Befehlshaber sein eigenes kryptologisches Süpp-
chen. Von einem Südstaaten-General ist sogar überliefert,
dass er für strategisch bedeutsame Informationen die Cäsar-Chiffre einsetzen ließ – unsicherer ging es kaum. Darüber hinaus arbeiteten die Südstaaten-Armeen mit Büchern,
die Sender und Empfänger besaßen, wobei der Verschlüssler

*Die Südstaaten
unterschätzten
die Bedeutung
der Verschlüs-
selung*

jedes wichtige Wort durch die Angabe der Stelle verschlüsselte, an der es im Buch vorkam. Wohlgemerkt handelte es sich dabei nicht etwa um geheime Code-Bücher, sondern um öffentlich zugängliche Werke, wie ein verbreitetes Englisch-Wörterbuch. Immerhin waren die Südstaatler schlau genug, im Lauf des Kriegs auf die Vigenère-Chiffre umzusteigen, die damals noch als sicher galt. Darüber hinaus verwendeten sie Chiffrier-Scheiben, die dem Gerät ähnelten, das auf dem Titelbild dieses Buchs abgebildet ist, sowie andere einfache Werkzeuge, beispielsweise das in Abb. 1.2-1 gezeigte.

Die Nordstaaten waren zu diesem Zeitpunkt in Sachen Kryptologie bereits etwas weiter. Sie beschäftigten sogar bereits hauptamtliche Dechiffrierer, die allerdings längst nicht die Fähigkeiten späterer Code-Knacker erreichten. Es handelte sich dabei um ein eher zufällig rekrutiertes Team von gerade einmal drei jungen Leuten, die den abgefangenen Nachrichten der Südstaatler zu Leibe rückten. Die zur Lösung der von den Südstaaten eingesetzten Vigenère-Chiffre geeigneten Methoden, die einige Jahre später von Babbage und Kasiski entwickelt wurden, kannten die Dechiffrierer der Union noch nicht. Sie waren offensichtlich auch nicht in der Lage, selbst darauf zu kommen.

Dass die Code-Knacker der Nordstaaten trotzdem viele Nachrichten des Kriegsgegners entschlüsselten, lag vor allem an der Nachlässigkeit der Südstaaten-Verschlüssler, die im Umgang mit den verwendeten Verfahren offensichtlich überfordert waren. Immer wieder enthielten die Nachrichten Fehler, die auf den verwendeten Schlüssel schließen ließen. Doch trotz dieser Dechiffrier-Erfolge sah Ulysses Grant, der Oberbefehlshaber der Nordstaatenarmee, offensichtlich keine Veranlassung, die diesbezüglichen Aktivitäten auszubauen. »Manchmal dauerte es einfach zu lange, bis eine Nachricht entschlüsselt und bei uns angekommen war, um daraus noch irgendwelchen Nutzen zu ziehen«, sagte er später.

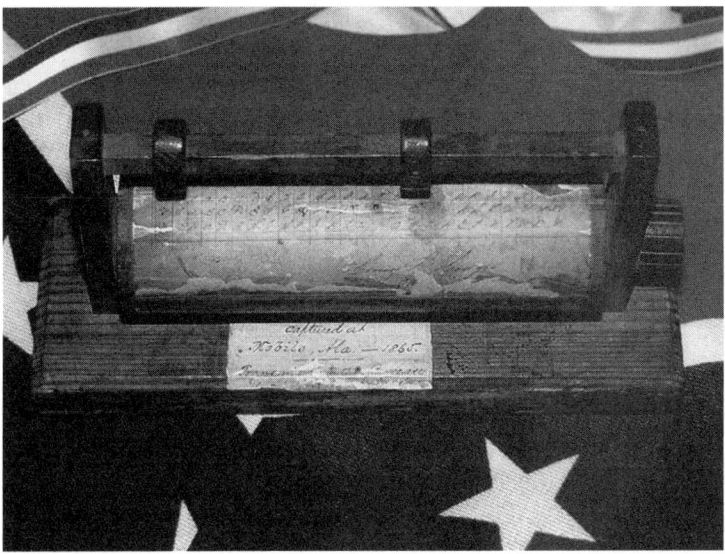

Abb. 1.2-1: Im amerikanischen Sezessionskrieg spielte die Kryptologie eine bis dahin unbekannte Rolle. Die Südstaaten, die auch das hier abgebildete Chiffriergerät nutzten, waren den Nordstaaten im Bereich der Verschlüsselung unterlegen.

Das Stager-Verfahren

Auch die Nordstaaten gingen beim Einsatz von Verschlüsselung bei weitem nicht so professionell vor, wie die Lage es erfordert hätte. Durch eine unzureichende Koordinierung entstand so auch bei der Union ein ganzes Sammelsurium von Chiffrier-Methoden, deren Sicherheit niemand richtig beurteilen konnte und deren Auswahl eher willkürlich erfolgte. So ist es auch kein Zufall, dass das bedeutendste Verschlüsselungsverfahren des Sezessionskriegs von einem Telegrafie-Spezialisten entwickelt wurde, der keine nennens-

Das Stager-Verfahren vertauschte die Reihenfolge von Wörtern

werte Erfahrung im Bereich der Kryptologie hatte. Sein Name war Ansom Stager, seine Methode, die in erster Linie auf der Umstellung von Wörtern im zu verschlüsselnden Text basiert, wird als **Stager-Verfahren** bezeichnet. Da dieses Verfahren allein nicht besonders sicher ist, weil verräterische Wörter auch nach einer Umstellung noch erkennbar sind, gingen die Nordstaaten im Lauf des Kriegs dazu über, wichtige Begriffe vor der eigentlichen Stager-Verschlüsselung durch unauffällige Code-Wörter zu ersetzen.

Ein schönes Beispiel für den Einsatz des Stager-Verfahrens beschreibt David Kahn in seinem Buch »The Codebreakers« /Kahn 67/. Im Juni 1863 verschickte der damalige US-Präsident Abraham Lincoln folgende Botschaft an einen Colonel Ludlow:

```
FOR COLONEL LUDLOW. RICHARDSON AND BROWN,
CORRESPONDENTS OF THE TRIBUNE, CAPTURED AT
VICKSBURG, ARE DETAINED AT RICHMOND. PLEASE
ASCERTAIN WHY THEY ARE DETAINED AND GET
THEM OFF IF YOU CAN. THE PRESIDENT.
```

Auch Lincoln nutzte das Stager-Verfahren

Der Verschlüssler ersetzte nun gemäß einem vereinbarten Code COLONEL durch VENUS, CAPTURED durch WAYLAND, VICKSBURG durch ODOR, RICHMOND durch NEPTUNE sowie THE PRESIDENT durch ADAM. Die Absendezeit, 16:30 Uhr, kodierte er als NELLY, außerdem wählte er GUARD als Schlüssel. Da der Schlüssel fünf Zeichen hatte, schrieb er den neu entstandenen Text in eine Tabelle mit fünf Spalten:

FOR	VENUS	LUDLOW	RICHARDSON	AND
BROWN	CORRESPONDENT	OF	THE	TRIBUNE
WAYLAND	AT	ODOR	ARE	DETAINED
AT	NEPTUNE	PLEASE	ASCERTAIN	WHY
THEY	ARE	DETAINED	AND	GET
THEM	OFF	IF	YOU	CAN
ADAM	NELLY	THIS	FILLS	UP

Aus dem Schlüssel GUARD konstruierte der Verschlüssler nun nach einem festgelegten Ablauf einen Weg durch die

Tabelle. Dieser führte von unten durch die erste Spalte, von
oben durch die zweite, von unten durch die fünfte, von oben
durch die vierte und schließlich von unten durch die dritte.
An den Anfang stellte der den Schlüssel, an das Ende jeder Spalte ein bedeutungsloses Füllwort. Die verschlüsselte
Nachricht wurde schließlich in folgender Form verschickt:

```
GUARD ADAM THEM THEY AT WAYLAND BROWN
FOR KISSING VENUS CORRESPONDENTS AT NEPTUNE
ARE OFF NELLY TURNING UP CAN GET WHY DETAINED
TRIBUNE AND TIMES RICHARDSON THE ARE ASCERTAIN
AND YOU FILLS BELLY THIS IF DETAINED PLEASE ODOR
OF LUDLOW COMMISSIONER
```

Füllwörter
machten
das Verfah-
ren sicherer

Dem Kryptologen von heute dreht sich bei einem solchen
Verfahren der Magen um. Schon allein die Tatsache, dass
in der verschlüsselten Nachricht Namen wie RICHARDSON
oder TRIBUNE lesbar sind, stellt eine deutliche Schwäche
dar. Darüber hinaus sind Wörter wie NEPTUNE oder VENUS
unschwer als Code-Namen zu erkennen. Am meisten aber
verwundert aus heutiger Sicht, dass der Schlüssel der Nachricht vorangestellt wurde. Wegen dieses klaren Verstoßes gegen das damals noch nicht formulierte Kerckhoffsche Prinzip musste das Verfahren um jeden Preis geheim gehalten
werden. Trotz dieser Schwächen erfüllte das Stager-Verfahren offensichtlich seinen Zweck, denn die Südstaatler konnten es nicht knacken.

Der Mann mit der eisernen Maske

Mehr Erfolg beim Dechiffrieren, wenn auch in einer ganz anderen Angelegenheit, hatte drei Jahrzehnte nach dem Sezessionskrieg der französische Offizier Etienne Bazeries. Bazeries, der damals als einer der besten Kryptologen Frank-
reichs galt, betrieb sein Handwerk im Auftrag der französischen Regierung. Sein Interesse an Verschlüsselungstechniken hatte er anhand von Tageszeitungen entdeckt, in denen

Liebespaare über Anzeigen in verschlüsselter Form korrespondierten. Bazeries knackte so manchen Liebes-Code und versuchte sich daraufhin auch an bedeutenderen Verschlüsselungen. Es gelang ihm sogar, einen französischen Militärcode zu lösen, woraufhin das Kriegsministerium umgehend einen neuen einführte. Als Bazeries auch diesen knackte, hatte er sich ein so großes Ansehen erworben, dass er in das Chiffrierbüro des französischen Außenministeriums aufgenommen wurde. Dabei profitierte auch Bazeries davon, dass die Kryptologie durch die sich ständig verbessernde Kommunikationstechnik zu dieser Zeit an Bedeutung gewann.

Der Mann mit der eisernen Maske ist historisch belegt

Bazeries' größter Entschlüsselungserfolg ist eng mit einer der geheimnisvollsten Figuren der französischen Geschichte verknüpft: dem »Mann mit der eisernen Maske«. Dabei handelte es sich um einen Gefangenen, der zwei Jahrhunderte zuvor – zwischen 1669 und 1703 – in mehreren französischen Gefängnissen inhaftiert war. Dieser Gefangene hatte zwar die Möglichkeit, seine Zelle zu verlassen, musste dabei aber stets sein Gesicht hinter einer Maske verbergen, was ihn schon zu Lebzeiten zum Gegenstand zahlreicher Vermutungen und Gerüchte machte. Da er zu keinem anderen Menschen Kontakt aufnehmen durfte, wusste jedoch niemand etwas Genaues. Von den zahlreichen Theorien, die über die Identität des Mannes mit der eisernen Maske im Umlauf waren, besagte die populärste, es handle sich dabei um einen Zwillingsbruder des damaligen Königs Ludwig XIV., der als Thronfolger ausgeschaltet werden sollte. Dass es den Mann mit der eisernen Maske wirklich gab, belegen nicht nur Augenzeugenberichte, sondern auch mehrere schriftliche Dokumente aus jener Zeit. Einige davon sind verschlüsselt.

Die Kryptologen am französischen Hof des 17. Jahrhunderts verwendeten mit Vorliebe die so genannte »Grande Chiffre«, um wichtige Mitteilungen zu verschlüsseln. Im Lauf der Zeit ging das Wissen über diese für die damalige Zeit recht si-

chere Methode jedoch verloren, und daher konnten Historiker, die sich im 19. Jahrhundert für die Zeit Ludwigs XIV. interessierten, viele Dokumente aus den Archiven nicht lesen.
1891 wandte sich daher ein Geschichtsexperte an Etienne
Bazeries mit der Bitte, einen von ihm aufgespürten Brief
aus jener Zeit, der mit der Grande Chiffre verschlüsselt war,
zu untersuchen. Diese Aufgabe war so recht nach dem Ge-
schmack des versierten Code-Knackers, der drei Jahre seines
Lebens investierte, um sie zu lösen.

Da Bazeries nichts über die Grande Chiffre wusste, musste
er sich zunächst Gedanken über deren generelle Funktionsweise machen. Der besagte Brief bestand aus einer Anein-
anderreihung meist dreistelliger Zahlen, von denen gemäß
Bazeries' Analyse 587 unterschiedliche vorkamen. Bazeries probierte mehrere Möglichkeiten aus. Die Hypothese,
jeder Buchstabe würde durch eine von mehreren zur Auswahl stehenden Zahlen ersetzt, erwies sich als Sackgasse.
Stand vielleicht jede der Zahlen für ein Buchstabenpaar? Bei
26 Zeichen gibt es genau 676 unterschiedliche Kombinationen, was angesichts der 587 im Brief vorkommenden Zahlen
durchaus gepasst hätte. Nach erfolglosem Suchen verwarf
Bazeries jedoch auch diese These.

Nun versuchte er, den Zahlen Silben zuzuordnen. Dieses Mal
mit Erfolg: Die mehrfach vorkommende Zahlenfolge 124-22-
125-46-345 konnte Bazeries als LES-EN-NE-MI-S (die Feinde)
identifizieren und daraus den Rest des Texts rekonstruieren. Nach drei Jahren Arbeit war Bazeries am Ziel. Die Große
Chiffre erwies sich als Verfahren, das für jeden Buchstaben,
für häufig vorkommende Silben und für einige gängige Wörter je eine Zahl vorsah – ähnliche Methoden kamen bis ins
20. Jahrhundert zum Einsatz.

Der Inhalt des entschlüsselten Briefs erwies sich als höchst
interessant. Der Kriegsminister, der ihn verfasst hatte, be-

Bazeries löste
die Grande
Chiffre

richtete darin über einen gewissen General Vivien de Bulonde, der im Feldzug gegen Österreich seine Truppen im Stich gelassen und dadurch Feigheit vor dem Feind gezeigt hatte. Dieses Kriegsverbrechen ließ Ludwig XIV. nicht durchgehen. Er ließ den General inhaftieren, gestand ihm jedoch tagsüber Aufenthalte im Freien zu, bei denen er stets eine Maske tragen musste.

Der Mann mit der eisernen Maske hieß vermutlich Vivien de Bulonde

Ist Vivien de Bulonde also der Mann mit der eisernen Maske? Vieles spricht dafür, auch wenn das Schreiben des Kriegsministers diese Vermutung nicht mit letzter Sicherheit beweist. So kursieren nach wie vor die wildesten Theorien über die Identität des berühmten Gefangenen, wobei häufig der Eindruck entsteht, dass vielen die wahrscheinliche Wahrheit einfach nicht spektakulär genug ist. Die Kryptologie hat in Form von Etienne Bazeries jedenfalls das in ihrer Macht stehende zur Lösung des Rätsels geleistet.

Glossar

Stager-Verfahren Einfaches Verschlüsselungsverfahren aus dem amerikanischen Szessionskrieg. Basierte auf der Vertauschung der Reihenfolge von Wörtern und war in seiner einfachsten Form nicht besonders sicher. Daher wurden besonders auffällige Begriffe zusätzlich durch ein Codewort ersetzt.

1.3 Ein Weltkrieg der geheimen Zeichen

Als der Italiener Guglielmo Marconi 1896 die drahtlose Nachrichtenübertragung erfand, stieß er damit auch im Militärbereich auf großes Interesse. So dauerte es kaum zwei Jahrzehnte, bis die neue Technik die bis dahin üblichen Methoden der drahtgebundenen Telegrafie und der optischen Signalgebung im militärischen Einsatz überrundete. Bereits

im 1914 beginnenden Ersten Weltkrieg setzten alle beteiligten Nationen drahtlose Übertragungstechniken ein.

Erfolge nur für Code-Knacker

Für die Kryptologie setzte sich angesichts der neuen technischen Möglichkeiten eine Entwicklung fort, die schon den
amerikanischen Sezessionskrieg geprägt hatte. Die verschickte Datenmenge stieg immer weiter an, während der
Gegner deutlich einfacher an die Funksprüche herankam.
Bei drahtlosen Techniken reichte dazu meist schon eine
richtig platzierte Antenne. So verwundert es auch kaum,
dass der Erste Weltkrieg zu einem Krieg der geheimen Zeichen bis dahin unbekannten Ausmaßes wurde, in dem sich
Codemaker und Codebreaker einen erbitterten Kampf abseits der Schlachtfelder lieferten. Für Historiker ist der Erste
Weltkrieg damit ein ausgesprochen vielfältiges und span-
nendes Kapitel der Kryptologie-Geschichte, auch wenn diese
erst im Zweiten Weltkrieg ihren unbestrittenen Höhepunkt
finden sollte.

Die drahtlose
Fernmeldetech-
nik bot eine
neue Heraus-
forderung

Bei einer Betrachtung der Kryptologie des Ersten Weltkriegs
fällt auf, dass es – wie schon fünf Jahrzehnte zuvor im Sezessionskrieg – keiner der beteiligten Nationen gelang, ausreichend sichere Verschlüsselungsmethoden zu entwickeln.
Die fehlenden Erfahrungen mit der neuen Kommunikationstechnik und die gewaltigen Datenmengen sorgten dafür,
dass keine Armee des Ersten Weltkriegs auf den sachgerech-
ten Einsatz von Verschlüsselung vorbereitet war. So kamen
während des Kriegs hauptsächlich altbekannte Verschlüsselungsverfahren zum Einsatz, die man ohne genauere Analyse etwas verkomplizierte und dann für sicher hielt. Zwar
gab es in dieser Zeit auch einige richtungsweisende Neuent-
wicklungen wie den One Time Pad oder die ersten Verschlüsselungsmaschinen, doch diese kamen erst später zum Pra-

xiseinsatz. Die Folgen waren unvermeidlich: Alle Nationen, die sich im Ersten Weltkrieg ernsthaft um die Dechiffrierung feindlicher Nachrichten bemühten, erzielten beachtliche Erfolge.

Dechiffrierer erzielten Erfolge

Fairerweise muss jedoch auch erwähnt werden, dass die Entwicklung geeigneter Verschlüsselungsverfahren mit der damals verfügbaren Technik alles andere als eine einfache Aufgabe war. Selbst mit dem Wissen von heute wäre es schwierig genug, die damaligen Herausforderungen zu bewältigen, ohne dabei Computer-Technik oder elektromechanische Maschinen einzusetzen. Da solche Hilfen noch nicht zur Verfügung standen, mussten sich die Verschlüsselungsexperten auf das Geschick der Funker verlassen, die mit Papier und Bleistift zu Werke gingen. Allzu komplizierte Methoden verboten sich dabei von selbst.

Durch die große Zahl der Funkstationen im Feld mussten die Militärführungen im Ersten Weltkrieg zudem immer damit rechnen, dass der Kriegsgegner erfuhr, mit welchen Verfahren sie arbeiteten. Die Beachtung des Kerckhoffschen Prinzips, wonach der Schlüssel allein ausreichend große Sicherheit bieten muss, war also Pflicht. Doch diese Vorgabe erwies sich als Illusion: Hatten die Code-Knacker im Ersten Weltkrieg erst einmal ein Verfahren durchschaut, dann kamen sie meist auch schnell auf den Schlüssel.

Die Verschlüsselungsverfahren der Deutschen

Auch die Deutschen hatten im Ersten Weltkrieg mit ihren Verschlüsselungsverfahren wenig Glück. Da sich die deutschen Soldaten im Verlauf des Kriegs hauptsächlich auf feindlichem Territorium bewegten, waren sie besonders auf die drahtlose Kommunikation angewiesen. Dagegen konnten beispielsweise die Franzosen hinter der Front auf vorhandene Drahtleitungen zurückgreifen und gaben dem Gegner dadurch deutlich weniger Gelegenheit zum Lauschen. Dies ist ein Grund dafür, dass im Ersten Weltkrieg besonders viele deutsche Verschlüsselungsverfahren geknackt wurden, während den Deutschen beim Dechiffrieren nur wenige Erfolge gelangen. Es gibt jedoch noch eine weitere Ursache: In der deutschen Armee existierte bei Kriegsbeginn noch keine auf Verschlüsselung spezialisierte Einheit. Dadurch gerieten die Deutschen in einen kryptologischen Rückstand, den sie bis zu ihrer Niederlage im Jahr 1918 nicht mehr aufholen konnten.

Wie schlecht die Deutschen in Sachen Kryptologie gerüstet waren, zeigt sich nicht zuletzt an der großen Anzahl der von ihnen eingesetzten Verschlüsselungsverfahren. Sie nutzten mehrere Dutzend unterschiedlicher Methoden, die häufig gewechselt wurden und oft ohne größere Analyse zum Einsatz kamen. Teilweise handelte es sich dabei um **Wörter-Codes**, bei denen der Verschlüssler ganze Wörter mit einer Art Wörterbuch durch unverfängliche Begriffe oder unverständliche Zeichenkombinationen ersetzte. Wörter-Codes hatten zu dieser Zeit noch eine wichtige Bedeutung, wurden aber immer mehr durch andere Verfahren ersetzt. Auch die Deutschen stellten damals mehr und mehr auf Buchstaben-Codes um, bei denen der Funker eine Nachricht nach bestimmten Regeln notieren, Buchstaben ersetzen und die Reihenfolge ändern musste.

Die Deutschen setzten schwache Verfahren ein

ÜBCHI und ABC

Zu diesen Buchstaben-Codes gehörte beispielsweise das Verfahren **ÜBCHI**, das die Deutschen bereits vor Kriegsbeginn eingeführt hatten. Später setzten sie es an der Westfront im Kampf gegen Frankreich ein. ÜBCHI sah vor, dass der Verschlüssler seinen Text unter ein Schlüsselwort in Zeilen aufschrieb und die Buchstaben anschließend zweifach schlüsselabhängig durcheinander würfelte. Zu den unvorteilhaften Eigenschaften dieses Verfahrens gehört, dass sich bei der Verschlüsselung nur die Reihenfolge der Buchstaben ändert, während die Buchstaben an sich erhalten bleiben. Verschlüsselungsmethoden dieser Art werden auch als **Transpositions-Chiffren** bezeichnet.

ÜBCHI wurde von den Franzosen geknackt

Trotz dieses Nachteils wäre ÜBCHI zur damaligen Zeit ein sicheres Verfahren gewesen, wenn es die Deutschen richtig eingesetzt hätten. Genau das taten sie jedoch nicht. Ihr größter Fehler war, dass sie an der gesamten Westfront über acht bis zehn Tage hinweg den gleichen Schlüssel verwendeten. So wurde ÜBCHI zu einer leichten Beute für die Franzosen, die damals eine schlagkräftige Dechiffrier-Einheit unterhielten, die man heute für die beste des Ersten Weltkriegs hält. Neben dem in großen Mengen verfügbaren Analysematerial half den Franzosen, dass sie immer wieder Wörter erraten konnten, die in einer verschlüsselten Nachricht vorkamen. Mit deutscher Gründlichkeit sendeten ihre Kriegsgegner regelmäßig Botschaften wie »keine besonderen Vorkommnisse« und spickten ihre Nachrichten mit einfach zu erratenden Floskeln. Besonders leichtes Spiel hatten die Dechiffrierer, wenn die Deutschen patriotische Schlüsselwörter wie KAISER oder VATERLAND auswählten, was sie oft genug taten.

Doch auch den Franzosen unterliefen peinliche Fehler. Als die französischen Code-Knacker im Oktober 1914 die Funktionsweise von ÜBCHI durchschaut und die ersten Nachrichten entschlüsselt hatten, gaben sie ihr Wissen an die zuständige Stelle in der Militärführung weiter. Durch ein Informationsleck sickerte die Nachricht über den geknackten Code zur Truppe durch und so pfiffen schließlich die Spatzen von den Dächern, dass das französische Militär die deutschen Nachrichten lesen konnte. Im November 1914 stellten die Deutschen folglich die Nutzung von ÜBCHI ein. Dieser einzigartige Vorfall zeigt, wie wenig Erfahrung es damals noch im Umgang mit entschlüsselten Nachrichten gab.

Nach ÜBCHI setzten die Deutschen an der Westfront auf ein Verschlüsselungsverfahren, das die Franzosen **ABC** tauften. ABC bestand aus einer einfachen Vigenère-Chiffre mit dem Schlüsselwort ABC und einer anschließenden Veränderung der Buchstabenreihenfolge (Transposition). Bereits im Dezember 1914 konnten die französischen Dechiffrierer ABC erstmals knacken, und auch der **ABCD** genannte Nachfolger bereitete ihnen wenig Probleme.

ADFGX und ADFGVX

Bei der Dechiffrierung von ABC, ABCD und anderen deutschen Verschlüsselungsmethoden spielte der 29-jährige Franzose Georges Painvin eine wesentliche Rolle. Painvin entwickelte sich zum bedeutendsten Code-Knacker des Ersten Weltkriegs, indem er eine deutsche Verschlüsselung nach der anderen löste und nebenbei auch noch die Methoden anderer Länder mit Erfolg analysierte.

Als Painvins größte Leistung gilt das Knacken des deutschen Verschlüsselungsverfahrens **ADFGX** und dessen Nachfolger **ADFGXVX**. Im März 1918 stieß die französische Funkaufklärung erstmals auf die verschlüsselten Nachrichten, die nur aus den Buchstaben A, D, F, G und X bestanden und damit für einige Verwirrung sorgten. Von einem Tag auf den anderen hatten die Deutschen den kompletten Funkverkehr an der Westfront auf das neue Verfahren umgestellt. Immerhin ahnten die Franzosen, warum die Deutschen gerade diese fünf Buchstaben gewählt hatten: Ihre Kodierungen im Morse-Alphabet (·−, −··, ···−, −−− und −····) unterschieden sich in größtmöglicher Weise, was Verwechslungen vermied.

Auch ADFGX war unsicher

Ausgerechnet in der entscheidenden Kriegsphase konnten die Franzosen nun die deutschen Funksprüche nicht mehr lesen. Sie erfuhren daher auch nicht, dass die Deutschen für den 21. März 1918 die von den Franzosen lange befürchtete Großoffensive im Westen planten. Während Painvin noch wie ein Besessener über den ADFGX-Nachrichten brütete, wobei er mehrere Kilogramm an Körpergewicht verloren haben soll, war der deutsche Vorstoß bereits in vollem Gange. Doch auf Painvin war Verlass, und so durchschaute er mit der Zeit die Funktionsweise von ADFGX, wodurch er schließlich auch die verwendeten Schlüssel rekonstruieren konnte. ADFGX, so zeigte sich, war eine für den Ersten Weltkrieg typische Verschlüsselungsmethode: Jeder Buchstabe des Alphabets (da I und J nicht unterschieden wurden, gab es 25 davon) wurde nach einer vorgegebenen Tabelle durch ein Buchstabenpaar ersetzt, das aus den Zeichen A, D, F, G und X gebildet wurde. Darauf folgte eine Änderung der Reihenfolge (Transposition) des resultierenden Texts.

Painvin knackte zahlreiche deutsche Codes

Während die deutschen Truppen der Hauptstadt Paris immer näher rückten, stellte die französische Funkaufklärung am 1. Juni fest, dass die Funksprüche des Kriegsgegners nun auf einmal das V als sechsten Buchstaben enthielten. Gegen das nun ADFGVX genannte Verfahren waren erneut Painvins Dechiffrier-Künste gefragt, und wieder hatte der geniale französische Code-Knacker Erfolg: Er fand innerhalb eines Tages heraus, dass ADFGVX eine Weiterentwicklung von ADFGX war, bei der 36 Zeichen (die 26 Buchstaben des Alphabets sowie die Ziffern von 0 bis 9) durch Paare aus den Buchstaben A, D, F, G, V und X ersetzt und anschließend durcheinander gewürfelt wurden.

Die Dechiffrier-Erfolge Painvins erwiesen sich für Frankreich als Segen. Die Erkenntnisse, die man aus den entschlüsselten Funksprüchen gewann, ermöglichten dem französischen Militär eine genaue Lokalisierung der deutschen Truppen, die bis in die Gegend von Compiègne, etwa 80 Kilometer vor Paris, vorgedrungen waren. Die im Ersten Weltkrieg erstmals zu Bedeutung gelangte Luftaufklärung bestätigte diese Informationen. So konnten die Franzosen unterstützt von den Engländern rechtzeitig ihre Kräfte bündeln und dadurch in einer vom 9. bis 14. Juni dauernden Schlacht die Deutschen zwar nicht besiegen, aber entscheidend schwächen. Mit dem Eintreffen der mittlerweile in den Krieg eingestiegenen US-Amerikaner hatten die Deutschen der Übermacht im Westen nichts mehr entgegenzusetzen, wodurch ihnen nur noch der Rückzug blieb. Der Krieg war damit verloren.

Österreich-Ungarn gegen Italien

Österreich-Ungarn gehörte im Ersten Weltkrieg zu den so genannten Mittelmächten und kämpfte damit an der Seite Deutschlands gegen die Entente, die wiederum aus Großbritannien, Frankreich und anderen Staaten bestand. Als 1915 Italien der Entente beitrat, entwickelte sich in der Gegend des norditalienischen Flusses Isonzo ein mörderischer Stellungskrieg zwischen Italien und Österreich-Ungarn, der in zwei Jahren zu zwölf blutigen Schlachten führte. Beide Kriegsparteien setzten dabei Funkaufklärung ein und ließen die abgefangenen Botschaften von ihren Dechiffrier-Einheiten auswerten.

Österreich kämpfte an der Seite von Deutschland

Das Ergebnis dieser Auseinandersetzung abseits der Fronten war typisch für den Ersten Weltkrieg: Sowohl Österreich-Ungarn als auch die Italiener knackten die Verschlüsselungen des jeweils anderen gleichsam am Fließband, ohne daraus die zur Verstärkung der eigenen Verfahren notwendigen Schlüsse zu ziehen. Es ist aus heutiger Sicht kaum noch nachvollziehbar, mit welch einer haarsträubenden Leichtfertigkeit die Kryptologie-Experten auf beiden Seiten zu Werke gingen und damit dem Gegner immer wieder wertvolle Informationen gleichsam auf dem silbernen Tablett servierten.

Besser vorbereitet auf den kryptologischen Wettlauf war in jedem Fall Österreich-Ungarn, das schon vor dem Krieg eine schlagkräftige Einheit von Verschlüsselungsexperten aufgebaut hatte. Diese wurde »Dechiffrierdienst« genannt. Im Kampf gegen die Russen konnte der Dechiffrierdienst erste Kriegserfahrung sammeln. Als Italien im Mai 1915 dem nördlichen Nachbarn den Krieg erklärte, mussten sich die österreich-ungarischen Code-Knacker schlagartig mit verschlüsselten italienischen Botschaften beschäftigen, was ihnen jedoch keine größeren Probleme bereitete. Bereits Anfang Juni löste der Dechiffrierdienst die erste italienische Verschlüsselungsmethode.

Es sollte nicht der letzte Entschlüsselungserfolg Österreich-Ungarns an dessen Südfront bleiben. Die Italiener setzten auf verschiedene Verfahren, bei denen es sich meist um vergleichsweise einfache Buchstaben-Codes handelte, und gaben dem Kriegsgegner damit alles andere als unlösbare Rätsel auf. So kam auf italienischer Seite beispielsweise eine »cifrario tascabile« genannte Methode zum Einsatz, die sich nicht wesentlich von der Vigenère-Chiffre unterschied und den Dechiffrierdienst nicht mehr als ein paar Stunden beschäftigt haben dürfte.

David Kahn berichtet in seinem Buch »The Codebreakers«, dass die österreich-ungarischen Dechiffrierer oftmals weniger Mühe mit der Entschlüsselung einer italienischen Nachricht hatten als die Italiener selbst /Kahn 67/. Die Einfachheit der Entschlüsselung stand im krassen Widerspruch zur Bedeutung der Nachrichten, denn bei den diversen Isonzo-Schlachten gewann Österreich-Ungarn auf diese Weise immer wieder wertvolle Informationen über die Taktik und die Truppenbewegungen der Italiener. Erst gegen Ende des

Kriegs, als die Italiener in Sachen Kryptologie Nachhilfe von ihren Verbündeten erhielten, besserte sich für sie die Situation.

Trotz ihrer schon bei Kriegsbeginn bestens entwickelten Dechiffrier-Fähigkeiten versäumten auch die Österreich-Ungarn im Ersten Weltkrieg den Einsatz adäquater Verschlüsselungsverfahren. Darüber hinaus ließen sie auch im Umgang mit den von ihnen entwickelten Methoden keinen Fehler aus, der den Code-Knackern des Feindes die Arbeit erleichterte. So erklärte ein österreichischer Funker sogar die Funktionsweise eines neuen Verfahrens in einer Nachricht, die er mit einer alten Methode verschlüsselte. Dank dieser Sorglosigkeit des Gegners schafften es die Italiener, ihren Rückstand in Sachen Dechiffrier-Kunst im Lauf des Krieges deutlich zu verringern und ihrerseits wichtige Abhörerfolge zu erzielen. Es dauerte allerdings bis 1917, bevor sie erstmals ein Verfahren des Kriegsgegners knacken konnten.

Erstaunlicherweise setzte auch Österreich-Ungarn ein nahezu unverändertes Vigenère-Verfahren ein, obwohl sie um dessen mangelnde Sicherheit wussten. Darüber hinaus nutzten sie einen Code, bei dem jeder Buchstabe sowie zahlreiche gängige Wörter und Silben durch eine dreistellige Zahl ersetzt wurden. Bei korrekter Anwendung hätte diese Methode noch ein gewisses Maß an Sicherheit geboten, doch davon konnte nicht die Rede sein. Den österreich-ungarischen Funkern war es offenbar lästig, mit zahlreichen Silben und Wörtern zu hantieren, weshalb sie immer mehr dazu übergingen, Buchstabe für Buchstabe zu verschlüsseln. So mutierte das Verfahren zu einer der simpelsten Verschlüsselungsmethoden überhaupt: Die Italiener mussten lediglich die Häufigkeit der in einer Nachricht vorkommenden Zahlen bestimmen und konnten den Text so entschlüsseln.

Die Italiener verbesserten ihre Fähigkeiten

Im Oktober 1917 gelang Österreich-Ungarn mit Unterstützung inzwischen zu Hilfe geeilter deutscher Truppen der Durchbruch im Süden. Die italienische Front brach zusammen, die Mittelmächte erzielten erhebliche Gebietsgewinne, und 275.000 Italiener gerieten in Gefangenschaft. Österreich-Ungarn hatte also eine wichtige Schlacht gewonnen, doch an der Kriegsniederlage der Mittelmächte im Jahr darauf konnte dies nichts mehr ändern. Es ist sicherlich schwierig, den Einfluss der Kryptologie auf das Kriegsgeschehen an der Südfront richtig einzuschätzen. Es ist jedoch klar, dass beide Seiten erheblichen Nutzen aus ihren Dechiffrier-Bemühungen zogen, die sich unter dem Strich ausgeglichen haben dürften. Am Anfang hatten die Österreich-Ungarn die Nase vorn, später gewannen die Italiener die Oberhand.

Glossar

ABC Einfaches Verschlüsselungsverfahren aus dem Ersten Weltkrieg. ABC wurde von den Deutschen eingesetzt und von den Franzosen ohne größere Mühe geknackt. Seinen Namen erhielt das Verfahren von einer Vigenère-Chiffre mit dem Schlüssel ABC, die den ersten Schritt der Verschlüsselung bildet.

ABCD Einfaches Verschlüsselungsverfahren aus dem Ersten Weltkrieg, Weiterentwicklung des Verfahrens ABC

ADFGVX Einfaches Verschlüsselungsverfahren aus dem Ersten Weltkrieg, Weiterentwicklung von ADFGX

ADFGX Einfaches Verschlüsselungsverfahren aus dem Ersten Weltkrieg. Ein nach diesem Verfahren verschlüsselter Text enthält nur die Buchstaben A, D, F, G und X, die sich im Morse-Alphabet in größtmöglicher Form unterscheiden.

Transpositions-Chiffre Verschlüsselungsverfahren, bei dem die Reihenfolge der eingegebenen Buchstaben oder Zeichen verändert wird. Eine Transpositions-Chiffre ist oft schwer zu knacken, erlaubt jedoch Rückschlüsse auf den Ursprungstext, da sich beispielsweise die Buchstabenhäufigkeit nicht ändert.

Wörter-Code Form der Verschlüsselung, bei der ganze Wörter durch Buchstaben- oder Zahlenkombinationen ersetzt werden. Wörter-Codes waren im Ersten Weltkrieg und der Zeit danach recht populär, wurden jedoch in den dreißiger Jahren immer mehr von Verschlüsselungsmaschinen verdrängt.

ÜBCHI Manuelles Verschlüsselungsverfahren aus dem Ersten Weltkrieg. Wurde von den Deutschen eingesetzt und von den Franzosen geknackt.

1.4   Room 40

Eine der ersten Aktionen des Ersten Weltkriegs fand am 5. August 1914 statt. Am Morgen dieses Tages näherte sich das britische Schiff Telconia der Nordseeküste bei Emden, wo auf dem Meeresgrund das deutsche Überseekabel verlief. Die Besatzung kappte das Kabel und nahm damit den Deutschen die Möglichkeit, mit einer eigenen Telegrafenleitung den Atlantik zu überbrücken. Dieser Vorfall stand am Anfang einer Serie von Ereignissen, die den Verlauf des Ersten Weltkriegs maßgeblich beeinflussten. Die Kryptologie spielte dabei eine nicht unwesentliche Rolle.

Die Goeben und Room 40

Von der Kappung des Überseekabels nicht betroffen waren die deutschen Schlachtschiffe Goeben und Breslau, die Mitte 1914 im Mittelmeer unterwegs waren und dabei in Funkkontakt mit Berlin standen. Im August beorderte das Oberkommando der deutschen Marine die beiden Schiffe mit einem verschlüsselten Funkspruch in Richtung Türkei, dem neuen geheimen Verbündeten der Deutschen. Die Briten fingen die Nachricht ab und hätten den beiden feindlichen Schiffen dank ihrer Übermacht im Mittelmeer den Weg abschneiden können – wenn sie die Botschaft hätten lesen können. Genau das konnten die Briten jedoch nicht.

Die Briten konnten den Funkspruch nicht entschlüsseln

Dabei wäre der mit einem einfachen Buchstaben-Code zusätzlich verschlüsselte Wörter-Code, den die Deutschen einsetzten, durchaus zu knacken gewesen. Doch die britischen Dechiffrier-Künste steckten in dieser frühen Kriegsphase noch in den Kinderschuhen. Dass die Goeben und die Breslau den ahnungslosen Briten im letzten Moment entkommen konnten, sollte entscheidende Folgen haben: Die beiden Schiffe erreichten die Türkei und leisteten für die Deutschen wertvolle Kriegsdienste im Schwarzen Meer. Durch ihre moderne Technik erwiesen sie sich dort als stärkste Schlachtschiffe und konnten mit dem Beschuss mehrerer Schwarzmeerhäfen den Kriegsgegner Russland entscheidend schwächen. 1917 zog sich Russland aus dem Krieg zurück.

Room 40 nahm 1914 seinen Betrieb auf

Die Briten erkannten natürlich, welche Chance sie durch die nicht entschlüsselte Nachricht vertan hatten und verstärkten ihre Dechiffrier-Bemühungen. Sie heuerten neue Code-Knacker an und brachten diese im so genannten Room 40 in London unter, der zu einem Synonym für die britischen Dechiffrierer im Ersten Weltkrieg werden sollte. Im Herbst 1914 nahm Room 40 seinen Betrieb auf. Bei ihren ersten Gehversuchen kam den britischen Code-Knackern ein Zufall zu Hilfe: Im September 1914 sank das deutsche Schiff Magdeburg in der Ostsee, wobei die Russen ein Code-Buch erbeuteten, das sie an die verbündeten Briten weiterreichten. Das Code-Buch brachte die Dechiffrierer in Room 40 jedoch zunächst nicht weiter, da die deutschen Nachrichten doppelt verschlüsselt waren. Erst als die Briten diesen Trick durchschauten, konnten sie die Botschaften des Gegners ohne größere Probleme lesen.

Wie ihren französischen Kollegen gelangen auch den Briten in Room 40 in den Folgejahren zahlreiche Dechiffrier-Erfolge. Die deutschen Verschlüsselungen machten ihnen im Lauf der Zeit immer weniger Mühe. Vor allem der Seekrieg zwischen Deutschland und England wäre ohne die Analyse entschlüsselter Botschaften sicherlich anders verlaufen.

Room 40 verschafft sich Respekt

Am Anfang stand ein Misserfolg

Im Dezember 1914 beschossen deutsche Kriegsschiffe Städte an der englischen Ostküste. Die Briten konnten sich ein gutes Bild von dieser Operation machen, da sie den deutschen Funkverkehr abhörten und die abgefangenen Nachrichten im damals noch recht bescheiden ausgestatteten Room 40 entschlüsseln ließen. Die britische Admiralität beschloss, den deutschen Schiffen auf ihrem Rückweg nach Wilhelmshaven mit einer zahlenmäßig überlegenen Flotte den Weg abzuschneiden. Diese Aktion hätte zum ersten großen Erfolg von Room 40 werden können, doch dank schlechten Wetters und mit viel Glück konnten die Deutschen entkommen.

Bereits einen Monat später meldete Room 40 erneut, dass entschlüsselte Nachrichten auf eine Bombardierung englischer Ostküstenstädte hindeuteten. Auf dem Rückweg wollten sich die vier beteiligten deutschen Schiffe auf der Dogger-Bank, einem Bereich der Nordsee vor der britischen Stadt Scarborough, versammeln. Obwohl die Briten binnen eines Tages reagieren mussten, ließen sie sich die Chance dieses Mal nicht entgehen. Die britische Admiralität schickte eilends vier Schiffe zur Dogger-Bank, wo diese eines der deutschen Schiffe versenkten und zwei schwer beschädigten. Durch diesen Erfolg realisierte die Admiralität erstmals, welche Möglichkeiten das Knacken von Codes bot. Der damalige Leiter von Room 40, Alfred Ewing, erhielt daraufhin alle erdenkliche Unterstützung zum Ausbau seiner Einheit.

Doch neben kriegsentscheidenden Erfolgen musste Room 40 auch Niederlagen einstecken. Eine solche ereignete sich im Zusammenhang mit der Seeschlacht von Jütland im Jahr 1916, in der sowohl Briten als auch Deutsche schwere Verluste zu verzeichnen hatten. Obwohl Room 40 die Verschlüsselungsmethoden der deutschen Marine – es handelte sich immer noch um Wörter-Codes – inzwischen bestens im Griff hatte, unterlief den britischen Code-Knackern im Vorfeld der Schlacht ein schwerer Fehler. Als die Admiralität anfragte, ob das Schiff mit der Kennung DK – dahinter verbarg sich das deutsche Flaggschiff Friedrich der Große – bereits ausgelaufen sei, beantwortete Room 40 dies negativ. Diese Auskunft war zwar korrekt, doch die Kennung des Schiffs hatte sich kurz zuvor geändert, was die britischen Dechiffrierer wussten, aber ihren Vorgesetzten noch nicht gemeldet hatten.

Room 40 machte auch entscheidende Fehler

So wurde die britische Flotte unter Admiral John Jellicoe vor Jütland von den Deutschen überrascht. Jellicoes Vertrauen in die Fähigkeiten der Dechiffrierer schwand weiter, als ihm aus Room 40 eine offensichtlich falsche Positionsmeldung für eines der gegnerischen Schiffe übermittelt wurde – dieses Mal lag der Fehler jedoch bei den Deutschen die eine falsche Positionsangabe gesendet hatten. Als Room 40 schließlich den voraussichtlichen Kurs der Deutschen für den Rückweg meldete, glaubte Jellicoe den Nachrichten nicht mehr. Doch dieses Mal waren alle Informationen korrekt, und so entkamen die Deutschen ohne weitere Schäden in ihre Heimat.

Das Zimmermann-Telegramm

Room 40 zeichnete auch für die folgenreichste Dechiffrier-Leistung des Ersten Weltkriegs verantwortlich. Die Vorgeschichte dazu fand 1917 in Berlin statt. Dort spielten Kaiser Wilhelm II und seine Militärstrategen mit dem Gedanken, dem Kriegsgegner England einen wichtigen Versorgungsweg abzuschneiden, indem sie ihre im Nordatlantik stationierten U-Boote wahllos Jagd auf alle dort fahrenden Schiffe machen ließen. Auch die Wasserfahrzeuge neutraler Staaten sollten dabei nicht verschont werden. Ein solcher uneingeschränkter U-Boot-Krieg hätte jedoch die bis dahin neutralen USA zum Kriegseintritt gegen die Deutschen bewegen können. Der deutsche Außenminister Arthur Zimmermann kam nun auf eine Idee: Im Falle einer Kriegsbeteiligung der USA wollte er dessen Nachbarn Mexiko zu einem Angriff auf die Amerikaner überreden, gleichzeitig Japan zu Kriegshandlungen bewegen und die Amerikaner damit in einen Drei-Fronten-Krieg verwickeln. Als Gegenleistung sollten die Mexikaner mit Gebietsgewinnen im Süden der USA belohnt werden.

Im Januar 1917 wies Zimmermann den deutschen Botschafter in Mexiko in einem verschlüsselten Telegramm zu Verhandlungen über seinen Plan mit der dortigen Regierung an. Das Telegramm ging zunächst an die deutsche Botschaft in Washington, bevor es von dort nach Mexiko geleitet wurde. Da die Briten das deutsche Überseekabel bereits im August 1914 gekappt hatten, war Zimmermann auf andere Übertragungswege angewiesen. Zur Sicherheit nutzte er alle drei, die ihm zur Verfügung standen: das Überseekabel der US-Amerikaner, das der Schweden sowie eine transatlantische Funkverbindung. Alle drei Übermittlungen wurden von den Briten abgehört.

Zimmermann verschickte ein verschlüsseltes Telegramm

So landete der Inhalt des Zimmermann-Telegramms in Room 40. Dort konnten die Dechiffrierer schnell die ersten Schlüsse ziehen: Der Text bestand aus drei-, vier- und fünfstelligen Zahlen, die sie mühelos als Code-Wörter identifizierten. Der Absender hatte also eine Art Wörterbuch verwendet, in dem jedem Wort eine bestimmte Zahl zugeordnet wurde. Die meisten Zahlen des Telegramms waren den Briten bereits aus früheren Analysearbeiten bekannt, und so übersetzten sie beispielsweise 67893 mit »Mexiko« und 97556 mit »Zimmermann«. Die Briten wussten außerdem, dass der verwendete Code nur auf höchster diplomatischer Ebene zum Einsatz kam.

Auch wenn den Dechiffrierern in Room 40 zunächst noch einige Wörter des Texts fehlten, verstanden sie den Inhalt des Telegramms. Sie konnten kaum glauben, was für eine brisante Botschaft sie damit in den Händen hielten: Da die Briten zu diesem Zeitpunkt sehnlichst auf die militärische

Das Zimmermann-Telegramm hatte einen brisanten Inhalt

Unterstützung der USA hofften, diese aber einen Kriegseintritt noch ablehnten, war das Telegramm als Überzeugungs-
hilfe gegenüber der US-Regierung Gold wert. Die Dechiffrierer informierten umgehend den zuständigen Admiral bei der
Marineaufklärung, Sir William Hall. Dieser erkannte zwar die
Brisanz des Zimmermann-Telegramms, wollte den US-Präsi-
denten Woodrow Wilson jedoch erst einmal nicht informie-
ren. Dafür hatte er zwei Gründe: Zum einen war die Nachricht noch nicht vollständig entschlüsselt. Zum anderen
standen die Briten nun vor dem klassischen Dilemma erfolgreicher Entschlüssler: Hätten sie die dechiffrierte Nachricht
weitergegeben und wäre sie veröffentlicht worden, dann
hätten die Deutschen zweifellos Verdacht geschöpft und auf
bessere Verschlüsselungsverfahren umgestellt.

Am 1. Februar 1917 begannen die Deutschen den uneinge-
schränkten U-Boot-Krieg. Zur großen Überraschung aller
Kriegsparteien lehnte die US-Regierung jedoch nach wie
vor einen Kriegseintritt ab. Da die Dechiffrierer in Room
40 das Zimmermann-Telegramm inzwischen komplett entschlüsselt hatten, musste Hall nun handeln. Mit etwas Glück
fand er einen Weg, den Verdacht von den britischen Dechiffrierern zu lenken und den Deutschen eine undichte Stelle
in Mexiko vorzutäuschen. Dazu kontaktierte er einen britischen Spion in Mexiko, der es schaffte, in den Besitz des Telegramms zu gelangen, in dem die deutsche Botschaft in Washington die Nachricht von Zimmermann nach Mexiko-Stadt
weitergeleitet hatte. Dieses Telegramm ließ Hall zusammen
mit den zur Entschlüsselung notwendigen Informationen einem Gesandten der USA zukommen, der es schließlich an
Präsident Wilson übergab.

Ende Februar 1917 hatte es die US-Regierung also Schwarz
auf Weiß: Die Deutschen führten eine Intrige gegen die Vereinigten Staaten im Schilde. Da Wilson das Schreiben öffentlich machte, war die Stimmung in den USA nun eindeu-

tig, und der US-Regierung blieb gar nichts anderes übrig, als Truppen gegen Deutschland nach Europa zu schicken. Den einzigen Hinderungsgrund – die Tatsache, dass niemand die Echtheit des Telegramms garantieren konnte – entkräftete Arthur Zimmermann selbst, indem er sich als Urheber bekannte. Am 6. April 1917 erklärten die USA ihren Eintritt in den Ersten Weltkrieg.

Während nun alle Welt um die deutsche Intrige wusste, erfuhr niemand, wie die entscheidende Nachricht in die Hand des Feindes gelangt war. Selbst die Deutschen glaubten an ein Informationsleck irgendwo in Mexiko-Stadt und ahnten nichts von den Dechiffrier-Aktivitäten in Room 40. Daran änderte sich nichts bis zum Ende des Kriegs, den Deutschland nach dem Eingreifen der USA verlor.

Der Erfolg von Room 40 blieb geheim

2 Das Zeitalter der Verschlüsselungsmaschinen

2.1 Verdrahtete Rotoren

Die Geschichte lehrt, dass viele Erfindungen just zu dem Zeitpunkt entstanden sind, als sie gebraucht wurden. Daher ist es sicherlich auch kein Zufall, dass nach den großen Erfolgen der Code-Knacker im Ersten Weltkrieg die Entwickler von Verschlüsselungsverfahren kräftig nachlegten. So begann um 1920 die vielleicht dramatischste, in jedem Fall aber kürzeste Ära der Kryptologie-Geschichte: das Zeitalter der Verschlüsselungsmaschinen. An die Stelle von Papier und Bleistift traten nun Geräte, die mit einer ausgeklügelten Mechanik Buchstaben aufeinander abbildeten und dabei für eine bis dahin unbekannte Sicherheit sorgten.

Zwar gab es viele unterschiedliche Funktionsprinzipien, nach denen Verschlüsselungsmaschinen arbeiteten. Doch ein Typ sollte die gesamte die Ära wie kein anderer prägen: die so genannten Rotor-Verschlüsselungsmaschinen. Interessanterweise gab es nach dem Ersten Weltkrieg gleich vier Konstrukteure, die weitgehend unabhängig voneinander auf die Idee kamen, solche Maschinen zu bauen. Sie nutzten verdrahtete Rotoren, die sich um ihre eigene Achse drehten, um mit elektrischen Signalen Buchstaben durcheinander zu wirbeln.

Rotor-Verschlüsselungsmaschinen prägten eine ganze Epoche

2 Stunden und 41 Minuten

Einfache Verschlüsselungsvorrichtungen, die man allerdings noch nicht als Maschinen bezeichnen konnte, gab es bereits vor 1920. Dazu gehörte beispielsweise die Chiffrierscheibe, die in Abschnitt »Als die Schrift zum Rätsel wurde« (S. 1) beschrieben wurde. Verwendet man eine einzige Einstellung einer Chiffrierscheibe für einen ganzen Text, dann ist eine solche Verschlüsselung leicht zu knacken – in der Regel genügt schon ein einfaches Buchstabenzählen (Häufigkeitsanalyse). Eine Chiffrierscheibe kann jedoch zu einem ausgesprochen wirksamen Verschlüsselungsgerät werden, wenn man ihre Einstellung mit jedem neuen Buchstaben ändert. Da eine solche Vorgehensweise allerdings etwas mühselig ist, hat diese Form der Verschlüsselung nie größere Bedeutung erlangt.

Eine Chiffrierscheibe kann sehr wirkungsvoll sein

In den zwanziger Jahren des 20. Jahrhunderts kam der Deutsche Alexander von Kryha auf eine interessante Idee: Er automatisierte das Verdrehen einer Chiffrierscheibe mit Hilfe eines Federantriebs. So entstand ein handliches Verschlüsselungsgerät, das 1923 unter dem Namen **Kryha-Chiffriermaschine** auf den Markt kam (Abb. 2.1-1). Das Gerät sah einem Spielzeug nicht unähnlich: Man musste es zunächst wie eine Uhr aufziehen, anschließend bewegte sich auf Knopfdruck die innere von zwei Scheiben in Schritten unregelmäßiger Länge. Dabei war vorgesehen, dass der Bediener den Knopf für jeden zu verschlüsselnden Buchstaben betätigte. Im Gegensatz zur klassischen Chiffrierscheibe enthielt der innere Buchstabenkreis der Kryha-Chiffriermaschine das Alphabet doppelt, während der äußere Teil als Halbkreis realisiert war. Die Reihenfolge der Buchstaben auf der inneren Scheibe ließ sich beliebig ändern.

Das Herzstück der Kryha-Chiffriermaschine war ein unregelmäßig gezahntes Rad, das in 17 Einheiten aufgeteilt war. Jede Einheit enthielt einen bis sechs Zähne. Mit jedem Knopfdruck drehte sich das Rad um eine Einheit und bewegte dabei die innere Buchstabenscheibe um so viele Buchstaben wie Zähne in der jeweiligen Einheit vorhanden waren. Als Schlüssel dienten die Positionierung der Buchstaben auf der inneren Scheibe, die Zahnung des Rads sowie die An-

Abb. 2.1-1: Die Kryha-Maschine entstand in den zwanziger Jahren. Trotz erheblicher Sicherheitslücken wurde das Gerät, das wie eine Uhr aufgezogen werden musste, zu einem Verkaufserfolg (als Farbfoto im Anhang).

fangsstellung von Rad und Scheibe. Alexander von Kryha warb damit, dass es nicht weniger als 14 169 650 626 522 262 353 946 479 924 927 466 759 934 653 235 200 000 000 000 000 000 unterschiedliche Kombinationen gab, was seiner Meinung nach für eine ausreichende Sicherheit sorgte. Kryptologen sehen die Sache im Nachhinein allerdings weniger euphorisch: Die Zahnung des Rads war unveränderlich und die Positionierung der Buchstaben auf der inneren Scheibe, die ohnehin nur eine einfach zu knackende Ersetzung realisierte, blieb in der Regel über einen längeren Zeitraum konstant. So gab es de facto gerade einmal 442 unterschiedliche Schlüssel, und die Schrittlänge bei der Weiterschaltung wiederholte sich bereits nach der 17. Betätigung. Die Sicherheit der Kryha-Chiffriermaschine hielt sich also in Grenzen. Nicht zu bestreiten ist jedoch, dass das Gerät im Vergleich zu anderen Verschlüsselungsmaschinen klein und handlich wirkte.

Da Alexander von Kryha seine Maschine zudem geschickt vermarktete, wurde daraus ein Verkaufserfolg. Dies sprach sich bis in die USA herum, wo der Geschäftsmann A. M. Evalenko 1933 für 100.000 Dollar die Nordamerika-Rechte erwarb. Er bot das Gerät auch der US-Regierung an. Doch Evalenko hatte die Rechnung ohne die Dechiffrier-Künste des genialen Kryptologen William Friedman gemacht, von dem in Abschnitt »William Friedman knackt die Purple« (S. 84) noch die Rede sein wird. Friedman, zu dieser Zeit Chief Signal Officer der Vereinigten Staaten, testete das Gerät, indem er versuchte, eine 200 Wörter lange verschlüsselte Nachricht zu knacken. Es gelang ihm in 2 Stunden und 41 Minuten /Deavours 85/.

Friedman knackte die Kryha-Chiffriermaschine

Zur Erklärung dieser berühmten Anekdote muss zwar gesagt werden, dass Friedman die Kryha-Chiffriermaschine und vermutlich auch die Zahnung des verwendeten Exemplars schon vorher kannte. Doch die mangelnde Sicherheit des Geräts hatte er damit eindrucksvoll bewiesen. So kam die Kryha-Chiffriermaschine nie in einer US-Behörde zum Einsatz. Zahlreiche andere Kunden – darunter Banken, internationale Unternehmen und nicht zuletzt Luftschiffe –

setzten das Gerät jedoch noch bis in die fünfziger Jahre ein und machten es zu einer der erfolgreichsten Verschlüsselungsmaschinen ihrer Zeit.

Heberns Rotormaschine

Von der Kryha-Chiffriermaschine war es nur noch ein kleiner Schritt zur **Rotor-Verschlüsselungsmaschine**, die etwa zur gleichen Zeit entstand. Bei den vier Tüftlern, die unabhängig voneinander auf die Idee kamen, auf diese Art Nachrichten zu verschlüsseln, handelte es sich interessanterweise allesamt um Zivilpersonen. Dies ist zweifellos eine erstaunliche Tatsache, auch wenn die staatlich betriebene Kryptologie nach dem ersten Weltkrieg angesichts der friedlichen Zeiten fast überall an Bedeutung verlor. Erst vor einigen Jahren wurde schließlich bekannt, dass zumindest einer der vier Rotormaschinen-Erfinder seine Ideen aus dem militärischen Umfeld bezog, doch dazu später.

Der erste, der die Idee einer Rotor-Verschlüsselungsmaschine patentieren ließ, war der amerikanische Erfinder Edward Hebern. Dieser wurde 1869 im Staat Illinois geboren und versuchte sein Glück im Westen des Landes, wo er unter anderem als Zimmermann arbeitete. Er war bereits 40 Jahre alt, als er sich für Verschlüsselung zu interessieren begann und erste Pläne für simple Chiffriergeräte entwarf. So baute er 1915 die erste elektromechanische Verschlüsselungsmaschine überhaupt. Diese bestand aus zwei elektrischen Schreibmaschinen, wobei Hebern die Tastatur der einen mit den Buchstabentypen der anderen verdrahtete. So entstand eine einfache Verwürfelung der Buchstaben, die jedoch konstant blieb und dadurch keine besondere Sicherheit bot.

Hebern war einer der Erfinder der Rotormaschine

Deutlich schwieriger zu knacken war da schon die erste Rotor-Verschlüsselungsmaschine, die Hebern 1917 beim Patentamt einreichte. Das Funktionsprinzip des Geräts sieht vor, dass eine kreisrunde Scheibe (**Rotor**, auch Walze genannt) auf beiden Seiten mit jeweils 26 Kontakten besetzt ist, wobei jeder Kontakt auf der Vorderseite mit einem Kontakt auf der Rückseite verdrahtet ist. Zusätzlich ist jeder Kontakt auf der Vorderseite mit einer Taste auf einer Schreibmaschinentastatur und jeder Kontakt auf der Rückseite mit einer Lampe verbunden. Die Lampen sind mit den 26 Buchstaben des Alphabets markiert. Drückt man eine Taste, dann fließt Strom zum verbundenen Kontakt auf der Vorderseite, von dort zum angeschlossenen Kontakt auf der Rückseite und schließlich zur Lampe, die dadurch aufleuchtet. Der eingetippte Buchstabe entstammt dem zu verschlüsselnden Text, die aufleuchtende Lampe zeigt den zugehörigen Geheimbuchstaben an. Die Sicherheit der Maschine wird dadurch erhöht, dass sich der Rotor bei jeder Buchstabeneingabe um eine Einheit dreht. Im beschriebenen Aufbau bot Heberns Gerät noch weniger Sicherheit als eine Kryha-Chiffriermaschine, da letztere sich in unregelmäßigen Schritten fortschaltet. Hebern verbesserte sein Design jedoch, indem er fünf Rotoren wie bei einem Tachometerzähler hintereinander schaltete.

Hebern hatte keinen Erfolg mit seiner Erfindung

Mit viel Engagement und Selbstvertrauen machte sich Hebern daran, seine Erfindung zu vermarkten. 1921 gründete er in Oakland die Firma »Hebern Electric Code«, für die er 2.500 Aktionäre gewann, die ihm ein Kapital von etwa einer Million Dollar zur Verfügung stellten. Mit dieser Finanzierung im Rücken baute Hebern ein Fabrikgebäude, das 1.500 Mitarbeitern Platz bot und zur Produktion von Verschlüsselungsmaschinen im großen Stil genutzt werden sollte. Das Vorhaben scheiterte jedoch kläglich. Hebern Electric Code hatte gerade einmal 12 Maschinen verkauft, als das Unternehmen 1926 alle Mittel aufgebraucht hatte und schließlich Pleite ging. Heberns Aktionäre zogen nun vor Gericht. Der gescheiterte Geschäftsmann kam beim anschließenden Verfahren zwar glimpflich davon und wagte einen Neuanfang. Doch letztendlich blieben seine Bemühungen ohne Erfolg.

1925 musste sich auch Herberns Rotor-Verschlüsselungsmaschine einer Analyse durch Chief Signal Officer William Friedman unterziehen. Der geniale Dechiffrierer musste dieses Mal etwas mehr Aufwand investieren als bei der Kryha-Chiffriermaschine, doch innerhalb von sechs Wochen hatte er auch das Hebern-Gerät geknackt. Friedman erkannte jedoch das Potenzial, das hinter der Idee einer Rotor-Verschlüsselungsmaschine steckte, machte einige Verbesserungsvorschläge und trug schließlich mit dazu bei, dass das Militär in den USA auf diese Technik setzte. So kam es, dass die US-Armee im Zweiten Weltkrieg Rotormaschinen in großer Zahl nutzte, und Heberns Idee dadurch zu einem späten Durchbruch verhalf. 1947 verklagte Hebern die Streitkräfte auf eine Summe von 50 Millionen Dollar wegen Verletzung seines Patents. Doch auch dieses Unterfangen blieb ohne Erfolg. Hebern starb 1954, während das Verfahren noch lief, und am Ende bekamen seine Erben 30.000 Dollar zugesprochen.

Scherbius, Damm und Koch

Auch die drei Zeitgenossen Heberns, die fast zeitgleich ähnliche Maschinen konstruierten, waren nicht gerade vom Glück verfolgt. Dies galt auch für den deutschen Tüftler und Unternehmer Arthur Scherbius, der die bedeutendste aller Verschlüsselungsmaschinen erfand: die Enigma. Diese wurde 1918 zum Patent angemeldet und war dem von Hebern entwickelten Gerät recht ähnlich. Sie besaß aber mit dem Umkehrrotor ein zusätzliches Bauteil, das von entscheidender Wichtigkeit sein sollte. Die Geschichte der

Auch Scherbius und Damm erfanden Rotor-Verschlüsselungsmaschinen

Enigma, die als einer der Höhepunkte der Kryptologie-Geschichte gilt, wird in Abschnitt »Die Enigma« (S. 63) erzählt.

Aus dem Jahr 1919 stammt die nächste Patentanmeldung
für eine Rotor-Verschlüsselungsmaschine. Für diese zeich-
net der Schwede Arvid Damm verantwortlich, dessen Firma
1927 von dem Geschäftsmann Boris Hagelin übernommen
und 1948 in die Schweiz umgesiedelt wurde. Hagelin gilt
als der einzige, der mit dem Verkauf von Verschlüsselungsmaschinen zum reichen Mann geworden ist. Um seine Geschichte und die seiner Maschinen geht es in Abschnitt »Wie
Boris Hagelin zum Millionär wurde« (S. 138).

Genau drei Tage vor Damm reichte der Niederländer Hugo
Alexander Koch seinen Patentantrag ein. Von den vier Pio-
nieren im Bereich der Rotor-Verschlüsselungsmaschinen war
Koch lange Zeit derjenige, der in der Literatur am wenigsten
Beachtung fand. Ein Aufsatz von Kochs Landsmann Karl de
Leeuw in der Fachzeitschrift Cryptologia aus dem Jahr 2003
änderte dies jedoch schlagartig /Leeuw 03/. De Leeuw berichtet darin, dass Angehörige der niederländischen Marine
bereits 1915 – also zwei Jahre vor Hebern – eine Rotor-Maschine gebaut hatten, was jedoch geheim gehalten wurde.
Als Erfinder ermittelte de Leeuw die bis dahin in der Szene
unbekannten niederländischen Offiziere Theo van Hengel
und R. P. C. Spengler. Die beiden leiteten 1919 – möglicherweise ohne die Erlaubnis dafür abzuwarten – die Patentierung ihrer Erfindung über ein Anwaltsbüro ein.

**Koch war nicht
der wahre
Erfinder**

Erst kurz nach van Hengel und Spengler reichte Hugo Alexander Koch seine Maschinenkonstruktion beim Patentamt
ein. Die Ähnlichkeit der beiden Entwürfe ist verblüffend.
Dass dies kein Zufall gewesen sein dürfte, ist bekannt, seitdem sich herausgestellt hat, dass einer der Patentanwälte
Kochs Schwager war. Man kann also davon ausgehen, dass
Hugo Alexander Koch zu Unrecht als Miterfinder der Rotor-

Verschlüsselungsmaschinen in die Geschichte eingegangen ist. Dies muss jedoch nicht heißen, dass Koch ein Betrüger war, denn möglicherweise geschah die Mauschelei sogar auf Wunsch der rechtmäßigen Erfinder. Van Hengel und Spengler, so die Vermutung, hatten mit ihrer vorschnellen Patentanmeldung Geheimhaltungsvorschriften der niederländischen Armee verletzt und mussten daher mit harten Strafen rechnen. Die anschließend erfolgte Patenteinreichung durch Koch hatte gemäß dieser Theorie den Zweck, die wahre Herkunft der Maschinenkonstruktion zu verschleiern und die beiden eigentlichen Erfinder zu schützen.

Die Geschichte um die niederländischen Erfinder könnte möglicherweise noch weitere Kreise ziehen. Denn Hugo Alexander Koch, der eine Firma zur Vermarktung seiner Maschine gründete, unterhielt enge Kontakte zu Enigma-Erfinder Arthur Scherbius, der 1928 schließlich das Koch-Patent aufkaufte. Die erste Enigma-Version soll ebenfalls eine verblüffende Ähnlichkeit mit der Konstruktion von van Hengel und Spengler gehabt haben. Krypto-Historiker fragen sich nun, ob vielleicht auch der umtriebige Geschäftsmann Scherbius, der zweifellos über zahlreiche Kontakte verfügte, von den Ideen der Niederländer profitierte. Man darf auf die weitere Forschung zu diesem Thema gespannt sein.

Die stärkste Maschine ihrer Zeit

Rotor-Verschlüsselungsmaschinen gewannen in den dreißiger Jahren zunehmend an Bedeutung. Schon bald fanden Dechiffrierexperten wie William Friedman jedoch erste Schwachstellen dieses Maschinentyps, die sich meist aus der Regelmäßigkeit der Rotorenbewegung ergaben. Schon vor dem Zweiten Weltkrieg entwarfen findige Konstrukteure daher Rotor-Verschlüsselungsmaschinen, deren Rotoren sich nicht mehr im Stil eines Tachometerzählers, sondern auf un-

Die SIGABA war die stärkste Verschlüsselungsmaschine des Zweiten Weltkriegs

regelmäßige Weise bewegten. So entstand die zweite Generation der Rotor-Verschlüsselungsmaschinen, die ein hohes
Maß an Sicherheit erreichte.

*Abb. 2.1-2: Die SIGABA gilt als beste Verschlüsselungsmaschine des Zwei-
ten Weltkriegs. Im Gegensatz zur Enigma wurde sie nie geknackt.*

Eine der ersten Maschinen dieser zweiten Generation war
die amerikanische **SIGABA** (Abb. 2.1-2), die verwirrender-
weise gleich unter vier Namen bekannt wurde (ECM Mark II,
M-134-C, CSP-889 und eben SIGABA). Entwickelt wurde dieses elektromechanische Wunderwerk von der US-amerikanischen Marine nach Entwürfen einer Militärbehörde Ende der
dreißiger Jahre. Die SIGABA arbeitete mit insgesamt 15 Rotoren, von denen fünf in der üblichen Weise verdrahtet waren
und für die Verschlüsselung sorgten. Die zehn restlichen
Rotoren dienten der Steuerung der fünf Verschlüsselungs-

rotoren und sorgten für deren äußerst unregelmäßige Fortschaltung.

Die SIGABA wurde von den Amerikanern während des Zweiten Weltkriegs für die Kommunikation auf höchster Ebene eingesetzt. Nach heutigem Kenntnisstand wurde sie nie geknackt. Das Gerät kam auch bei der Invasion der Alliierten über die Normandie im Jahr 1944 zum Einsatz, wobei die Amerikaner einen großen Aufwand trieben, um kein Gerät in die Hände des Gegners gelangen zu lassen. Wenn ein Exemplar nicht benötigt wurde, wurde es in drei Tresoren weggeschlossen, von denen einer die Maschine, ein weiterer die Rotoren und der dritte die Schlüsselbücher enthielt.

Im Februar 1945, also kurz vor Kriegsende, mussten die US-Befehlshaber jedoch trotz aller Sicherheitsvorkehrungen einige bange Wochen überstehen. Das Drama begann, als am 3. Februar zwei Soldaten einen Transporter mit den besagten drei Tresoren unbewacht vor einem Bordell abstellten. Als sie zurückkamen war das Fahrzeug verschwunden. Die Amerikaner mussten nun damit rechnen, dass die deutschen Kriegsgegner eine SIGABA samt Schlüsselmaterial besaßen, was einer Katastrophe gleichkam. Doch sie hatten Glück: Die Tresore wurden drei Wochen später in einem Bach bei Colmar gefunden, und der Dieb erwies sich als Franzose, der es nur auf das Fahrzeug abgesehen hatte. Die offensichtlich heiße Fracht, mit der er nichts anfangen konnte, hatte er kurzerhand in den Bach gekippt.

1945 kam den Amerikanern eine SIGABA abhanden

So konnten die Amerikaner die SIGABA auch nach diesem Vorfall weiterhin bedenkenlos einsetzen, bevor das Gerät 1959 schließlich ausgemustert wurde. Bis heute gilt die SIGABA als beste Verschlüsselungsmaschine des Zweiten Weltkriegs. Sie leistete den Amerikanern nicht nur in Europa, sondern auch im Pazifikkrieg gegen Japan wichtige Dienste und verschaffte den Vereinigten Staaten einen kaum zu überschätzenden Vorteil: Während sie selbst die mit der deutschen Enigma und der japanischen Purple verschlüsselten Nachrichten der Feinde lesen konnten, bissen sich die Dechiffrierer in Diensten der Kriegsgegner an der SIGABA die Zähne aus. Manche Historiker zählen die außergewöhnliche Rotor-Verschlüsselungsmaschine daher zu den bedeutendsten Technologien des Zweiten Weltkriegs – vergleichbar mit der Radartechnik. Da das US-Militär erst im Jahr 1996 genauere Informationen über die SIGABA veröffentlichte, wurde die wahre Bedeutung dieses Geräts jedoch lange unterschätzt.

Rotoren im Kalten Krieg

Die Typex war eine britische Maschine

Neben der SIGABA gab es weitere Rotor-Verschlüsselungsmaschinen mit unregelmäßiger Fortschaltung. Die Briten setzten im Zweiten Weltkrieg beispielsweise ein Gerät namens **Typex** (Abb. 2.1-3, Abb. 2.1-4) ein, das mit fünf Rotoren arbeitete. Im Gegensatz zu den Deutschen beschränkten sie den Einsatzbereich ihrer Rotormaschine auf die höchste Ebene und gaben ihren Kriegsgegnern damit nur wenig Gelegenheit, Typex-Nachrichten zu analysieren. Erst in den siebziger Jahren wurde die Typex, die vermutlich nie geknackt wurde, außer Betrieb genommen.

Während Briten und Amerikaner im Zweiten Weltkrieg durch die Typex und die SIGABA sichere Verschlüsselungsmaschinen zur Verfügung hatten, bauten die Deutschen auf ihre Enigma, die bekanntlich geknackt wurde. Experten wie der ehemalige Präsident des Bundeaamts für Sicherheit in der Informationstechnik Dr. Otto Leiberich sehen es daher als größten kryptologischen Fehler der Deutschen im Zweiten Weltkrieg an, dass sie für die Enigma keine unregelmäßige Fortschaltung der Rotoren entwickelten. Man weiß allerdings, dass sich die Verschlüsselungsexperten in

Abb. 2.1-3: Auch die Typex arbeitete mit verdrahteten Rotoren, die sich unregelmäßig fortschalteten.

Diensten der Nazis mit diesem Gedanken durchaus beschäftigten. Sie begingen jedoch einen Denkfehler: Sie befürchte-

Abb. 2.1-4: Die britische Typex zählt zu den wenigen Verschlüsselungs-maschinen des Zweiten Weltkriegs, die nicht geknackt wurden.

ten, dass die durch eine unregelmäßige Fortschaltung verur-sachte Verkürzung der Schritte zwischen zwei identischen Rotorstellungen eine Sicherheitslücke sein könnte. Diese Befürchtung war zwar berechtigt, doch laut Leiberich kein Argument: »Durch eine zusätzliche bewegliche Walze [also durch einen vierten Rotor, K.S.] hätte sich diese Periodenver-kürzung leicht kompensieren lassen.« /Leiberich 99/

Nach dem Zweiten Weltkrieg setzte auch die NATO auf eine Rotor-Verschlüsselungsmaschine mit unregelmäßiger Fort-schaltung, die den Namen **KL-7** trug (Abb. 2.1-5). Von 1960 bis 1985 arbeitete auch die Bundeswehr mit diesem Gerät, das auf Grund seiner Störanfälligkeit bei den Bedienern nicht besonders beliebt war. »Auf einer KL-7 hat man nicht getippt, sondern mit Gewalt auf die Tasten eingeschlagen«, berichtete ein ehemaliger US-Soldat /Proc 04/. Zudem mussten die Bronzekontakte der Rotoren nach jedem Einsatz gereinigt werden, da sie schnell korrodierten. Funktionsprüfungen an einzelnen Kontakten waren den Bedienern verboten, denn sie sollten keine Informationen über die Rotoren erhalten. Defekte Rotoren gingen daher zur Reparatur an die Geheimbehörde NSA (National Security Agency). Kein Wunder, dass der besagte US-Soldat die KL-7 als »fun machine« bezeichnete /Proc 04/.

Abb. 2.1-5: Die KL-7 wurde im Kalten Krieg innerhalb der NATO eingesetzt. Durch Spionage erfuhr die Sowjetunion Details über die Funktionsweise, konnte die Maschine jedoch vermutlich nicht knacken (als Farbfoto im Anhang).

Obwohl die KL-7 nach heutigem Kenntnisstand nie geknackt wurde, brachte sie ihren Nutzern kein Glück. Wie erst später bekannt wurde, verkaufte der US-Offizier Joseph G. Helmich 1962 detaillierte Unterlagen über das Gerät inklusive Schlüssellisten an die Sowjetunion. Welchen Nutzen man dort aus diese Informationen zog, ist nicht bekannt. Später lieferte John Walker, einer der bedeutendsten Spione des Kalten Kriegs, Informationen über die KL-7 an die Sowjets. Walker, der als Fernmeldespezialist für die US-Marine arbeitete, verkaufte 1962 erstmals Staatsgeheimnisse nach Moskau und engagierte in der Folgezeit mehrere Familienmitglieder für seine verbotenen Aktivitäten. Zum Material, das er lieferte, gehörten auch Benutzerhandbücher, Pläne und Schlüssel zur KL-7. Erst 1985, als Walker längst im Ruhestand war und seine Informationen nur noch aus zweiter Hand bezog, flog die Sache auf. Daraufhin zog die NATO die KL-7 sofort aus dem Verkehr. Da die Ausmusterung der veralteten Maschine ohnehin bevorstand, konnten die NATO-Staaten mit diesem Verlust leben.

Schweizer Rotoren

1992 veröffentlichte das Schweizer Militär eine weitere Rotormaschine mit unregelmäßiger Fortschaltung /Sullivan, Weierud 99/. Es handelte sich dabei um ein Gerät, das ab 1947 bei den Eidgenossen zum Einsatz gekommen war. Es trägt den Namen **NEMA** (Neue Maschine) und wurde von der Schweizer Firma Zellweger im Auftrag der Armee hergestellt. Die NEMA besitzt fünf verdrahtete Rotoren und fünf Rotoren, die der Steuerung dienen. Wie die Enigma verfügt sie über einen Umkehrrotor. Nach heutigem Kenntnisstand wurde die NEMA nie geknackt, wobei sie jedoch auch nicht die Härteprüfung des Zweiten Weltkriegs durchstehen musste.

Die NEMA ähnelte der Enigma

Eine gewisse Ähnlichkeit der NEMA zur deutschen Enigma ist kein Zufall, denn zwischen 1938 und 1940 verkaufte die deutsche Regierung 265 Enigmas an die Nachbarn aus der Schweiz. Dabei handelte es sich um eine Enigma-Variante, die früher kommerziell erhältlich gewesen war, weshalb sie nicht die hohe Sicherheit der Militärgeräte bot. Da die Schweizer befürchteten, die Deutschen oder die Alliierten könnten den von ihnen benutzten Enigma-Typ knacken, führten sie ein paar Änderungen daran durch.

So ganz vertrauten die Schweizer Kryptologie-Experten ihren Maschinen jedoch immer noch nicht, weshalb sie sich 1942 an die Arbeit machten, selbst eine Rotor-Verschlüsselungsmaschine zu entwickeln. Daraus wurde die NEMA, die ab 1947 vom Schweizer Militär genutzt wurde, wobei anfangs 640 Maschinen zum Einsatz kamen. Seit der Offenlegung im Jahr 1992 ist es bereits mehrfach vorgekommen, dass Betrüger das Typenschild einer NEMA austauschten und sie als Enigma verkauften. Letztere hat etwa den zehnfachen Wert.

Die vom Schweden Boris Hagelin in der Schweiz gegründete Firma Crypto AG startete 1952 ebenfalls die Entwicklung einer Rotor-Maschine, die unter dem Namen **HX-63** (Abb. 2.1-6) auf den Markt kam. Die HX-63, in der fast ein Jahrzehnt an Entwicklungsarbeit steckte, wurde zu einer wahren Super-Rotor-Maschine: Sie arbeitete mit neun Rotoren, die jeweils zwei Verdrahtungen enthielten, zwischen denen der Bediener auswählen konnte und die dadurch einen Teil des Schlüssels bildeten. Die Fortschaltung der Rotoren erfolgte durch einen ausgetüftelten Mechanismus in einer hochgradig unregelmäßigen Weise. Als die HX-63 in den sechziger Jahren auf den Markt kam, war die große Zeit der Rotor-Verschlüsselungsmaschinen jedoch bereits vorbei. Sie wurde deshalb nur ein mittelmäßiger Erfolg.

Die HX-63 wurde von Hagelin gebaut

Abb. 2.1-6: Mit der HX-63 hatte die Crypto AG auch eine Rotor-Verschlüsselungsmaschine im Programm.

Glossar

HX-66 Rotor-Verschlüsselungsmaschine der Crypto AG, die in den sechziger Jahren auf den Markt kam. Die HX-66 ist eine der letzten Maschinen, die mit verdrahteten Rotoren arbeitete, und gilt als eine der besten.

KL-7 Elektromechanische Verschlüsselungsmaschine, die von der NATO eingesetzt wurde. Die KL-7 gilt als eine der besten Rotor-Verschlüsselungsmaschinen und wurde vermutlich nie geknackt.

Kryha-Maschine Durch eine Feder angetriebene Verschlüsse-

lungsmaschine, die in den zwanziger Jahren entstand. Die Kryha-Maschine war kommerziell erfolgreich, bot jedoch keine besonders hohe Sicherheit und setzte sich daher im Militärbereich nicht durch.

NEMA (Neue Maschine) Schweizerische Verschlüsselungsmaschine, die ähnlich wie die Enigma funktionierte, jedoch eine deutlich höhere Sicherheit bot. Die NEMA wurde vermutlich nie geknackt.

Rotor Wichtiges Bauteil zahlreicher Verschlüsselungsmaschinen. Man versteht darunter eine kreis-

runde Scheibe, die auf beiden Seiten mit (in der Regel 26) Kontakten besetzt ist. Die Kontakte sind auf unregelmäßige Weise miteinander verdrahtet.
Rotor-Verschlüsselungsmaschine Mechanischer Verschlüsselungsmaschinen-Typ, der etwa zwischen 1920 und 1970 zum Einsatz kam. Wichtigstes Bauteil einer solchen Maschine sind Rotoren. Frühe Varianten arbeiteten mit drei, spätere mit über zehn Rotoren.

SIGABA US-Verschlüsselungsmaschine, die im Zweiten Weltkrieg eingesetzt wurde. Die SIGABA gilt als bestes Verschlüsselungsgerät ihrer Zeit. Sie wurde vermutlich nie geknackt.
Typex Britische Verschlüsselungsmaschine, die im Zweiten Weltkrieg eingesetzt wurde. Gehörte zur Familie der Rotor-Verschlüsselungsmaschinen und wurde vermutlich nie geknackt.

2.2 Box: So funktionierte eine Rotormaschine

Das wichtigste Bauteil einer Rotor-Verschlüsselungsmaschine war eine runde Scheibe, die sich um ihre eigene Achse drehte und die »Rotor« genannt wurde. Ein Rotor hatte auf beiden Seiten jeweils 26 Metallkontakte, wobei die Kontakte auf der Vorderseite auf unregelmäßige Weise mit denen auf der Rückseite verdrahtet waren. Der Aufbau einer Rotormaschine ist aus Abb. 2.2-1 ersichtlich (die abgebildeten Rotoren besitzen der Einfachheit halber nur fünf Kontakte pro Seite). Die frühen Maschinen, die ab 1920 zum Einsatz kamen, waren meist mit drei bis fünf Rotoren ausgestattet, deren Zahl konnte jedoch beliebig sein. Die Rotoren einer Maschine waren in einen Stromkreis integriert, der für jeden Buchstaben des Alphabets je einen Schalter und eine Lampe vorsah. Zum Verschlüsseln wurde der Schalter eines Buchstabens geschlossen (in der Abbildung ist dies der D-Schalter). Dadurch schloss sich der Stromkreis, wobei der Strom zunächst durch die Rotoren, dann durch eine der Lampen floss (in diesem Fall die

Rotoren sorgten für die Verschlüsselung

B-Lampe). Das Aufleuchten einer Lampe zeigte das Ergebnis des Verschlüsselungsvorgangs an.

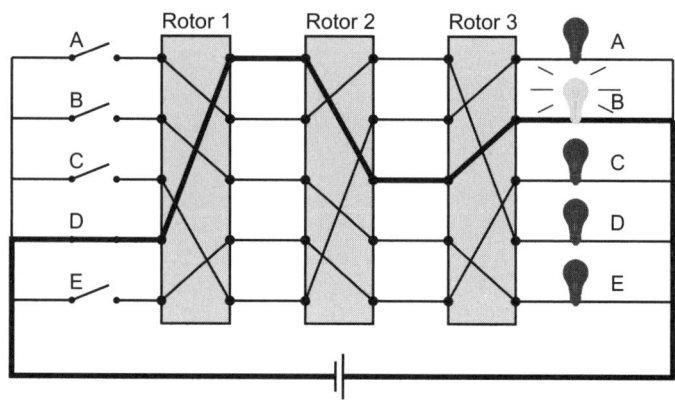

Abb. 2.2-1: Das Funktionsprinzip einer Rotor-Chiffriermaschine: Durch mehrere verdrahtete Rotoren hindurch wird ein Stromkreis geschlossen, der eine Verbindung zwischen einer Taste und einer Lampe herstellt. Die Rotoren drehten sich bei jeder Eingabe in der Art eines Tachometerzählers.

Die Rotoren der frühen Maschinen drehten sich mit der Eingabe eines Buchstabens nach dem Prinzip eines Tachometerzählers. Einer der Rotoren bewegte sich dabei jedes Mal um eine Einheit, der nächste Rotor erst nach einer vollen Umdrehung des ersten. Der dritte Rotor wiederum drehte sich um eine Einheit, nachdem der zweite eine volle Umdrehung ausgeführt hatte. Die Anfangsstellung der Rotoren bildete einen Teil des Schlüssels, wobei es bei drei Rotoren $26 \times 26 \times 26 = 17.576$ unterschiedliche Möglichkeiten gab.

Die zweite Generation gilt als sicher

Um 1940 kam eine zweite Generation von Rotor-Verschlüsselungsmaschinen auf. Die neuen Geräte waren nicht nur einfacher zu bedienen, sondern brachten zudem durch eine größere Zahl von Rotoren (bei manchen waren es über zehn) einen Sicherheitsgewinn. Als weitere Verbesserung kam in der zweiten Generation dazu, dass die Fortschaltung nun nicht mehr nach dem Tachometerzähler-Prinzip, sondern auf unregelmäßige Weise erfolgte. Dabei drehte sich in der Regel jeder Rotor nach einer Buchstabeneingabe um mehrere Schritte. Alle bekannten Rotor-Verschlüsselungsmaschinen der zweiten Generation gelten bis heute als sicher.

2.3 Die Enigma

Kein anderes Kapitel der Kryptologie-Geschichte ist so dramatisch und folgenreich verlaufen wie die Vorgänge um die legendäre deutsche Verschlüsselungsmaschine Enigma (Abb. 2.3-1, Abb. 2.3-2, Abb. 2.3-3, Abb. 2.3-4). Die 1918 erfundene Maschine erlebte im Zweiten Weltkrieg ihre Blütezeit und beeinflusste dabei die Weltgeschichte in einer Form, die Historiker erst Jahrzehnte später richtig einschätzen konnten. Der 2001 erschienene Kinofilm »Enigma« mit Kate Winslet in der Hauptrolle ist nur einer von vielen Belegen für die ungeheure Faszination, die diese Maschine bis heute ausübt. So ist die Enigma nach wie vor das bekannteste und am besten erforschte Verschlüsselungsgerät der Welt.

Die Erfindung des Arthur Scherbius

Dass es um 1920 gleich vier geniale Köpfe gab, die unabhängig voneinander Verschlüsselungsmaschinen auf Basis verdrahteter Rotoren bauten, wurde bereits in Abschnitt »Verdrahtete Rotoren« (S. 43) beschrieben. Einer dieser vier Erfinder war der Deutsche Arthur Scherbius. Dieser reichte 1918 eine Rotor-Verschlüsselungsmaschine zur Pa-

Die Enigma wurde 1918 patentiert

tentierung ein, die er **Enigma** nannte – nach dem griechischen Wort für »Rätsel«.

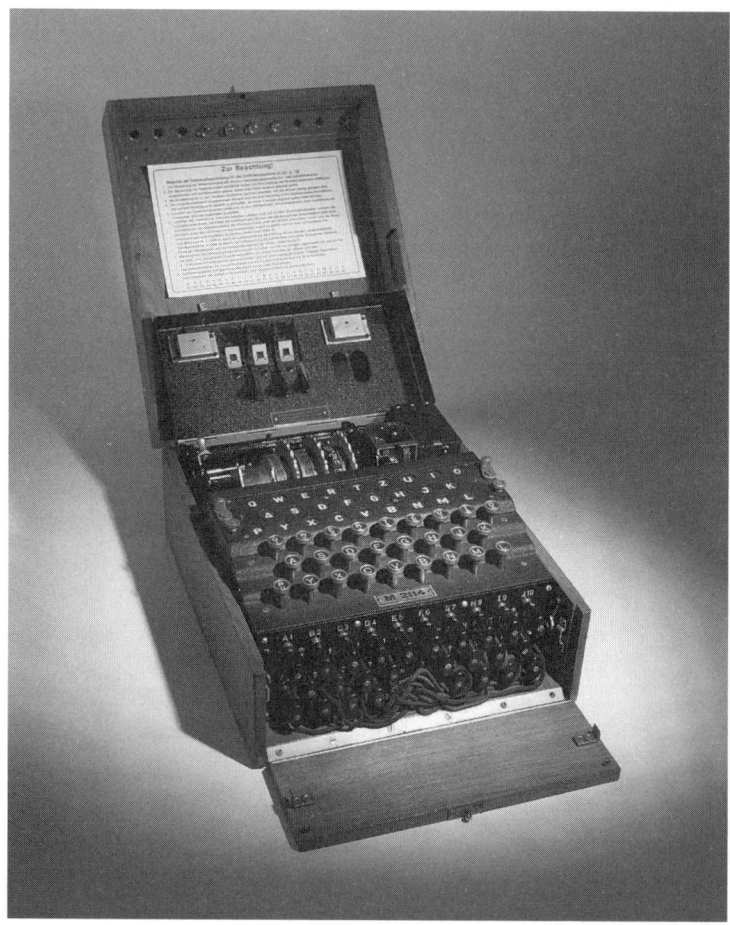

Abb. 2.3-1: Die Enigma ist die bekannteste Verschlüsselungsmaschine der Welt. Die Briten schafften es, sie zu entschlüsseln, und beeinflussten dadurch den Verlauf des Zweiten Weltkriegs entscheidend (als Farbfoto im Anhang).

Die Enigma ähnelte mit ihrer Schreibmaschinentastatur und den 26 Lämpchen zwar den anderen Verschlüsselungsmaschinen jener Zeit. Auch die drei auf die übliche Weise verdrahteten Rotoren, die sich wie ein Tachometerzähler bewegten und deren Anfangsstellung einen wichtigen Teil des Schlüssels bildeten, unterschieden sich nicht wesentlich von den entsprechenden Bestandteilen anderer Rotor-Verschlüsselungsmaschinen. Ungewöhnlich war jedoch ein vierter Rotor, dessen Kontakte nur auf einer Seite angebracht waren und den man deshalb als **Umkehrrotor** bezeichnet. Durch den Umkehrrotor floss der Strom bei einem Verschlüsselungsvorgang doppelt durch die Rotoren-Vorrichtung, was zu einer größeren Sicherheit führen sollte. Scherbius konnte nicht ahnen, dass genau diese scheinbar geniale Zusatzkonstruktion eine entscheidende Schwachstelle bilden würde.

Wie die meisten Erfinder von Verschlüsselungsmaschinen konnte auch Scherbius nur wenig Kapital aus seiner Pionierarbeit schlagen. 1923 gründete er eine Firma, um seine Erfindung zu vermarkten, doch die Nachfrage war zunächst gering. Insbesondere schaffte er nicht, staatliche Stellen in Deutschland für die Enigma zu interessieren. So lehnte etwa die Marine mit der Begründung ab, dass »die gegenwärtig verwendeten Chiffrierverfahren ausreichten und der Gebrauch von Maschinen nicht lohnend sei« /Schulzki 00/. Den deutschen Militärführern war zu diesem Zeitpunkt immer noch nicht bewusst, dass ihre Verfahren im Ersten Weltkrieg allesamt geknackt worden waren und dass beispielsweise auch das Zimmermann-Telegramm (Abschnitt »Room 40« (S. 35)) auf diese Weise in die Hände des Gegners gelangt war. Erst als die Briten 1923 Details über verschiedene Vorgänge im Ersten Weltkrieg veröffentlichten, wurde den Deutschen das Fiasko in seinem vollen Ausmaß deutlich. Nun rannte Scherbius auf einmal offene Türen ein. Drei Jahre

Abb. 2.3-2: Die dramatische Geschichte der Enigma wurde erst in den siebziger Jahren öffentlich.

später nahm die deutsche Marine die Enigma in Betrieb, das Heer folgte zwei Jahre danach. Die Enigma wurde nun aus Sicherheitsgründen nicht mehr im Handel angeboten. Scherbius konnte sich jedoch nicht lange über den Erfolg seiner Maschinen freuen – er starb 1926 an den Folgen eines Pferdekutschen-Unfalls.

Unlösbare Rätsel

Zu den eifrigsten Abhörern deutscher Militärkommunikation gehörten in den zwanziger Jahren die Polen. Mit den damals noch üblichen manuellen Verschlüsselungsverfahren kamen die polnischen Code-Knacker gut zurecht, doch die ab 1928 immer häufiger auftauchenden Enigma-Funksprüche stellten sie vor unlösbare Rätsel. Die polnische Militärführung reagierte richtig auf die neue Herausforderung: Sie beschloss, Mathematiker auf das Problem anzusetzen, nachdem es bis dahin üblich gewesen war, Linguisten und Kreuzworträtsel-Experten mit derartigen Aufgaben zu betrauen.

Die Wahl des polnischen Militärs fiel auf die drei jungen Mathematiker Marian Rejewski, der sich als geschicktester Code-Knacker unter den dreien erwies, Hendrik Zygalski und Jerzy Rozycki von der Universität Posen. Letztere zählte zwar nicht zu den Elitehochschulen des Landes, doch die Stadt Posen hatte bis 1918 zum Deutschen Reich gehört, weshalb die dortigen Studenten größtenteils Deutsch sprachen. 1929 machten sich die neu rekrutierten Code-Knacker an die Arbeit. Den dreien standen Informationen über die kommerzielle Enigma zur Verfügung und sie ahnten, dass die abgefangenen Funksprüche von einer derartigen Maschine stammten. Die Deutschen verwendeten jedoch andere Verdrahtungen und eine Zusatzvorrichtung, weshalb die drei Mathematiker zunächst nicht weiter kamen. Die polnischen Dechiffrierer hatten jedoch das Glück der Tüchtigen: 1932 lieferte der deutsche Spion Hans-Thilo Schmidt Enigma-Handbücher und Schlüssellisten an seine Auftraggeber nach Frankreich. Weil die Franzosen nichts mit diesen

Mathematiker sollten die Enigma dechiffrieren

Abb. 2.3-3: Obwohl insgesamt zwischen 100.000 und 200.000 Enigmas gebaut wurden, sind nur wenige davon erhalten geblieben. Dieses Exemplar stammt aus dem Kryptologie-Museum der NSA.

Unterlagen anfangen konnten, reichten sie diese an die Polen weiter. Mit den auf diese Weise gewonnenen Informationen gelang es den Mathematikern ohne größere Mühe, den Aufbau der deutschen Heer-Enigmas zu rekonstruieren.

Die Polen kannten nun zwar alle Einzelheiten der Maschine, doch über die verwendeten Schlüssel – also die jeweilige Anfangsstellung der Rotoren – wussten sie nichts. Die Deutschen gingen wohl auch davon aus, dass es ausgesprochen schwierig war, aus den 17.576 Möglichkeiten die jeweils richtige herauszufinden. Darüber hinaus wechselten sie den Schlüssel täglich. Alle Einheiten, die mit einer Enigma arbeiteten, führten daher ein spezielles Schlüsselbuch mit sich, das für jeden Tag den jeweiligen Schlüssel (Tagesschlüssel) enthielt.

Die polnischen Mathematiker boten nun ihr ganzes Können auf. Dabei kam ihnen eine besondere Eigenschaft der Enigma zu Hilfe: Durch den Umkehrrotor wurde bei einem Verschlüsselungsvorgang kein Buchstabe auf sich selbst abgebildet. Diese Beobachtung lieferte den drei polnischen Dechiffrierern den Ausgangspunkt für eine ausgeklügelte mathematische Methode, mit der sie den jeweiligen Schlüssel bestimmen konnten. Ab 1934 konnten die Polen routinemäßig Funksprüche der Heer-Enigma entschlüsseln. Etwa 100.000 Nachrichten fielen ihnen in den Folgejahren dadurch in die Hände.

Der Umkehrrotor erwies sich als Schwachstelle

1934 entnahmen die polnischen Dechiffrierer einer abgefangenen Nachricht beispielsweise den Befehl zur »Nacht der langen Messer«, in der Hitler den damaligen SA-Führer Ernst Röhm verhaften und anschließend ermorden ließ. Die Nachricht lautete: AN ALLE FLUGPLAETZE ERNST ROEHM ABLIEFERN TOT ODER LEBEND. Noch im gleichen Jahr besuchte Hermann Göring, einer der wichtigsten Helfer Hitlers, die polnische Hauptstadt Warschau. Dort war man dank der erfolgreichen Arbeit von Marian Rejewski und seinen beiden

Kollegen bestens über jeden Schritt des Staatsgasts informiert.

Polnische Bomben

Die Polen bauten Entschlüsselungsmaschinen

Die Arbeit der polnischen Dechiffrierer erzielte zwar beachtliche Erfolge, doch sie war mühsam. Oft benötigten etwa 100 Helfer mehrere Tage, um einen Tagesschlüssel zu ermitteln. Durch den regelmäßigen Schlüsselwechsel der Deutschen begann die Arbeit jeden Tag von neuem. Die drei polnischen Mathematiker reagierten auf diese Herausforderung mit dem Bau einer Maschine, die sie »Zyklometer« nannten und die ihnen einen Teil der Sucharbeit abnahm. Dieses Modell verbesserten sie zu einem Gerät namens »Bomba«, dessen Bezeichnung sie vermutlich nach dem polnischen Wort für Eisbombe wählten. Der genaue Aufbau einer Bomba ist heute leider nicht mehr bekannt, doch ihre Leistung muss beachtlich gewesen sein: Eine Maschine dieses Typs konnte in etwa einer Stunde einen Tagesschlüssel berechnen und ersetzte dabei die Arbeit von 100 Menschen. Leider ist von den sechs Bomba-Exemplaren, die seinerzeit gebaut wurden, keines erhalten geblieben.

Ende 1938 stießen die polnischen Code-Knacker auf Probleme. Die Deutschen hatten ihre Heer-Enigmas verstärkt, indem sie zwei zusätzliche Rotoren eingeführt hatten. Aus den nun fünf zur Verfügung stehenden Rotoren musste ein Funker gemäß Schlüsselbuch drei auswählen, bevor er die Enigma einsetzte. Diese Maßnahme bedeutete für die Polen, dass der Aufwand zur Ermittlung eines Tagesschlüssels um den Faktor zehn stieg. Ausgerechnet jetzt, wo die seit Jahren spürbare Bedrohung durch die Deutschen immer konkreter wurde, zeigten sich die polnischen Code-Knacker der Aufgabe nicht mehr gewachsen. Das polnische Militär entschloss sich daher im Juli 1939, die Geheimdienste der verbündeten Franzosen und Briten einzuweihen. Einige Wochen später begann mit dem deutschen Überfall auf Polen der Zweite Weltkrieg.

Abb. 2.3-4: Es gibt nur sehr wenige Fotos, die eine Enigma im Einsatz zeigen. Auf diesem Bild ist General Heinz Guderian (1888-1954) auf seinem Kommandofahrzeug zu erkennen.

Bletchley Park

Die Briten wussten die von den Polen erhaltenen Informationen zu nutzen. Nachdem der berühmte Room 40 im Ersten Weltkrieg beachtliche Erfolge erzielt hatte, hatte die britische Regierung in den zwanziger Jahren eine schlagkräftige Dechiffriereinheit eingerichtet, die in Bletchley Park, einem unauffälligen Landgut westlich von London, ihren Dienst tat (Abb. 2.3-5). Die britischen Code-Knacker waren jedoch Ende der dreißiger Jahre weit davon entfernt, Enigma-Funksprüche entschlüsseln zu können, und hatten ein solches Unterfangen schon lange aufgegeben. Doch mit Hilfe der Erkenntnisse aus Polen änderte sich das schlagartig. Britische Experten ließen sich die entsprechenden Methoden erklären und starteten in Bletchley Park ein Projekt zur Entschlüsselung von Enigma-Nachrichten mit dem Code-Namen »Ultra«. Noch vor Kriegsausbruch konnten die Briten die ersten Enigma-Codes dechiffrieren.

Der britische Premier-Minister Winston Churchill erkannte schnell die große Chance, die sich nun bot. Er ließ Bletchley Park in den Folgejahren zu einem Industriebetrieb ausbauen, in dem das Dechiffrieren von Nachrichten maschinell betrieben wurde. Die Zahl der Mitarbeiter, die unter strengster Geheimhaltung Enigma-Funksprüche und andere Nachrichten entschlüsselten, stieg von 120 im Jahre 1939 auf 7.000 bei Kriegsende an. Unter den wenigen Eingeweihten in der britischen Regierung war diese Vorgehensweise nicht unumstritten – das Schnüffeln in fremden Funksprüchen vertrug sich nicht mit der Ehre der stolzen Briten. Doch die auf diese Weise gewonnenen Erkenntnisse erwiesen sich schnell als so bedeutsam, dass die Kritiker verstummten.

Die Ultra-Dechiffrierer in Bletchley Park entwickelten die von den Polen konzipierte Bomba-Maschine weiter und erhöhten ihre Leistungsfähigkeit um ein Vielfaches. Dabei

Abb. 2.3-5: Im idyllisch gelegenen Landgut Bletchley Park vor den Toren Londons wurde im Zweiten Weltkrieg Weltgeschichte geschrieben. Tausende von Menschen arbeiteten hier erfolgreich an der Dechiffrierung von Enigma-Codes und anderen verschlüsselten Botschaften.

spielte insbesondere der britische Mathematiker Alan Turing eine entscheidende Rolle, der sich in den dreißiger Jahren mit Arbeiten zur automatischen Verarbeitung von Daten einen Namen gemacht hatte. Sein theoretisches Modell einer »Turing-Maschine« lieferte wichtige Grundlagen zum Bau des Computers. 1939 wurde Turing von der britischen Armee eingezogen und als Mitarbeiter des Ultra-Projekts nach Bletchley Park beordert. Das nach seinen Ideen entwickelte Gerät zur Dechiffrierung von Enigma-Funksprüchen wurde von den Briten nach dem polnischen Vorbild als **Bombe** bezeichnet (Abb. 2.3-6, Abb. 2.3-7). Vielleicht spielte bei der Namensgebung auch die Tatsache eine Rolle, dass Turings Knack-Maschine wie eine Zeitbombe tickte.

Abb. 2.3-6: Mit dieser »Bombe« genannten Spezialmaschine knackten die Briten im Zweiten Weltkrieg die Enigma.

Die Bomben bildeten den Mittelpunkt der mit großem Personal- und Maschinenaufwand betriebenen Enigma-Entschlüsselung in Bletchley Park. In der Regel reichte eines der Geräte, das etwa die Größe eines Kleiderschranks hatte, aus, um einen Tagesschlüssel in einer Stunde zu ermitteln. Mehrere Dutzend Bomben waren bei Kriegsende im Einsatz. Diese wurden auch benötigt, denn die Arbeit der Briten wurde dadurch erschwert, dass die Deutschen in unterschiedlichen Bereichen bis zu 50 unterschiedliche Enigma-Typen gleichzeitig verwendeten. Bis Kriegsende entschlüsselten die Dechiffrierer um Alan Turing etwa 300.000 deutsche Enigma-Nachrichten.

Turing selbst konnte die Früchte seiner Arbeit im Ultra-Projekt nicht ernten. Da die Vorgänge in Bletchley Park auch nach Kriegsende weiterhin geheim gehalten wurden, ahnten

Turing beging vermutlich Selbstmord

nicht einmal seine Eltern – geschweige denn die Öffentlichkeit – welchen wichtigen Dienst Turing für das Land geleistet hatte. In den fünfziger Jahren wurde ihm seine Homosexualität zum Verhängnis: Da homosexuelle Handlungen seinerzeit in Großbritannien noch unter Strafe standen, kam Turing mit dem Gesetz in Konflikt und musste sich einer Hormonbehandlung unterziehen. 1954 starb er – vermutlich war es Selbstmord – an einem vergifteten Apfel. Zu seiner Ultra-Zeit waren dem Militär seine homosexuellen Neigungen vermutlich nicht bekannt, weshalb er während des Kriegs in Ruhe arbeiten konnte. Ein Weggefährte Turings in Bletchley Park brachte die Sache auf den Punkt: »Zum Glück wussten die Behörden nicht, dass Turing ein Homosexueller war. Sonst hätten wir den Krieg womöglich verloren.«

Abb. 2.3-7: Da die Entschlüsselung von Enigma-Funksprüchen unter strengster Geheimhaltung ablief, wussten die Mitarbeiter größtenteils nicht, was sie taten.

Deutsche Fehler

Trotz Turings Genialität wäre die Enigma zur damaligen Zeit nicht zu knacken gewesen, hätten die Deutschen nicht einen entscheidenden Fehler gemacht, der zuvor schon den polnischen Mathematikern zugute gekommen war: Sie gingen viel zu leichtsinnig mit ihren Verschlüsselungsmaschinen um. Dies begann schon, wenn eine neue Enigma-Variante eingeführt wurde. Bevor ein solcher Schritt erfolgte, führten die Deutschen verschiedene Tests inklusive dem Verschicken von Probenachrichten durch, die den Abhörern wertvolles Analysematerial in die Hände spielten. Darüber hinaus verschickten die Deutschen zahlreiche Standard-Nachrichten wie »Keine besondern Vorkommnisse« und verwendeten Floskeln wie »Heil Hitler«. Dadurch konnten die Code-Knacker in Bletchley Park den Inhalt vieler Nachrichten zumindest teilweise erraten, was die Bestimmung des Schlüssels mit den Bombe-Maschinen erst ermöglichte. Hatten die Briten den Tagesschlüssel auf diese Weise erst einmal erraten, dann konnten sie auch die anderen Nachrichten des Tages entschlüsseln.

Die Deutschen gingen leichtsinnig mit der Enigma um

Ein weiterer häufig gemachter Fehler der Deutschen bestand darin, dass ein Funker nach einem Fehler bei der Chiffrierung die gleiche Nachricht noch einmal schickte. Die Unterschiede, die sich dabei einschlichen, lieferten weitere Anhaltspunkte für die Bestimmung des Schlüssels. Am meisten kam den Dechiffrierern jedoch entgegen, dass die Deutschen eine an sich sinnvolle Sicherheitsmaßnahme völlig falsch anwendeten. Die Funker auf Deutscher Seite setzten den jeweiligen Tagesschlüssel nämlich nicht direkt zur Verschlüsselung von Funksprüchen ein, sondern verwendeten dazu einen anderen (den »Spruchschlüssel«), den sie sich meist selbst aussuchen konnten. Nur der Spruchschlüssel, der sich mit jeder Nachricht änderte, wurde mit dem Tagesschlüssel verschlüsselt und der jeweiligen Botschaft vorangestellt. Diese – wie erwähnt durchaus sinnvolle – Praxis missbrauchten die deutschen Funker oft, indem sie einfache Buchstabenkombinationen wie AAA oder ABC als Spruchschlüssel wählten. Für so manche Nachricht benötigten die Dechiffrierer in Bletchley Park ihre aufwendige Maschinerie also gar nicht, da sie die Verschlüsselung durch simples Ausprobieren knacken konnten.

Als noch verhängnisvoller erwies sich die Praxis der Deutschen, den Spruchschlüssel gleich zweimal der Nachricht voranzustellen – auf diese Weise sollten mögliche Übertragungsfehler korrigiert werden. Schon die Polen hatten diesen Trick durchschaut und die daraus resultierenden Zusatzinformation zur Bestimmung des Tagesschlüssels genutzt. Erst im Verlauf des Kriegs verzichteten die Deutschen schließlich auf die doppelte Übertragung des Spruchschlüssels. Doch zu diesem Zeitpunkt hatten die Briten die Enigma-Entschlüsselung bereits gut genug im Griff, um auch ohne diese Hilfestellung arbeiten zu können.

Die Marine-Codes

Die Briten konnten zwar nahezu alle Enigma-Varianten routinemäßig entschlüsseln, doch es gab eine Ausnahme: Die Maschinen der Marine machten ihnen schwer zu schaffen. Dies lag zum einen daran, dass die Deutschen in diesem Bereich eine besonders starke Enigma-Version einsetzten. Zum anderen waren die Funker zur See besser im Umgang mit den Geräten ausgebildet und machten weniger Fehler. Dabei waren die von der Marine verschickten Nachrichten für die Briten von besonderem Interesse, denn mit ihren U-Booten machten die Deutschen zu diesem Zeitpunkt den Nordatlantik zur Todesfalle, der zahlreiche alliierte Schiffe zum Opfer fielen.

Die Marine-Enigma erwies sich als besonders schwierig

1940 kam den Briten jedoch ein Zufall zur Hilfe: Die britischen Seestreitkräfte brachten ein deutsches U-Boot auf, in
dem sie neben einer Enigma auch Schlüsselbücher fanden.
Diese äußerst wertvolle Beute ermöglichte es den Briten zum
einen, ihr Wissen über die Marine-Enigma zu vervollständi-
gen. Zum anderen konnten sie mit den Schlüsselbüchern einige Monate lang den deutschen Marine-Funkverkehr ohne
größere Mühe mitlesen. Dennoch blieben die auf See eingesetzten Enigmas das Sorgenkind der Briten, vor allem nachdem das Schlüsselbuch ausgelaufen war und sie die Tagesschlüssel wieder mühevoll einzeln bestimmen mussten.

Gerade bei den nur schwer zu entschlüsselnden Marine-
Enigmas waren die britischen Code-Knacker darauf angewiesen, Wörter aus den einzelnen Nachrichten zu erraten,
um dadurch den Schlüssel bestimmen zu können. Teilweise
erhielten sie dabei Unterstützung von der Luftwaffe, deren
Flugzeuge in bestimmten Gebieten Seeminen legten. Diese
hatten nur den Zweck, die deutschen Schiffe zum Versenden
verschlüsselter Warnmeldungen zu veranlassen, in denen
bestimmte Positionsangaben vorkamen. Die Dechiffrierer in
Bletchley Park wussten dadurch, nach welchen Wörtern sie
in den Nachrichten suchen mussten.

Der Angriff auf Coventry

Die Entschlüs-
selung der
Enigma
beeinflusste
den
Kriegsverlauf

Mit dem Aufwand, den die Briten im Zweiten Weltkrieg zur
Entschlüsselung der Enigma trieben, gingen die Briten an die
Grenze des damals Machbaren. Doch die Mühe lohnte sich,
denn sowohl im Nordatlantikkrieg als auch in Nordafrika
und in Griechenland konnten die Briten wichtige Erkenntnisse aus abgefangenen Botschaften gewinnen. Sir Harry
Hinsley, ein in das Ultra-Projekt involvierter Offizier, bestätigte diese Einschätzungen: »Die Einbrüche in deutsche und
italienische Schlüsselverfahren erbrachten [...] ein solches

Ausmaß an Vorteilen in den militärischen Operationen, dass man sagen kann, ohne die sich akkumulierende Informationsgewinnung wäre es nicht zur Landung in der Normandie gekommen und der Krieg hätte weit länger gedauert, schätzungsweise zwei weitere Jahre, vielleicht auch drei, möglicherweise sogar vier« /Mache 04/. Ohne Ultra wäre also die erste Atombombe 1945 möglicherweise nicht auf Japan, sondern auf Deutschland gefallen.

Wie viele anderen erfolgreichen Dechiffrierer standen jedoch auch die Briten vor dem Problem, dass sie die aus den abgefangenen Nachrichten gewonnenen Erkenntnisse nicht ohne Weiteres nutzen konnten. Die Deutschen hätten sonst Verdacht geschöpft. Dies führte immer wieder zu seltsamen Aktionen: Wenn die Briten etwa den Standort eines deutschen U-Boots aus einer abgefangenen Nachricht kannten, sendeten sie zunächst ein Aufklärungsflugzeug dort hin, das dieses scheinbar zufällig entdecken sollte. Erst dann starteten sie einen Angriff auf das U-Boot.

Es gilt inzwischen auch als gesichert, dass Winston Churchill die Angriffspläne auf die englische Stadt Coventry, die 1940 von 500 deutschen Bombern dem Erdboden gleichgemacht wurde, aus entschlüsselten Enigma-Funksprüchen kannte. Durch eine Evakuierung oder zumindest eine Warnung der Bevölkerung hätte der britische Premier Tausende von Leben retten können. Er unterließ diesen Schritt jedoch, damit bei den Deutschen keine Zweifel an der Sicherheit ihrer Verschlüsselung aufkam. Man kann über die Vorgehensweise Winston Churchills sicherlich geteilter Meinung sein, doch in jedem Fall zeigte sie den gewünschten Erfolg. Die Enigma blieb bis zum Ende des Zweiten Weltkriegs die mit Abstand wichtigste deutsche Verschlüsselungsmaschine.

Nach dem Krieg

Das Vertrauen in die Enigma war verhängnisvoll

Viel ist bereits darüber diskutiert worden, warum die Deutschen sich von ihrem verhängnisvollen Vertrauen in die Enigma nicht abbringen ließen. Diese Ignoranz wurde lange Zeit darauf zurückgeführt, dass die nationalsozialistischen Machthaber die Dechiffrierung von Nachrichten des Feindes allgemein unterschätzten und sich deshalb auch über die möglichen Schwächen der Enigma keine Gedanken machten. Heute weiß man jedoch, dass diese Einschätzung falsch ist. Wie erst in den neunziger Jahren bekannt wurde, betrieb die Naziregierung eine ausgesprochen starke Dechiffriereinheit (siehe Abschnitt »Die unterschätzten deutschen Code-Knacker« (S. 177)), die sich auch mit der Sicherheit der eigenen Codes beschäftigte. Diese deutschen Code-Knacker wussten nicht nur um die Schwächen der Enigma, sondern schätzten auch den Aufwand, der zur Entschlüsselung notwendig war, richtig ein. Der einzige Fehler, den sie und die nationalsozialistischen Machthaber begingen: Sie ahnten nicht, dass ein Kriegsgegner diesen enormen Aufwand, der auf die Schaffung einer ganzen Entschlüsselungsfabrik hinauslief, auch tatsächlich treiben würde.

Erstaunlich ist dabei nicht zuletzt die Tatsache, dass man in Berlin nichts von der Existenz des Dechiffrier-Zentrums in Bletchley Park wusste – immerhin handelte es sich dabei um einen Industriekomplex mit 7.000 Beschäftigten. Da kein deutscher Spion je über diese Einrichtung berichtete, schöpften die Nazis keinen Verdacht, und außerdem blieb Bletchley Park vor Bombenangriffen verschont.

Ultra blieb zunächst geheim

Auch nach dem Krieg erfuhr zunächst niemand etwas über die Vorgänge in Bletchley Park, da diese von den Briten weiterhin als Staatsgeheimnis betrachtet wurden. Churchill ließ sämtliche Unterlagen und Maschinen, die mit der Enigma-Dechiffrierung zu tun hatten, vernichten und das Personal deutlich reduzieren. 1952 wurde die Anlage geschlossen. Durch die Geheimhaltung blieb eines der wichtigsten Kapitel des Zweiten Weltkriegs mehrere Jahrzehnte lang im Dunkeln und fand keinen Eingang in die Geschichtsbücher. Erst in den siebziger Jahren brachen die Briten das Schweigen, und so wurde erstmals bekannt, dass die Enigma im Zweiten Weltkrieg geknackt worden war. Man kann sich vorstellen, für welche Aufregung diese Nachricht in der Zentralstelle für das Chiffrierwesen in Bonn bedeutete, wo zu dieser Zeit noch Mitarbeiter aktiv waren, die als Chiffrier-Spezialisten den Zweiten Weltkrieg miterlebt hatten.

Dabei ist noch nicht einmal bekannt, ob die Briten die einzigen waren, denen im Krieg das Knacken der Enigma gelang. So gibt es beispielsweise keine öffentlich verfügbaren Informationen darüber, welche diesbezüglichen Anstrengungen seinerzeit die Sowjetunion unternahm. Angesichts der zahlreichen genialen Mathematiker, die dieses Land hervorgebracht hat, ist es unwahrscheinlich, dass Stalin auf das Dechiffrieren deutscher Codes verzichtete.

Bombe Von den Briten im Zweiten Weltkrieg gebautes Gerät zur Entschlüsselung von Enigma-Nachrichten. Die Bombe, an deren Entwicklung der Mathematiker Alan Turing maßgeblich beteiligt war, war eine Weiterentwicklung der polnischen Maschine "Bomba" (benannt nach dem polnischen Wort für "Eisbombe").

Enigma Mechanische Verschlüsselungsmaschine, die von den Deutschen im Zweiten Weltkrieg eingesetzt wurde. Die Enigma wurde zunächst von den Polen, später von den Briten geknackt und gilt heute als bekannteste Verschlüsselungsmaschine der Welt.

Umkehrrotor Bauteil einiger Verschlüsselungsmaschinen. Ein Umkehrrotor nimmt ein Stromsignal entgegen und gibt es auf die gleiche Seite wieder ab. Die bekannteste Maschine, die mit einem Umkehrrotor arbeitete, war die Enigma. Weitere Beispiele sind die NEMA (Schweiz) und die FIALKA (DDR). Syn.: Umkehrwalze, Reflektor

Glossar

2.4 Box: So funktionierte die Enigma

Der Umkehrrotor war eine Besonderheit

Die Enigma gehört zur Familie der Rotor-Chiffriermaschinen. Ähnlich wie die Maschine von Hebern (siehe Abschnitt »Verdrahtete Rotoren« (S. 43)) arbeitete sie mit Rotoren, an denen auf beiden Seiten jeweils 26 Metallkontakte angebracht waren. Die Kontakte auf der Vorderseite waren auf unregelmäßige Weise mit denen auf der Rückseite verdrahtet. Als besonderes Bauteil hatte die Enigma außerdem den so genannten Umkehrrotor, bei dem nur auf einer Seite Kontakte angebracht waren, die paarweise miteinander verdrahtet waren.

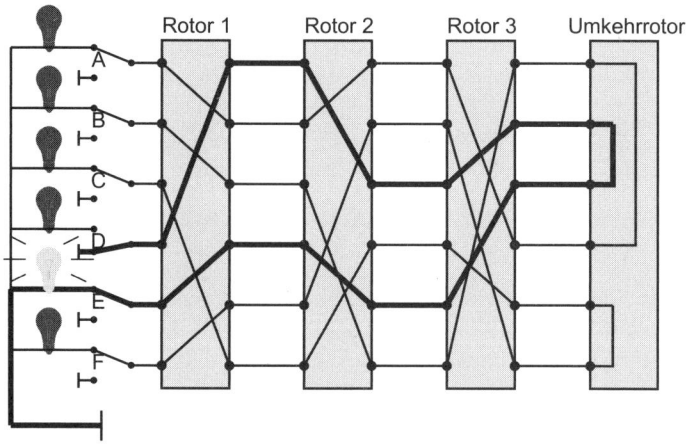

Abb. 2.4-1: Die Enigma arbeitete mit drei verdrahteten Rotoren und einem Umkehrrotor. Die Rotoren bewegten sich im Tachometerzähler-Prinzip, wodurch sich mit jeder Eingabe eines Buchstabens eine neue Zuordnung ergab.

Abb. 2.4-1 zeigt den Aufbau einer Enigma (der Einfachheit halber mit nur zweimal sechs Kontakten pro Rotor). Eine Enigma bestand aus drei Rotoren und einem Umkehrrotor, die in einen Stromkreis integriert waren. Für jeden Buchstaben des Alphabets gab es je einen Schalter und eine Lampe. Zum Verschlüsseln wurde der Schalter eines Buchstabens geschlossen (in der Abbildung ist dies der D-Schalter). Dadurch schloss sich der Stromkreis, wobei der Strom zunächst durch die drei Rotoren, dann durch den Umkehrrotor und schließlich in umgekehrter Reihenfolge noch einmal durch die Rotoren floss. Am Ende leuchtete eine der Lampen auf (in diesem Fall die E-Lampe) und zeigte an, welcher Buchstabe das Ergebnis des Verschlüsselungsvorgangs war.

Die Rotoren der Enigma drehten sich nach dem Prinzip eines Tachometerzählers, der Umkehrrotor blieb dabei jedoch fest. Die Anfangsstellung der Rotoren war ein Teil des Schlüssels, wobei es $26 \times 26 \times 26 = 17.576$ unterschiedliche Möglichkeiten gab. Teilweise war auch die Reihenfolge der Rotoren ein Teil des Schlüssels oder es gab sogar einen Satz von mehreren Rotoren, aus denen der Bediener die drei richtigen auswählen musste.

> Die Reihenfolge der Rotoren war teilweise variabel

Der Umkehrrotor ist ein Bauteil, das die Enigma von nahezu allen anderen Rotor-Chiffriermaschinen unterscheidet. Auf den ersten Blick ergab sich daraus ein Sicherheitsgewinn, denn durch den Umkehrrotor floss der Strom doppelt durch die Rotoren und machte die Verschlüsselung auf diese Weise noch komplexer. Doch das zusätzliche Bauteil hatte einen entscheidenden Nachteil: Kein Buchstabe konnte in sich selbst verschlüsselt werden. Dieser Umstand bildete einen wichtigen Ansatzpunkt für die erfolgreiche Dechiffrier-Arbeit der Polen und Briten. Die scheinbar gute Idee des Umkehrrotors erwies sich dadurch als erhebliche Schwäche.

> Verschlüsseln Sie selbst mit der Enigma! Auf www.W3L.de finden Sie ein Simulationsprogramm der Enigma. Probieren Sie, wie das Verschlüsseln und Entschlüsseln funktioniert.

2.5 William Friedman knackt die Purple

Kaum weniger spannend als die spektakuläre Geschichte der Enigma verliefen zweifellos die Geschehnisse um die japanische Verschlüsselungsmaschine »Purple«, die ebenfalls im Zweiten Weltkrieg eingesetzt wurde. Ähnlich wie die Enigma wurde auch die Purple von einem genialen Team von Dechiffrierern geknackt. Dieser Erfolg, an dem der geniale US-Kryptologe William Friedman den größten Anteil hatte, gilt für viele bis heute als größte Leistung in der Geschichte der Kryptologie. Friedman und sein Team vollbrachten ihre historische Tat, ohne jemals eine Purple oder auch nur eine Beschreibung davon zu Gesicht bekommen zu haben. Im Vergleich zur britischen Dechiffrier-Fabrik in Bletchley Park, in der Tausende von Menschen an der Entschlüsselung von Enigma-Funksprüchen arbeiteten, kamen die Purple-Knacker zudem mit geradezu bescheidenen Mitteln aus.

97-shiki O-bun In-ji-ki

Die Enigma war das Vorbild für die Purple

Als Geburtsjahr der Purple gilt das Jahr 1937. Damals entwickelte die japanische Marine eine Verschlüsselungsmaschine, bei der die deutsche Enigma als Vorbild diente. Ihre Konstrukteure gaben der Maschine den Namen »97-shiki O-bun In-ji-ki«, was etwa so viel wie »Alphabetische Schreibmaschine 97« bedeutet. 97 steht hierbei für das japanische Jahr 2597, das nach westlicher Zeitrechnung dem Jahr 1937 entspricht. Aus nahe liegenden Gründen hat sich der Name 97-shiki O-bun In-ji-ki in der Kryptologie-Literatur jedoch nicht durchgesetzt. Stattdessen wird diese Maschine üblicherweise als **Purple** bezeichnet, was auf die Benennung durch die amerikanischen Code-Knacker um William Friedman zurückgeht. Auf die Bezeichnung »Purple« (violett) kamen sie, weil die beiden Vorgänger-Maschinen, die von den US-Dechiffrierern ebenfalls gelöst worden waren, die Namen »Orange« und »Red« erhalten hatten. Orange wurde im Zweiten Weltkrieg in den USA als Code-Name für Japan verwendet.

Im Gegensatz zur Enigma zählte die Purple nicht zu den Rotor-Verschlüsselungsmaschinen. Das Funktionsprinzip war jedoch ähnlich: Statt Rotoren leiteten spezielle elektromechanische Schalter, wie sie damals zur Vermittlung von Telefongesprächen eingesetzt wurden, den Strom durch die Maschine und sorgten für einen Stromfluss zwischen Schreibmaschinen-Tastatur und Buchstabenausgabe. Die Stellung der Vermittlungsschalter änderte sich mit jedem eingegebenen Buchstaben. Die Purple war insgesamt komplizierter aufgebaut als die Enigma und damit auch für einen Dechiffrierer schwieriger zu durchschauen. Dafür war die Anzahl der möglichen Schlüssel deutlich kleiner. Das Kerckhoffsche Prinzip, wonach der Schlüssel allein ausreichend große Sicherheit bieten sollte, erfüllte die Purple dadurch nur unzureichend.

William Friedman

Von dem Platz, den er einmal in der Geschichte der Kryptologie einnehmen würde, ahnte William Friedman natürlich noch nichts, als er Ende des 19. Jahrhunderts in Pittsburgh (US-Bundesstaat Pennsylvania) aufwuchs. Kurz nach seiner Geburt im Jahr 1891 waren seine Eltern mit ihm aus Chisinau (heute die Hauptstadt von Moldawien) in die USA ausgewandert, wobei sein Vorname von »Wolfe« in »William« geändert worden war. Nach seinem Schulabschluss besuchte Friedman zunächst eine landwirtschaftliche Hochschule, wurde dort aber nicht so recht glücklich. Deshalb brach er sein Studium ab und schrieb sich an der renom-

Friedman wurde in Europa geboren

mierten Cornell-Universität im Fach Genetik ein. Die Beschäftigung mit Vererbungsproblemen lag Friedman offensichtlich deutlich besser als die Landwirtschaft. Nach Abschluss des Studiums im Jahr 1915 fand Friedman eine Anstellung als Leiter der Genetik-Fakultät der Riverbanks Laboratories, einem privaten Forschungsinstitut in der Nähe von Chicago.

William Friedman (1891-1969) gilt für viele als der bedeutendste Code-Knacker aller Zeiten.

Die Riverbanks Laboratories waren ein paar Jahre zuvor von dem vermögenden US-Bürger George Fabyan als privates Forschungsinstitut gegründet worden. Fabyan engagierte für seine Einrichtung zahlreiche talentierte Wissenschaftler, um in Bereichen zu forschen, die ihn besonders interessierten. Neben der Genetik gehörten unter anderem auch die Militärkunde und Verschlüsselungstechniken dazu. In einem der ersten Forschungsprojekte für seinen neuen Arbeitgeber untersuchte Friedman den Einfluss des Mondlichts auf das Wachstum von Getreide – bahnbrechende Erkenntnisse kamen dabei nicht zu Tage.

Seine Arbeit als Genetiker blieb in Friedmans Leben ohnehin nur eine Episode, denn schon bald kam er mit den Forschungen im Bereich Verschlüsselung in Kontakt, die in den Riverbanks Laboratories stattfanden. Interessanterweise war es jedoch nicht die Beschäftigung mit besonderen Verschlüsselungsverfahren, die Friedman zunächst faszinierte. Vielmehr verfiel er den pseudowissenschaftlichen Studien einer Kollegin, die glaubte, in den Werken William Shakespeares versteckte Botschaften gefunden zu haben. Diese versteckten Botschaften, so die Theorie, gaben Auskunft über den wahren Urheber, bei dem es sich nicht etwa um Shakespeare, sondern um seinen Zeitgenossen und Gelehrten Francis Bacon handelte. Friedman merkte zwar schnell, dass an der Bacon-These nichts dran war, doch sein Interesse an der Verschlüsselung war erst einmal geweckt.

Etwa zur gleichen Zeit traten die USA in den Ersten Weltkrieg ein. Dies veranlasste Riverbanks-Gründer Fabyan dazu, seine Ressourcen im Bereich der Verschlüsselungstechnik der US-Regierung zur Verfügung zu stellen. So kam es, dass William Friedman begann, im Auftrag der Regierung Codes zu knacken – eine Aufgabe, die er meisterhaft verstand. Zu seinen wichtigsten Mitarbeiterinnen zählte eine junge Wissenschaftlerin namens Elizebeth Smith, die 1916 für die Suche nach versteckten Shakespeare-Botschaften nach Riverbanks gekommen war. 1917 heirateten die beiden.

Friedman begann seine Karriere an einem Forschungsinstitut

In den folgenden Jahren leistete Friedman umfangreiche Pionierarbeit in Sachen Kryptologie. Er knackte im Auftrag verschiedener US-Behörden verschlüsselte Botschaften und entwickelte zu diesem Zweck bis dahin unbekannte Methoden. Als einer der ersten entdeckte er, dass das Knacken von Verschlüsselungscodes in erster Linie eine mathematische und statistische Aufgabe war – bis dahin waren vor allem Sprachwissenschaftler in diesem Bereich aktiv gewesen. Nebenbei erfand Friedman auch die heute noch gültigen Begriffe »Kryptografie« (Lehre des Verschlüsselns), »Kryptoanalyse« (Lehre des Dechiffrierens) und »Kryptologie« (damit werden die Kryptografie und die Kryptoanalyse zusammengefasst). Doch Friedman verstand es nicht nur hervorragend, mit kryptologischen Fragen umzugehen, er konnte sein Wissen auch vermitteln. Er bildete für das US-Militär Kryptologen aus und half den Vereinigten Staaten damit, eine schlagkräftige Dechiffrier-Einheit aufzubauen. Seine Lehrbücher gelten noch heute als vorbildlich.

1918 wurde Friedman von der US-Armee eingezogen und zum Lösen deutscher Verschlüsselungen nach Frankreich geschickt. Nach dem Ersten Weltkrieg arbeitete er weiterhin als Code-Knacker für die Armee, erhielt den Titel des Chief Signal Officer und kam dabei auch mit den Verschlüsselungsmaschinen von Kryha und Hebern in Berüh-

Friedman knackte auch deutsche Codes

rung (siehe Abschnitt »Verdrahtete Rotoren« (S. 43)). 1929 wurde er zum Direktor der neugegründeten Dechiffrier-Behörde Signal Intelligence Service (SIS) ernannt, die sich unter anderem mit japanischen Verschlüsselungsmaschinen beschäftigte. Zunächst hatte Friedman es mit der Orange, dann mit der Red zu tun – beide löste er mit seinem Team ohne größere Probleme.

Operation Magic

Irgendwann zu Beginn des Jahres 1939 stießen die US-amerikanischen Code-Knacker erstmals auf abgefangene Purple-Nachrichten. Dass die Japaner eine neue Verschlüsselungsmaschine einsetzten, war natürlich nicht öffentlich bekannt, doch da die Dechiffrierer um Friedman die Vorgängermodelle der Purple bereits geknackt hatten, merkten sie schnell, dass ein neues Verfahren im Einsatz war. Bisher war es ihnen immer recht schnell gelungen, geeignete Methoden zur Dechiffrierung neuer Maschinen zu finden, doch die Purple war offensichtlich deutlich schwieriger als ihre Vorgänger. Friedman und seine Mitarbeiter, die außer abgefangenen Nachrichten keinerlei Informationen über die neue Maschine hatten, machten sich an die Arbeit – die Operation »Magic« war geboren.

Die Purple ähnelte ihren Vorgängerinnen

Zunächst versuchte es Friedman mit statistischen Tests. In der Tat wiesen abgefangene Purple-Nachrichten statistische Regelmäßigkeiten auf, doch damit allein ließ sich wenig anfangen. Friedman vermutete außerdem (zu Recht wie sich zeigte), dass die Purple in irgend einer Form eine Weiterentwicklung der Vorgänger-Maschinen war. Zusammen mit seinem Team experimentierte er daher mit Telefon-Vermittlungsschaltern und versuchte, die Gedankengänge der japanischen Konstrukteure nachzuempfinden. Eine wichtige Hilfe waren dabei Nachrichten, die von der japanischen Re-

Abb. 2.5-1: Die Japaner zerstörten nach dem Zweiten Weltkrieg alle noch existierenden Purple-Exemplare. Dieses Fragment ist das größte von drei Purple-Bruchstücken, die heute noch existieren.

gierung gleichzeitig an mehrere Empfänger gesendet wurden. Einige der Empfänger arbeiteten offensichtlich noch mit den Purple-Vorgängern und erhielten die jeweilige Nachricht daher in einer Form, die Friedmans Leute lesen konnten. Da die gleiche Nachricht Purple-verschlüsselt an andere

Stellen verschickt wurde, wussten die Dechiffrierer somit, wie der unverschlüsselte Text aussah.

Darüber hinaus machten die Japaner beim Einsatz der Purple ähnliche Fehler wie die Deutschen mit der Enigma: Immer wieder setzten sie an Anfang und Ende von Nachrichten die gleichen Floskeln. Ungeübte Bediener machten Fehler bei der Verschlüsselung von Nachrichten, was dazu führte, dass manche Nachrichtenübertragung wiederholt werden musste. Die amerikanischen Dechiffrierer konnten so teilweise zwei unterschiedliche Verschlüsselungen der gleichen Nachricht analysieren.

Abb. 2.5-2: Die »Jade« war eine weitere japanische Verschlüsselungsmaschine, die mit Telefon-Vermittlungsschaltern arbeitete.

Operation Magic kam nur langsam voran

Trotz der unfreiwilligen japanischen Hilfe kam die Operation Magic nur langsam voran. Friedman bildete immer wieder Gruppen, die bestimmte Vermutungen über die Purple-Maschine testen sollten. Experten der japanischen Sprache halfen bei diesem Unterfangen. Die meisten Vermutungen erwiesen sich naturgemäß als falsch, doch immer wieder konnte eine Gruppe Erfolg vermelden. Nach einigen Monaten hatten Friedmans Leute erstmals eine Vorstellung von der Funktionsweise der Maschine. Obwohl sie damit natürlich die verwendeten Schlüssel noch nicht kannten, gelang es ihnen bereits, erste Teile abgefangener Nachrichten zu entschlüsseln. Ende des Jahres 1939 war die Operation Magic soweit, dass Friedmans Leute den Aufbau der Purple komplett durchschaut hatten. Da die japanische Maschine das Kerckhoffsche Prinzip nur unzureichend umsetzte, konnten die Amerikaner oft auch den Schlüssel bestimmen und von Hand abgefangene Texte entschlüsseln.

Übersetzungsprobleme

Die nächste Aufgabe bestand nun darin, die Purple nachzubauen. Friedmans Leute besorgten sich Telefon-Vermittlungsschalter und bauten damit eine erste behelfsmäßige Maschine zusammen. Das Ergebnis war zwar kein technisches Meisterwerk und hatte, wie sich später zeigen sollte, auch äußerlich keinerlei Ähnlichkeit mit dem Vorbild. Doch die Funktionsweise war vollkommen identisch. Im August 1940 konnte Friedman den ersten Purple-Nachbau an die Regierung übergeben. Weitere Exemplare, von denen eines auch nach Großbritannien geliefert wurde, folgten. Zusammen mit den mathematischen Methoden, die unter Friedmans Anleitung entstanden waren, gelang es nun, Purple-Nachrichten routinemäßig zu entschlüsseln.

Eine wichtige Entdeckung im Zusammenhang mit der Purple kam nicht aus Friedmans Team, sondern von Francis Raven, einem Mitarbeiter einer anderen Dechiffrier-Gruppe. Raven fiel auf, dass viele der von den Japanern verwendeten Purple-Schlüssel den Schlüsseln der jeweiligen Vortage in auf-

Schlüssel waren oft abhängig voneinander

fälliger Weise ähnelten. Schließlich fand Raven heraus, dass die Japaner nur jeden zehnten Tag einen komplett neuen Schlüssel wählten. An den folgenden neun Tagen änderten sie diesen nach einem einfach zu durchschauenden Verfahren ab. Durch diese Erkenntnis vereinfachte sich die Arbeit der amerikanischen Dechiffrierer natürlich erheblich. Anstatt jeden Tag nach dem neuen Schlüssel suchen zu müssen, genügte es nun, diese Prozedur an jedem zehnten Tag zu erledigen. Erwies sich die Schlüsselsuche einmal als besonders schwierig, dann konnten Friedmans Leute auch auf den nächsten Tag warten und dann ihr Glück versuchen. Hatten sie dabei Erfolg, dann konnten sie auch den Schlüssel des Vortags berechnen.

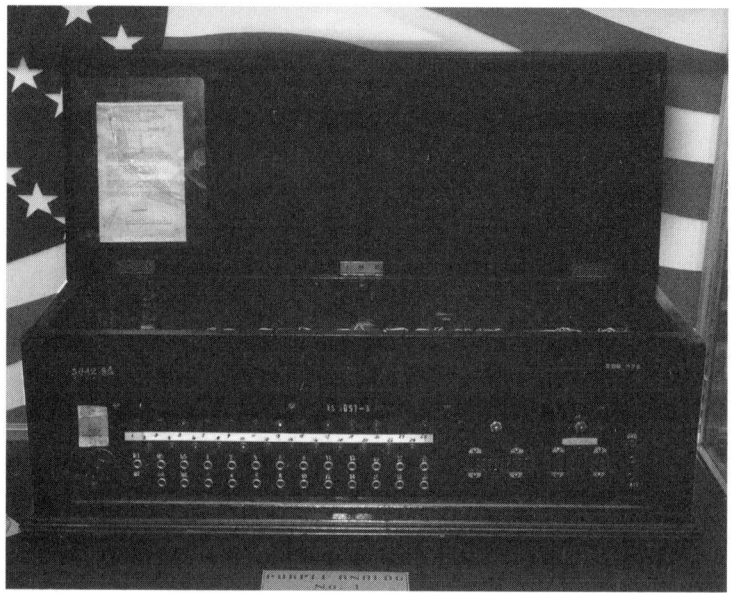

Abb. 2.5-3: William Friedman entwickelte mit seinem Team diesen funktionsgleichen Nachbau der Purple, mit dem er die japanischen Funksprüche entschlüsseln konnte. Zeit seines Lebens bekam er das Original nie zu Gesicht.

Die Erfolgsquote der Operation Magic lag insgesamt bei knapp 98 Prozent der abgefangenen Nachrichten. Am Anfang dauerte es teilweise Wochen, bis die Dechiffrierer eine Nachricht vollständig entschlüsselt hatten. Ende 1941 gelang dies in der Regel in etwa vier Stunden. Groteskerweise zog der Erfolg von Friedmans Leuten ein anderes Problem nach sich: Es gab zu wenige Übersetzer, die die entschlüsselten Nachrichten ins Englische übersetzen konnten. Zwar mangelte es nicht an japanisch sprechenden Menschen, die in den USA lebten, doch für eine derart heikle Aufgabe kamen natürlich nur Personen infrage, deren Loyalität außer Zweifel stand. Außerdem kamen selbst des Japanischen kundige Menschen nur schwer mit den entschlüsselten Nachrichten zurecht, da diese keine Satzzeichen und Zwischenräume, dafür aber zahlreiche Spezialausdrücke und Abkürzungen enthielten. Das Übersetzen einer Nachricht dauerte aus diesem Grund oftmals länger als das Entschlüsseln.

Ähnlich wie die Briten nach der Entschlüsselung der Enigma standen auch die Amerikaner nach Friedmans Erfolgen vor einem Problem: Sie konnten die gewonnenen Erkenntnisse nicht unmittelbar nutzen, weil die Japaner sonst Verdacht geschöpft hätten. Außerhalb der Dechiffrier-Einheiten hatten nur der US-Präsident, einige Minister und ein paar hochrangige Militärs sowie verschiedene enge Mitarbeiter dieser Personen Zugang zu den Magic-Erkenntnissen. Die Befehlshaber in den Kriegsgebieten im Pazifik ahnten nichts von den Abhör- und Dechiffrier-Aktivitäten in ihrer Heimat. Sie mussten daher Weisungen ihrer Vorgesetzten ausführen, deren Hintergrund sie oftmals nicht verstanden.

Die Amerikaner mussten bei der Nutzung ihrer Erkenntnisse vorsichtig sein

Nach der Dechiffrierung

Kurz nach dem Durchbruch bei der Purple-Entschlüsselung erlitt Friedman einen Nervenzusammenbruch. In den Folgejahren ließ er es etwas ruhiger angehen. Er arbeitete weiterhin für die SIS, ab 1949 für eine Militärbehörde und ab 1953 für die neu gegründete Geheimbehörde NSA (National Security Agency), von der in diesem Buch noch des öfteren die Rede sein wird. 1955 ging William Friedman in den Ruhestand, blieb der NSA aber als Berater erhalten. Er starb 1969.

Heute existiert kein Exemplar der Purple mehr

Bis zu seinem Tod hat Friedman nie eine originale Purple zu Gesicht bekommen. Dies lag daran, dass die Japaner am Ende des Kriegs alle noch existierenden Maschinen zerstörten. Heute gibt es nicht einmal mehr ein Foto der für den Zweiten Weltkrieg so bedeutenden Maschine, selbst eine Beschreibung des Aussehens ist der öffentlich zugänglichen Literatur nicht zu entnehmen. Erhalten geblieben sind lediglich drei Bauteile einer Purple, von denen eines heute im kryptologischen Museum der NSA in der Nähe von Baltimore (USA) zu sehen ist (Abb. 2.5-1). Gleich daneben steht eine der funktionsgleichen Purple-Kopien (Abb. 2.5-3), die von Friedmans Leuten nachgebaut worden sind. Zwei der bedeutendsten Reliquien aus der Geschichte der Kryptologie haben so einen würdigen neuen Aufbewahrungsort gefunden.

Glossar   **Purple** Japanische Verschlüsselungsmaschine aus dem Zweiten Weltkrieg. Wurde von den US-Amerikanern um William Friedman geknackt, ohne dass diese je ein Exemplar zu Gesicht bekamen.

2.6 Box: So funktionierte die Purple

Die unter dem Namen »Purple« bekannte japanische Verschlüsselungsmaschine war aus handelsüblichen Telefon-
Vermittlungsschaltern zusammengebaut. Abb. 2.6-1 zeigt
eine deutlich vereinfachte Purple-Variante, in der nur ein
Vermittlungsschalter zum Einsatz kommt. Dieser Vermittlungsschalter hat drei Eingänge und zu jedem Eingang drei
Ausgänge. Auf der linken Seite befinden sich drei Schalter
für die Buchstaben A, B und C. Wird einer davon geschlossen, dann leuchtet auf der rechten Seite eine Lampe auf
und zeigt einen Buchstaben an. So läuft die Verschlüsselung eines Buchstabens ab.

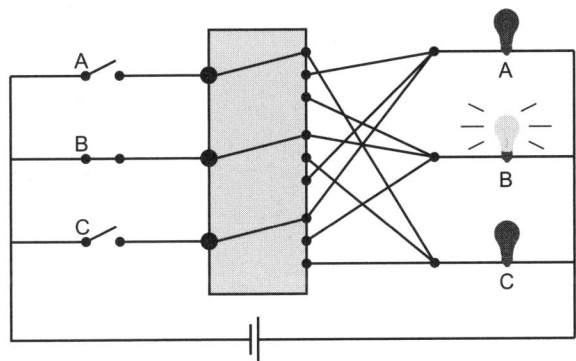

*Abb. 2.6-1: Die Purple arbeitete mit Telefon-Vermittlungsschaltern. In
dieser vereinfachten Variante kommt ein solcher Schalter mit drei Ein-
und neun Ausgängen zum Einsatz.*

Jeder der drei Eingänge des Vermittlungsschalters ist über
ein bewegliches Verbindungsstück (»Zeiger«) mit einem der
drei zugehörigen Ausgänge verbunden. Nach jeder Buchstabeneingabe bewegen sich die drei Zeiger synchron um
eine Position nach unten (bzw. zurück nach oben, wenn
sie die unterste Position einnehmen). Dadurch ist sicherge-

Bewegliche
Zeiger sorgten
für die Ver-
schlüsselung

stellt, dass der gleiche Buchstabe bei mehrfacher Eingabe in der Regel unterschiedlich verschlüsselt wird.

Die eigentliche Purple war natürlich etwas komplizierter aufgebaut als diese einfache Drei-Buchstaben-Maschine. Sie arbeitete mit Vermittlungsschaltern, die sechs Eingänge hatten. Jeder Eingang war über einen Zeiger mit einem von 25 möglichen Ausgängen verbunden. Es gab somit insgesamt 150 Ausgänge pro Vermittlungsschalter. Die Purple war mit 13 Vermittlungsschaltern ausgestattet, wobei die Maschine selbst 26 Eingänge hatte, also für jeden Buchstaben des lateinischen Alphabets einen. Dessen Verwendung war übrigens nicht selbstverständlich, da es in der japanischen Sprache mehrere Alphabete gibt. Für die Übertragung von Funksprüchen waren lateinische Buchstaben jedoch die einfachste Lösung. Die 26 Eingänge konnten mit einer Schreibmaschinen-Tastatur verbunden werden – welcher Buchstabe dabei mit welchem Eingang verdrahtet war, war Teil des Schlüssels.

Sechs Buchstaben wurden immer untereinander verschlüsselt

Sechs der Purple-Eingänge waren mit einem Vermittlungsschalter verbunden, dessen Ausgänge direkt mit sechs Ausgängen der Maschine verbunden waren. Diese sechs Buchstaben wurden also immer untereinander verschlüsselt (siehe Abb. 2.6-2). Die restlichen 20 Purple-Eingänge waren mit vier Vermittlungsschaltern verbunden, bei denen jeweils ein Eingang nicht genutzt wurde. Diese vier Vermittlungsschalter bewegten ihre Zeiger synchron. Ihre Ausgänge waren auf unregelmäßige Weise mit weiteren vier Vermittlungsschaltern verbunden, die wiederum eine dritte Schicht von vier Vermittlungsschaltern bedienten. Die Ausgänge dieser dritten Schicht waren – erneut auf unregelmäßige Weise – mit den Lampen der Purple verbunden.

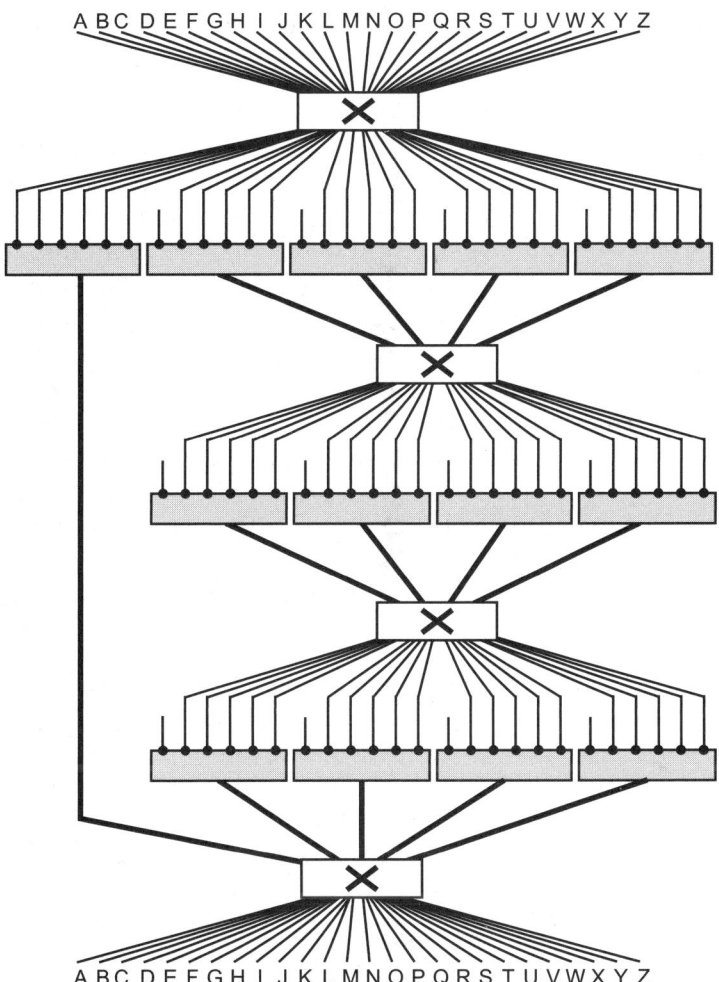

Abb. 2.6-2: Die Purple arbeitete mit 13 Telefon-Vermittlungsschaltern, die jeweils sechs Ein- und 150 Ausgänge besaßen. Mit einer Ausnahme wurden nur fünf Eingänge eines Schalter genutzt. Die Ausgänge sind in dieser Zeichnung nicht einzeln aufgeführt.

Der Schlüssel der Purple bestand aus drei Bestandteilen: Zum einen war dies die Verbindung der Tastatur mit den Eingängen, zum zweiten die Anfangsstellung der Zeiger. Den dritten Teil bildete die Mechanik der Zeiger-Bewegung: Es konnte ausgewählt werden, welche der drei Zeigerschichten sich langsam, welche sich mittel und welche sich schnell bewegte. Bei jeder Eingabe eines Buchstabens bewegten sich die schnellen Zeiger um eine Einheit. Hatten diese ihre äußerste Position erreicht und wurden zurückgesetzt, dann bewegten sich auch die mittleren Zeiger um eine Einheit. Hatten auch diese ihre äußerste Position erreicht, dann bewegten sich auch die langsamen Zeiger. Somit realisierte auch die Purple – wie zahlreiche Rotor-Maschinen – das Prinzip eines Tachometer-Zählers. Da die Vermittlungsschalter fest in die Maschine montiert waren, konnte man sie nicht austauschen oder in ihrer Reihenfolge vertauschen. Dadurch wurde eine Möglichkeit, die Anzahl der Schlüssel zu vergrößern, nicht genutzt.

2.7 Würmer aus Zahlen

Gibt es ein Verschlüsselungsverfahren, das erwiesenermaßen nicht zu knacken ist und auch nie zu knacken sein wird? Ja, ein solches Verfahren existiert, es wird »One Time Pad« genannt. Erfunden wurde diese undechiffrierbare Methode 1917, also noch vor allen bedeutenden Verschlüsselungsmaschinen. Bereits in den zwanziger Jahren wurde das Verfahren erstmals in der Praxis eingesetzt.

Der One Time Pad ist einfach und sicher

Interessanterweise ist der One Time Pad nicht nur vollkommen sicher, sondern auch einfach zu verstehen und selbst für einen Laien problemlos durchzuführen. Das perfekte Verschlüsselungsverfahren ist der One Time Pad aber dennoch nicht. Der Umgang damit ist nämlich alles andere als praktikabel und erfordert vor allem bei längeren Nachrichten einen großen Aufwand. Aus diesem Grund konnte der One Time Pad die zahlreichen anderen, weniger sicheren Verschlüsselungsverfahren nie verdrängen, sondern ist immer eine Randerscheinung geblieben. Eine äußerst einflussreiche Randerscheinung allerdings, deren Geschichte hier erzählt wird.

Ein Schlüssel, so lang wie die Nachricht

Den Grundstein für den One Time Pad legte bereits im 16. Jahrhundert der Franzose Blaise de Vigenère mit der nach ihm benannten Vigenère-Chiffre (siehe Abschnitt »Als die Schrift zum Rätsel wurde« (S. 1)). Bei diesem Verfahren wird ein Passwort (Schlüssel) wiederholt unter den zu verschlüsselnden Text geschrieben, um anschließend die jeweils untereinander stehenden Buchstaben zu addieren (dabei gilt: a=1, b=2 usw.). Bis ins 19. Jahrhundert galt die Vigenère-Chiffre als unlösbar für einen Dechiffrierer, doch dies erwies sich mit den Arbeiten von Babbage und Kasiski als Irrtum. Im Ersten Weltkrieg wurden bereits bessere Verfahren eingesetzt – und ebenfalls geknackt.

Die Vigenère-Chiffre wird zu einem deutlich sichereren Verfahren, wenn der Schlüssel die gleiche Länge hat wie der Text. Anstatt also ein Wort wie MITTWOCH als Schlüssel zu wählen, können sich Sender und Empfänger beispielsweise auf einen bekannten Text als Schlüssel einigen, etwa Goethes »Faust«. Eine solche Vorgehensweise wird als **Vernam-Chiffre** bezeichnet. Benannt ist die Vernam-Chiffre nach dem Amerikaner Gilbert Vernam, von dem in diesem Kapitel noch die Rede sein wird.

Der Schlüssel ist so lang wie die Nachricht

Auch die Vernam-Chiffre hat jedoch ihre Schwachstellen. Wenn der Dechiffrierer beispielsweise weiß, dass sowohl der zu verschlüsselnde Text als auch der Schlüssel der deutschen Sprache entstammen, kann er versuchen, ein Wort zu erraten, das im zu verschlüsselnden Text vorkommt. Dies kann ein Allerweltswort wie UND oder DIE sein, vielleicht weiß der Dechiffrierer aber auch aus dem Zusammenhang, dass ein Begriff wie JAHRESUMSATZ darin auftauchen könnte. Das geratene Wort legt der Dechiffrierer nun an eine beliebige Stelle der verschlüsselten Nachricht und zieht es ab. Entsteht dabei eine Buchstabenkombination wie LDHEJQOCNISL, dann probiert er es an einer anderen Stelle des Schlüssels erneut. Erhält er irgendwann ein Ergebnis wie UNACHPHILOSO, das aus einem deutschen Text stammen könnte, dann ist der Dechiffrierer auf der richtigen Spur. Er kennt nun immerhin 12 aufeinander folgende Buchstaben des Schlüssels und der ursprünglichen Nachricht, woraus sich meist auch der Rest rekonstruieren lässt (im Beispiel ist etwa klar, dass auf UNACHPHILOSO die Buchstabenkombination PHIE folgt).

Beim One Time Pad ist der Schlüssel eine Zufallsfolge

Was aber, wenn der Schlüssel kein sinnvoller Text, sondern eine willkürlich Folge von Buchstaben ist? In diesem Fall ist das Verfahren, das Kryptologen **One Time Pad** nennen, tatsächlich nicht mehr zu knacken. Der One Time Pad ist übrigens die einzige bekannte Verschlüsselungsmethode, für die dieses Prädikat »unknackbar« gilt – alle anderen lassen dem Dechiffrierer zumindest in der Theorie eine Chance. Warum der One Time Pad diese außergewöhnliche Eigenschaft hat, ist leicht zu sehen: Jede denkbare Nachricht einer bestimmten Länge lässt sich damit in jede beliebige Buchstabenkombination gleicher Länge verschlüsseln – je nachdem, welcher Schlüssel verwendet wird. Es ist daher völlig aussichtslos, nach der Lösung eines verschlüsselten Ausdrucks wie KQOHERFHLLCW zu suchen. Jede Folge von elf Buchstaben, etwa KRYPTOLOGIE oder KEINEXPANIK, wäre möglich.

Eine interessante Eigenschaft des One Time Pad ist, dass das Verfahren nicht nur mit Buchstaben funktioniert. Es ist genauso möglich, dass die zu verschlüsselnde Nachricht und der Schlüssel nur aus Ziffern von 0 bis 9 bestehen. Im heutigen Computer-Zeitalter ist die gängigste Variante die ausschließliche Verwendung von Nullen und Einsen.

Es versteht sich von selbst, dass der One Time Pad nicht zu den praktikabelsten Verfahren gehört. Das Schlüsselmaterial, das Sender und Empfänger benötigen, muss nämlich genau so umfangreich sein wie die Nachrichten, die sie austauschen, und dabei können große Datenmengen zusammen kommen. Wichtig ist, dass kein One-Time-Pad-Schlüssel zweimal verwendet wird, denn in einem solchen Fall bietet das Verfahren nur noch die Sicherheit einer Vernam-Chiffre.

Vernams Erfindung

Als Erfinder des One Time Pad gilt der bereits erwähnte Amerikaner Gilbert Vernam, auch wenn dessen Name sich nur in der Benennung der Vernam-Chiffre niedergeschlagen hat. Vernam arbeitete 1917 für den US-Fernmelde-Konzern AT&T. Obwohl er sich noch nie mit Kryptologie beschäftigt hatte, stieß er zu einem Projektteam, das sich mit der Sicherheit der damals neuen Fernschreiber-Technik befasste, von der sich AT&T zurecht große Umsätze versprach. Vernam und seine Kollegen wussten, dass ein Fernschreiben einfach abgehört werden konnte, vor allem wenn es drahtlos übertragen wurde. Zunächst versuchten sie, dieses Problem durch übertragungstechnische Maßnahmen zu lösen, doch dies brachte keinen Erfolg. Daher probierten sie es mit Verschlüsselung.

Vielleicht lag es gerade an der fehlenden kryptologischen Erfahrung Vernams, die ihn auf Anhieb auf eine geniale Idee

Vernam erfand den One Time Pad

kommen ließ. Fernschreiben wurden damals mit Hilfe des Baudot-Codes übertragen, der für jeden Buchstaben eine fünfstellige Binärzahl vorsieht (etwa 11000 für A). Vernam kam nun auf den Gedanken, zu jeder Ziffer (heute würde man sagen: zu jedem Bit) eine zufällig generierte dazu zu zählen. Er konstruierte auch eine Maschine, die dieses Prinzip in die Praxis umsetzte, wobei Schlüssel und Nachricht auf Lochstreifen eingegeben werden mussten.

Anfangs klebte Vernam noch Anfang und Ende des Schlüsselstreifens zusammen, wodurch immer wieder die gleiche Zahlenfolge durch sein Gerät lief. Er merkte jedoch, dass der Schlüssel genau so lang sein musste wie die Nachricht, damit das Verfahren sicher war, und ging dazu über, es auf diese Weise einzusetzen. Damit war der One Time Pad geboren. Interessanterweise arbeitete schon die erste Variante dieses Verfahrens auf Bit-Ebene, und nicht erst spätere Computer-Implementierungen.

Der One Time Pad kann auch von Hand eingesetzt werden

Erst später entwickelte sich der One Time Pad zu einem Verfahren, bei dem statt Binärzahlen die 26 Buchstaben des Alphabets verwendet wurden und das auch von Hand eingesetzt wurde. Dadurch entstand auch der Name des Verfahrens, der auf Deutsch etwa so viel wie »Einmal-Zeichenblock« bedeutet. Meist verwendete der Verschlüssler nämlich einen Block mit Vordrucken, auf dem der Schlüssel bereits eingetragen war. Zum Verschlüsseln musste man nun die Nachricht eintragen und zum Schlüssel zählen.

Vernams Idee, Fernschreiben durch die Addition von Binärzahlen zu verschlüsseln, stammt aus dem Dezember 1917. Im Jahr darauf ließ er das Verfahren patentieren. Sein Arbeitgeber AT&T brachte auch tatsächlich ein Produkt auf den Markt, das Vernams Erfindung in die Praxis umsetzte. Jedoch ohne Erfolg: Nach dem Ende des Ersten Weltkriegs nahm die Nachfrage nach kryptologischen Lösungen deutlich ab, und so interessierte sich auch kaum jemand für verschlüsselte Fernschreiben.

One Time Pad in der Praxis

Während Vernams kommerzielle One-Time-Pad-Lösung mit wenig Erfolg auf ihre Käufer wartete, beschäftigte man sich auch in Deutschland mit der neuen Verschlüsselungstechnik. Werner Kunze, Rudolf Schauffler und Erich Langlotz, drei Kryptologen in Staatsdiensten, leisteten die diesbezügliche Pionierarbeit, als sie nach neuen Möglichkeiten für die Verschlüsselung von Nachrichten im diplomatischen Dienst suchten. Zu diesem Zweck setzten die Deutschen seinerzeit Wörter-Codes ein, bei denen der Verschlüssler in einer Art Wörterbuch zu jedem Wort eines Texts die zugehörige Zahl suchen musste. Die versendeten Nachrichten bestanden daher aus langen Zahlenkolonnen. Bei der Frage, wie man eine solche Verschlüsselung noch sicherer machen konnte, stießen die drei Kryptologen auf die Idee, zu jeder Zahl eine weitere, per Zufall gewählte, dazu zu zählen. Damit hatten auch Kunze, Schauffler und Langlotz – unabhängig von Vernam – den One Time Pad erfunden.

Auch in Deutschland arbeitete man mit dem One Time Pad

Etwa zehn Jahre später nutzte auch die Sowjetunion erstmals den One Time Pad. Weitere Staaten zogen nach, und mit der Zeit dürfte es kaum noch eine Chiffrierbehörde auf der Welt gegeben haben, die das Verfahren nicht in irgendeiner Form einsetzte. Dennoch blieb der One Time Pad stets nur eines von mehreren Verfahren, denn der Umgang mit den Schlüsseln, die genau so lang sein müssen wie die Nachrichten und nie doppelt verwendet werden durften, erwies sich als aufwendig. Durch diesen Nachteil gilt der One Time Pad bis heute vor allem dann als Verfahren der Wahl, wenn das Nachrichtenvolumen überschaubar bleibt.

Da man das One-Time-Pad-Verfahren auch von Hand ausführen kann, ist es besonders dann gut geeignet, wenn einer der beteiligten Kommunikationspartner kein Verschlüsselungsgerät zur Verfügung hat. Dies ist beispielsweise bei Spionen der Fall, bei denen eine entsprechende Maschine schnell Verdacht erregen würde. In der Tat sind zahlreiche Fälle bekannt, in denen Spione den One Time Pad nutzten, um mit ihren Auftraggebern zu kommunizieren. Das bekannteste Beispiel ist der Deutsche Richard Sorge, der zu den wichtigsten Spionen des Zweiten Weltkriegs zählte. Mit Hilfe eines einheimischen Komplizen lieferte Sorge während des Kriegs wichtige Informationen aus Japan nach Moskau. Als er 1941 verhaftet wurde, fand man in seinem Besitz ein Bündel von One-Time-Pad-Schlüsseln.

Auch die US-Behörden spürten mehrere Spione auf, die in den USA für den KGB arbeiteten und die per One Time Pad mit Moskau korrespondierten. Im Rahmen des VENONA-Projekts (siehe Abschnitt »Verschlüsselung im Kalten Krieg« (S. 183)) machten die US-Dechiffrierer sogar mehrere Spione dingfest, nachdem sie deren One-Time-Pad-Nachrichten geknackt hatten. Dieser Erfolg war natürlich nur möglich, weil die Sowjets das eigentlich vollkommen sichere Verfahren falsch eingesetzt hatten: Sie hatten bei der Generierung des Schlüsselmaterials geschlampt und Zufallsreihen doppelt verwendet. Wieder einmal hatte der nachlässige Umgang mit einer Verschlüsselungsmethode eine verheerende Wirkung.

Im Kalten Krieg kam der One Time Pad zu weiteren Ehren. 1963 richteten die USA und die Sowjetunion als Deeskalierungsmaßnahme nach der Kuba-Krise eine direkte Fernschreiberverbindung zwischen dem Weißen Haus und dem Kreml ein, den sogenannten »Heißen Draht«. Diese Verbindung war mit dem One Time Pad vor Abhörern gesichert. Da der Heiße Draht nur in Krisensituationen genutzt werden sollte und die Nachrichtenmenge daher überschaubar blieb, drängte sich der One Time Pad als Verfahren für diesen Zweck geradezu auf.

Der One Time Pad in Deutschland

Auch in Deutschland setzte man in den Zeiten des Kalten Kriegs auf den One Time Pad. So erhielten beispielsweise die deutschen Schiffe, die auf den Weltmeeren unterwegs waren, einen versiegelten Umschlag der Zentralstelle für das Chiffrierwesen mit auf den Weg, in dem One-Time-Pad-Formulare enthalten waren. Auf diese Weise konnte jedes Schiff im Krisenfall auf sichere Weise mit der Heimat kommunizieren. Neben einem hohen Maß an Sicherheit hatte diese Lösung den Vorteil, dass sie kaum Kosten verursachte. Die Industrie, die für die Anbindung der Schiffe gerne teure Verschlüsselungsmaschinen verkauft hätte, hatte das Nachsehen.

Die Zentralstelle für das Chiffrierwesen, die für Verschlüsselungsfragen zuständige Behörde, setzte zu Zeiten des Kalten Kriegs auch in anderen Bereichen den One Time Pad ein. Allerdings nicht unter diesem Namen: Die deutschen Kryptologen sprachen stattdessen damals von »Wurm-Verfahren«, wobei sie zufällig generierte One-Time-Pad-Schlüssel als »individuelle Würmer« oder »I-Würmer« bezeichneten. Aus der damaligen Zeit sind einige interessante Maschinen zur Erzeugung von I-Würmern erhalten geblieben. Diese sehen recht unterschiedlich aus: Die so genannte »Violine« (Abb. 2.7-1) ähnelt mit ihren nummerierten Holzscheiben, die sich auf verschiedenen Bahnen bewegen, einem Brettspiel. Sie wurde für die Verschlüsselung von Funksprüchen auf Generalstabsebene im Heer verwendet. Andere Apparaturen erzeugten Zufallsreihen auf Basis atomarer Zerfallsprozesse, sie wurden jedoch in den sechziger Jahren wegen einer mög-

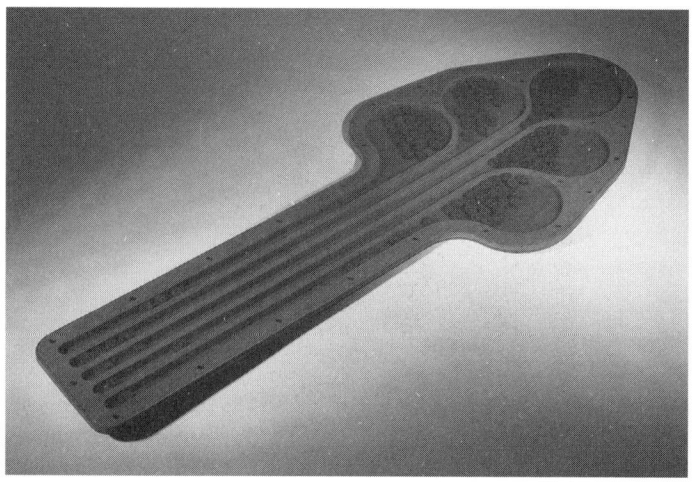

Abb. 2.7-1: Mit diesem »Violine« genannten Gerät erzeugte die Zentralstelle für das Chiffrierwesen der Bundesrepublik Zufallszahlen, die zur Verschlüsselung genutzt wurden (als Farbfoto im Anhang).

lichen gesundheitlichen Bedrohung ausgemustert und entsorgt. An ihre Stelle traten Geräte namens »Hazardo« (Abb. 2.7-2), die mit Hilfe von Triodenröhren Zufallszahlen erzeugten. Ein Hazardo hatte etwa die Größe eines Kleiderschranks.

Für eine ganz andere Anwendung führte die Deutsche Post den One Time Pad ein. Als das Unternehmen im Jahr 2000 ein Trust Center für digitale Signaturen in Betrieb nahm (siehe Abschnitt »Digitale Signaturen« (S. 232)), musste es seine Kunden mit Chip-Karten inklusive sechsstelliger Geheimnummer versorgen. Das Signaturgesetz schrieb für diesen Vorgang eine sichere Übertragung der Geheimnummer vor, die dadurch natürlich nur verschlüsselt mit der Karte verschickt werden durfte. Die Deutsche Post benötigte also ein sicheres Verschlüsselungsverfahren, das jeder beliebige Kunde anwenden konnte, nachdem er den Schlüssel in ei-

Abb. 2.7-2: Dieses »Hazardo« genannte Gerät diente wie die Violine der Generierung von Zufallszahlen. Als wichtigste Bauteile kamen Trioden zum Einsatz (als Farbfoto im Anhang).

nem getrennten Brief erhalten hatte. Der One Time Pad brachte die simple Lösung. Seitdem verschickt die Deutsche Post an ihre Trust-Center-Kunden zunächst eine sechsstellige Zahl als verschlüsselte Geheimnummer und anschließend eine weitere sechsstellige Zahl als Schlüssel. Die Entschlüsselung ist denkbar einfach und doch unknackbar: Der Kunde muss die beiden Zahlen nur zusammenzählen.

Abgeschwächte One Time Pads

Die bisher genannten Beispiele beziehen sich auf Fälle, in denen der One Time Pad in seiner reinen Form eingesetzt wurde. Dies bedeutet, dass der Schlüssel aus einer Folge zufälliger Zahlen oder Buchstaben besteht, die keine Regelmäßigkeiten aufweisen. Deutlich weiter verbreitet haben sich jedoch abgeschwächte One-Time-Pad-Varianten, bei

Der One Time Pad wird oft in abgeschwächter Form eingesetzt

denen der Schlüssel aus kürzeren Informationen gewonnen wird. Solche Verfahren sind zwar weniger sicher, dafür jedoch deutlich einfacher in der Handhabung.

Die Lorenz-Maschine (siehe Abschnitt »Colossus gegen die Lorenz-Maschine« (S. 124)), die von den Deutschen im Zweiten Weltkrieg zur Verschlüsselung hochgeheimer Nachrichten eingesetzt wurde, nutzt beispielsweise das Prinzip des One Time Pad, ohne jedoch vollkommen zufällige Schlüssel zu verwenden. Stattdessen generierten bei der Lorenz-Maschine zwölf unregelmäßig gezahnte Räder Binärzahlenreihen, die gemäß der Idee von Vernam zu Baudot-Code-Buchstaben gezählt wurden. Die Maschine erwies sich jedoch nicht als sicher genug, und so wurde sie von den Briten geknackt. Der Geheimschreiber (siehe Abschnitt »Der Geheimschreiber« (S. 109)), eine ähnliche Maschine, basierte ebenfalls in Teilen auf dem One-Time-Pad-Prinzip mit gezahnten Rädern und erwies sich als noch weniger sicher. Erst die Nachfolgemaschine T43 arbeitete mit Zufallsmustern auf Lochkarten.

Der One Time Pad lässt sich gut mit dem Computer nutzen

Im Computer-Zeitalter kam das One-Time-Pad-Prinzip zu neuen Ehren. Durch die nun immer weiter ansteigende Datenflut verlor die reine Variante jedoch immer mehr an Bedeutung, während aus kürzeren Information gewonnene One-Time-Pad-Schlüssel zu einer wichtigen Stütze der modernen Kryptologie wurden. **Stromchiffren** nennen Kryptologen Verschlüsselungsverfahren, die aus beispielsweise 128 Bit langen Schlüsseln beliebig lange Zufallsfolgen generieren, die sich zur Verschlüsselung zu binären Nachrichten zählen lassen. Die gängigen Web-Browser arbeiten mit einer solchen Stromchiffre namens **RC4**.

Seitdem sich in den neunziger Jahren ein lukrativer Markt für Verschlüsselungsprogramme entwickelt hat, wird der Begriff »One Time Pad« leider immer wieder für falsche Marketing-Versprechungen missbraucht. Zahlreiche Unternehmen haben in den letzten Jahren ihre Produkte mit diesem Begriff geschmückt, um sich damit die Aura des Unknackbaren zu verleihen. In den meisten Fällen handelt es sich jedoch nicht wirklich um einen One Time Pad, was Zweifel an ihrer Sicherheit aufkommen lässt. Ist der One Time Pad dagegen echt, dann ist das Produkt zwangsläufig für größere Datenmengen ungeeignet.

One Time Pad Beweisbar sicheres Verschlüsselungsverfahren, bei dem der Schlüssel so lang ist wie die Nachricht. Die reine Form des One Time Pad wird vor allem bei geringerem Nachrichtenaufkommen und hohen Sicherheitsanforderungen eingesetzt.
RC4 Modernes symmetrisches Verschlüsselungsverfahren, das zur Familie der Stromchiffren gehört. RC4 ist das einfachste derzeit in der Praxis eingesetzte Verschlüsselungsverfahren. Dennoch gilt es als sicher.
Stromchiffre Verschlüsselungsverfahren, das auf der Generierung einer Zufallsfolge basiert, die zum zu verschlüsselnden Text addiert wird. Die Zufallsfolge entsteht aus einer kurzen Information, die als Schlüssel dient. Eine Stromchiffre ist damit eine spezielle Form des One Time Pad.
Vernam-Chiffre Verschlüsselungsverfahren, bei dem der Schlüssel so lang ist wie die Nachricht. Die Vernam-Chiffre funktioniert wie der One Time Pad, verwendet jedoch statt einer Zufallsfolge einen zuvor vereinbarten Text.

Glossar

2.8 Der Geheimschreiber

Durch die spannende Geschichte der Enigma wird oft übersehen, dass die Deutschen im Zweiten Weltkrieg noch weitere interessante Verschlüsselungsmaschinen einsetzten. Die bekannteste davon ist der **Geheimschreiber T52** von Siemens & Halske (Abb. 2.8-1, Abb. 2.8-2). Bei diesem Gerät handelt es sich zweifellos um ein elektromechanisches Meisterwerk, das unweigerlich den Gedanken an die vielgepriesene deutsche Wertarbeit aufkommen lässt. Kein Wunder, dass die Nazis dem Geheimschreiber Nachrichten von höchster Bedeutung anvertrauten – und sich dabei einmal mehr gehörig verschätzten. Denn die Sicherheit dieses beeindruckenden Geräts ließ zunächst so stark zu wünschen übrig, dass man den Geheimschreiber in seiner ersten Version als eine der schwächsten Verschlüsselungsmaschinen des Zweiten Weltkriegs bezeichnen muss. So wurde das elektromechanische Wunderwerk schließlich zu einer willkommenen Beute für einen genialen schwedischen Dechiffrierer, der die Verschlüsselungen des Geräts scheinbar mühelos knackte. Die zahlreichen Fehlschläge in der deutschen Krypto-Geschichte hatten eine weitere Fortsetzung gefunden.

Gezahnte Räder

Der Geheim-schreiber verschlüsselte Fernschreiben

Wie fast alle Verschlüsselungsgeräte ist auch der Geheimschreiber eng mit der Kommunikationstechnik seiner Zeit verknüpft. Diese kannte neben Morse-Funksprüchen, für deren Verschlüsselung die Deutschen meist die Enigma einsetzten, längst auch den Fernschreiber. Bei einem Fernschreiben werden die Buchstaben des Alphabets auf elektromechanische Weise gemäß dem so genannten Baudot-Code in fünfstellige Binärzahlen kodiert und als solche per Fernmeldeleitung oder Funk übertragen. Da sich mit fünf Binärziffern nur 32 unterschiedliche Kombinationen bilden lassen, sieht der Baudot-Code zwei Modi vor: einen für Buchstaben sowie einen für Zahlen und Satzzeichen. Von den 32 Kombinationen werden zwei für die Ankündigung des jeweiligen Modus verwendet.

Zu den führenden Anbietern von Fernschreibern gehörte in den dreißiger Jahren die Firma Siemens & Halske, die nach dem Krieg in der Siemens AG aufging. 1929 begann das Unternehmen mit der Entwicklung eines Fernschreibers, der

Abb. 2.8-1: Der Geheimschreiber T52 von Siemens & Halske war nach der Enigma die bedeutendste deutsche Verschlüsselungsmaschine im Zweiten Weltkrieg. Ein schwedischer Dechiffrierer knackte eine frühe Variante davon ohne größere Mühe (als Farbfoto im Anhang).

Nachrichten nicht nur übertragen, sondern auch verschlüsseln konnte, und nannte ihn »T52«. Heute wird dieses Gerät, von dem 1932 das erste Exemplar fertiggestellt wurde, meist »Geheimschreiber« genannt, obwohl dies nie eine offizielle Bezeichnung war. Als eine der wenigen Verschlüsselungsmaschinen ihrer Zeit vereinte der Geheimschreiber Verschlüsselung und Nachrichtenübertragung in einem Gerät, was auch die Größe und das erhebliche Gewicht des Apparats erklärt. Allein schon durch seine Ausmaße ist ein Geheimschreiber heute ein Prunkstück in jeder Sammlung von Verschlüsselungsmaschinen.

Der Geheimschreiber arbeitete mit unregelmäßig gezahnten Rädern

Wie bei der Enigma bildeten auch beim Geheimschreiber diverse Rotoren das Herzstück der Verschlüsselungsmechanik. Diese Tatsache könnte zur Vermutung verleiten, dass die Funktionsweise des Geheimschreibers derjenigen der Enigma ähnelte und das Gerät daher zu den Rotor-Verschlüsselungsmaschinen zu zählen ist (siehe Abschnitt »Verdrahtete Rotoren« (S. 43)). Dies ist jedoch nicht der Fall. Bei den Rotoren des Geheimschreibers handelte es sich nämlich nicht um verdrahtete Scheiben, sondern um unregelmäßig gezahnte Räder, von denen zehn Stück vorhanden waren. Ihre Anfangsstellung diente als Schlüssel. Die Räder, die sich bei jeder Eingabe eines Buchstabens bewegten, bildeten ein Zufallsmuster und realisierten damit eine Art One-Time-Pad-Verschlüsselung (siehe Abschnitt »Würmer aus Zahlen« (S. 98)) mit einer zusätzlichen Vertauschung der Binärziffern.

Sturgeon

Im Vergleich zur Enigma wurden vom Geheimschreiber deutlich weniger Exemplare hergestellt – gemäß /Mache 04/ waren es zwischen 600 und 1.200. Dies lag daran, dass die schweren und empfindlichen Fernschreiber – erst recht mit einer zusätzlichen Verschlüsselungsmaschine – für den Einsatz im Feld nicht geeignet waren. Daher kam der Geheimschreiber vor allem in der Diplomatie und in den höheren

Hierarchie-Ebenen des Militärs zum Einsatz. Man kann das Gerät von Siemens & Halske als Verschlüsselungslösung betrachten, die die Lücke zwischen der im Feld gebräuchlichen Enigma und der auf allerhöchster Ebene eingesetzten Lorenz-Maschine (siehe Abschnitt »Colossus gegen die Lorenz-Maschine« (S. 124)) schloss. In jedem Fall enthielten mit dem Geheimschreiber verschlüsselte Nachrichten häufig Informationen von höchster Bedeutung, die die Kriegsgegner nur allzu gern mitgelesen hätten.

Die ersten beiden Geheimschreiber-Versionen – sie unterschieden sich kryptologisch nicht – hießen T52a und T52b. Die Sicherheit dieser Maschinen wurde der Brisanz der damit verschlüsselten Botschaften jedoch nicht gerecht. Vor allem die Tatsache, dass sich die Zahnung der Räder nicht ändern ließ (bei anderen Maschinen dieser Art konnte man jeden Zahn einzeln deaktivieren), entsprach schon damals nicht mehr dem Stand der Technik. Dies war den Kryptologie-Experten des Auswärtigen Amts bereits Anfang der dreißiger Jahre aufgefallen, weshalb sie den Kauf derartiger Geräte ablehnten. Auch Erich Hüttenhain, der wohl bedeutendste deutsche Code-Knacker seiner Zeit, soll bei seiner Analyse des Geheimschreibers schnell Sicherheitslücken gefunden haben. Warum Hitler und seine Helfer diese kritischen Stimmen überhörten und die umstrittene Maschine schließlich für hochgeheime Mitteilungen einsetzten, lässt sich heute nicht mehr nachvollziehen. Es könnte jedoch eine Rolle gespielt haben, dass es im Dritten Reich nicht weniger als sieben voneinander unabhängige Chiffrierbehörden gab, die nicht immer an einem Strang zogen.

Die Briten, die in Bletchley Park bei London mit industriellen Methoden der Enigma zu Leibe rückten, schlugen aus den Schwächen des Geheimschreibers jedoch kein größeres Kapital. Zwar stießen die britischen Dechiffrierer bei der Analyse deutscher Nachrichten ab und zu auf eine Verschlüsse-

*Abb. 2.8-2: Der Geheimschreiber wurde von den Briten »Sturgeon« ge-
nannt. Von einigen Einzelfällen abgesehen konnten sie ihn nicht knacken.*

lung, die sie als »Sturgeon« bezeichneten und die, wie wir
heute wissen, vom Geheimschreiber stammte. Es gelang ihnen in Einzelfällen auch tatsächlich, diese Botschaften zu

entschlüsseln, doch von einer routinemäßigen Dechiffrierung konnte keine Rede sein. Dieser Umstand war vor allem
darauf zurückzuführen, dass die meisten Fernschreiben in
Deutschland zu dieser Zeit über Draht und nicht etwa per
Funk übermittelt wurden. An diese Nachrichten kamen die
Briten nur schlecht heran, was die Zahl der Nachrichten, die
den Weg nach Bletchley Park fanden, in engen Grenzen hielt.
Die britischen Dechiffrierer konzentrierten ihre Kräfte daher offensichtlich lieber auf die Enigma und die Lorenz-Maschine, wo sie beachtliche Erfolge erzielen konnten.

In zwei Wochen zum Erfolg

Anders als in Großbritannien sah die Lage in Schweden aus.
Dort machte man sich nach der Besetzung von Dänemark
und Norwegen durch deutsche Truppen im Jahr 1940 Sorgen um die politische Lage. Da kam es nicht ungelegen, dass
Deutschland das neutrale Schweden darum bat, die dortigen
Telekommunikationsleitungen für die Nachrichtenübermittlung nach Norwegen nutzen zu dürfen. Schweden sagte zu
und konnte damit nach Belieben Fernschreiben abfangen,
die zwischen Berlin und Oslo ausgetauscht wurden. Dies
nutzte den Schweden allerdings zunächst nichts, da alle
Nachrichten mit dem Geheimschreiber verschlüsselt waren.

Beurling knackte den Geheimschrei-ber

Not macht jedoch auch in der Kryptologie erfinderisch. Erst
wenige Jahre zuvor, im Jahr 1936, hatte die schwedische
Regierung eine Dechiffrier-Gruppe eingerichtet, allerdings
ohne dem Thema allzu große Bedeutung zuzumessen. 1939
waren es gerade einmal 22 Personen, die sich in Stockholm
fremde Codes vornahmen und dabei so schlecht bezahlt
wurden, dass die meisten von ihnen noch einer weiteren Tätigkeit nachgehen mussten. Doch mit dem Beginn des Zweiten Weltkriegs stieg das Interesse der schwedischen Regierung an der Dechiffrierung von Nachrichten rapide an. Sie

rekrutierte daher Code-Knacker gleichsam am Fließband und baute ihre Dechiffrier-Einheit immer weiter aus. Bei Kriegsende im Jahr 1945 standen 1.000 Kryptologie-Experten auf der Gehaltsliste des schwedischen Staats. Der heute bekannteste von ihnen war Arne Beurling, seines Zeichens Mathematikprofessor in Uppsala. Ihm wurde 1941 die Aufgabe übertragen, die ominösen Nachrichten zu knacken, die die Deutschen über schwedische Leitungen schickten.

Beurling rekonstruierte die Funktionsweise

Dies war sicherlich keine leichte Aufgabe für Beurling, denn er hatte zunächst nicht die geringste Ahnung, auf welche Weise die Deutschen ihre Botschaften verschlüsselten. Er wusste lediglich aus zuvor abgefangenen Ankündigungen, dass die Deutschen dazu übergehen wollten, ihre Fernschreiben mit einer neuen Maschine zu verschlüsseln. Beurling arbeitete sich daraufhin in die Fernschreiber-Technik ein und machte sich Gedanken darüber, wie eine Verschlüsselung funktionieren könnte. Bis heute ist nicht bekannt, ob er dabei Zugang zu Patentierungsunterlagen hatte, die ihm eine Vorstellung von der Funktionsweise des Geheimschreibers lieferten. In jedem Fall kam Beurling schnell auf die Idee, unregelmäßig gezahnte Räder zu verwenden, die eine zufällige Folge von Nullen und Einsen produzierten. Damit war er auf der richtigen Spur.

Um seine Hypothese zu überprüfen, nahm sich Beurling das gesamte abgefangene Material eines einzigen Tages vor. Da er vermutete, dass die Schlüssel täglich gewechselt wurden, hoffte er, dass alle hierbei untersuchten Nachrichten mit dem gleichen Schlüssel verschlüsselt waren. Er hatte Recht, und die vorliegenden Informationen reichten ihm aus, um nicht nur den Aufbau der Rotoren, sondern auch den Rest der Maschine zu rekonstruieren. Da er zudem eine überraschend gut funktionierende Methode zur Bestimmung des Schlüssels fand, konnte er die deutschen Geheimschreiber-

Nachrichten lesen. Für diesen Erfolg hatte er gerade einmal zwei Wochen benötigt.

Bis heute zählen viele Krypto-Historiker Beurlings geniale Analyse des Geheimschreibers (genauer gesagt der Variante T52a/b) zu den bedeutendsten Dechiffrier-Leistungen in der Geschichte der Kryptologie. Er vollbrachte seine Großtat nicht nur in erstaunlich kurzer Zeit, sondern zudem ohne die Unterstützung von Kollegen und ohne Spezialmaschinen zu Hilfe zu nehmen. Auch wenn der Geheimschreiber in der damaligen Form einen solchen Erfolg durch seine Schwächen begünstigte, muss man Beurlings Dechiffrier-Aktion als Geniestreich werten.

Beurlings Tat war eine Meisterleistung

Sonnenschein und andere Fehler

Beurling ließ von einem Mechaniker umgehend ein Gerät bauen, das die Funktionsweise des Geheimschreibers simulierte. Von einem mechanischen Wunderwerk konnte angesichts des Krachs, den die unförmige Maschine produzierte, zwar keine Rede sein, doch sie tat ihren Dienst. So mussten die schwedischen Dechiffrierer nur noch die Suche nach dem Schlüssel von Hand erledigen, was sie in der Regel innerhalb von Stunden schafften. Da die Deutschen einen Teil des Schlüssels täglich um Mitternacht wechselten, arbeiteten die schwedischen Code-Knacker regelmäßig nachts und konnten bei Tagesanbruch ihren Vorgesetzten meist schon die Ermittlung des aktuellen Schlüssels vermelden.

Neben den Schwächen des Geheimschreibers kamen den Schweden auch die Fehler der Deutschen im Umgang mit dem Gerät zu Gute. Es gibt so gut wie keinen Dechiffrierungs-Erfolg in der jüngeren Geschichte der Kryptologie, bei dem dieser Aspekt keine Rolle spielte. Fairerweise muss jedoch auch erwähnt werden, dass die Übertragung von Fernschreiben über größere Distanzen seinerzeit noch mit aller-

lei Problemen verbunden war. Immer wieder kam es beispielsweise vor, dass die Verbindung abbrach und der Sender seine Nachricht erneut verschicken musste. In einem
solchen Fall machten viele Funker Gebrauch von einer Vorrichtung des Geheimschreibers, die die Räder auf eine zuvor gewählte Anfangsstellung zurücksetzten. So passierte
es immer wieder, dass eine Nachricht zweimal mit dem gleichen Schlüssel verschlüsselt wurde, obwohl dies streng verboten war. Da die beiden Nachrichten – etwa durch Tippfehler – nie völlig identisch waren, ergaben sich wichtige
Ansatzpunkte für die Dechiffrierer.

Fernschreiben
wurden oft
fehlerhaft
übermittelt

Den Deutschen wurde außerdem zum Verhängnis, dass die
damaligen schlechten Fernmeldeverbindungen immer wieder für die fehlerhafte Übertragung einzelner Buchstaben
sorgten. Besonders problematisch war dies, wenn die Emp-
fängermaschine eines der beiden Zeichen zur Festlegung
des Modus falsch empfing. Dann nämlich interpretierte sie
auch alle folgenden Signale falsch und lieferte nur noch
einen unverständlichen Zeichensalat. Die deutschen Funker
reagierten auf dieses Problem, indem sie jedem Leerzeichen
das aktuelle Moduszeichen voranstellten. Dadurch konnten sie zwar tatsächlich die Fehlerrate senken, doch ihre
Texte enthielten nun ein ständig wiederkehrendes Muster.
Arne Beurlings zweiwöchige Analysearbeit, an deren Ende
die komplette Rekonstruktion des Geheimschreibers stand,
stützte sich unter anderem auf diese Beobachtung.

Als weiterer Vorteil für die Schweden erwiesen sich die immer wieder gleich lautenden Anfänge der Nachrichten. Immerhin erkannten die Deutschen dieses Problem und schrieben ihren Funkern den Einsatz so genannter Wahlwörter vor.
Ein Wahlwort war ein beliebiges Wort, das der Bediener eines
Geheimschreibers einer Nachricht voranstellen musste. Die
an sich richtige Idee brachte jedoch nicht den gewünschten Erfolg. So stießen die schwedischen Dechiffrierer immer

wieder auf Botschaften, die mit dem Wort SONNENSCHEIN begannen. Vermutlich hatten die deutschen Verschlüsselungsexperten ihren Funkern dieses Wort als Beispiel genannt, woraufhin diese nicht kreativ genug waren, sich etwas eigenes auszudenken. Als weiteres Wahlwort tauchte regelmäßig MONDSCHEIN auf.

Die Schweden nutzen ihren Erfolg

Durch Arne Beurlings außergewöhnliche Dechiffrier-Leistung konnten die Schweden ab dem Sommer 1940 die Geheimschreiber-Nachrichten der Deutschen routinemäßig mitlesen. Angesichts der daraus gewonnenen Erkenntnisse konnte man in Stockholm zunächst einmal beruhigt sein: Die entschlüsselte Kommunikation ließ erkennen, dass Hitler kein Interesse an einem Angriff auf Schweden hatte. So konnten die Dechiffrierer um Arne Beurling in aller Ruhe an ihren Methoden feilen, neue Leute rekrutieren und dadurch ihre Fähigkeiten perfektionieren. Zweimal meldeten die Dechiffrierer, dass sich in Norwegen deutsche Truppen in Richtung Schweden bewegten, woraufhin man in Stockholm umgehend eigene Armeeeinheiten in Stellung brachte. So kamen die Deutschen erst gar nicht auf die Idee, die Grenze zu überschreiten.

Die Schweden gewannen wichtige Erkenntnisse

Im Juni 1941 fielen den schwedischen Code-Knackern brisante Informationen in die Hände. Entschlüsselte Geheimschreiber-Nachrichten deuteten darauf hin, dass die Deutschen einen Überfall auf die Sowjetunion planten. Dies brachte die schwedische Regierung in eine schwierige Situation: Einerseits war man an einem Deutschen Sieg nicht interessiert und wollte daher die Sowjetunion warnen. Andererseits galt es jedoch, die Neutralität zu wahren, und natürlich durfte die Quelle für die brisante Information nicht preisgegeben werden. Das schwedische Außenministerium gab daher dem britischen Botschafter in Moskau einen Tipp und hoffte, dass die Warnung über diesen bei Stalin landen würde. Stalin erfuhr tatsächlich von den deutschen Plänen, schlug jedoch alle Warnungen in den Wind und wurde schließlich von Hitlers Angriff überrascht.

Die Deutschen verbesserten den Geheimschreiber

Die Deutschen ahnten zwar nicht, dass die Schweden ihre geheimen Nachrichten mitlasen, dennoch verbesserten sie ihre Verschlüsselung mit der Zeit. Durch mehrere Konstruktionsänderungen entstand so zunächst die Version T52c, später folgten T52d und T52e. Die Sicherheit des Geräts stieg dadurch sprunghaft an. Außerdem stellten die Deutschen einige der Fehler, die den Schweden geholfen hatten, ab. Im Mai 1943 waren die schwedischen Dechiffrierer plötzlich nicht mehr in der Lage, Geheimschreiber-Nachrichten mit der bis dahin bekannten Effektivität zu knacken. In den Folgemonaten versiegte die für die Schweden so wichtige Quelle ganz. Auch ein deutscher Spion, der detaillierte Informationen über eine neue Variante des Geheimschreibers lieferte, brachte keinen Erfolg mehr. Die zwei verbleibenden Jahre bis Kriegsende überstanden die Schweden jedoch auch ohne entschlüsselte deutsche Fernschreiben.

Dass die schwedischen Dechiffrierer nicht nur Nachrichten von weltpolitischer Dimension verwerteten, zeigt sich an einer Anekdote, von der David Kahn in seinem Buch The Codebreakers berichtet /Kahn 67/. In deren Mittelpunkt steht eine Nachricht, die von Berlin an die deutsche Botschaft in Stockholm ging. Die Nachricht wies den Botschafter an, den schwedischen Außenminister um einen Gefallen zu bitten. Die schwedischen Code-Knacker informierten ihren Außenminister vorab über die zu erwartende Anfrage, zu deren Bearbeitung dieser jedoch keine Lust hatte. Kurzerhand verabschiedete er sich daher auf eine Reise und war deshalb nicht zu sprechen, als die Nachricht von der deutschen Botschaft eintraf. So konnte sich der Außenminister dank erfolgreicher Dechiffrierarbeit vor einer lästigen Aufgabe drücken.

Geheimschreiber Verschlüsselungsmaschine der Firma Siemens & Halske, die im Zweiten Weltkrieg zum Einsatz kam. Nach der Enigma war der Geheimschreiber die zweitwichtigste deutsche Verschlüsselungsmaschine der damaligen Zeit. Die ersten Versionen davon waren recht schwach und wurden von den Schweden mit geringem Aufwand geknackt. Syn.: Geheimschreiber T52

Glossar

2.9 Box: So funktionierte der Geheimschreiber

Der Geheimschreiber verschlüsselte Buchstaben, die im so genannten Baudot-Code bereitgestellt wurden. Der Baudot-Code sieht für jeden Buchstaben und für einige weitere Zeichen je eine fünfstellige Binärzahl vor. So steht etwa 11000 für A, 10011 für B und 01110 für C. Bei einem Geheimschreiber-Verschlüsselungsvorgang spielt die aus der mathematischen Logik stammende Exklusiv-oder-Verknüpfung eine wichtige Rolle, die zwei einstellige Binärzahlen miteinander verknüpft. Sie wird mit einem eingekreisten Plus-Zeichen notiert. Die Exklusiv-oder-Verknüpfung liefert das Ergebnis 1, wenn die beiden Eingaben verschieden sind, und 0, wenn sie gleich sind.

Der Geheimschreiber arbeitete mit unregelmäßig gezahnten Rädern. Abb. 2.9-1 zeigt eine deutlich vereinfachte Variante mit fünf Rädern, die mit 2, 3, 4, 5 und 6 Zahnpositionen ausgestattet sind. Die jeweils unterste Position wird als »aktive Position« bezeichnet. An einigen der Positionen ist ein Zahn vorhanden (entspricht dem Wert 1), an anderen fehlt er (entspricht dem Wert 0). Der zu verschlüsselnde Buchstabe wird im Baudot-Code über fünf Drähte von links

Unregelmäßig gezahnte Räder kamen zum Einsatz

eingegeben, wobei der Wert 1 einem Stromfluss entspricht. In der Abbildung handelt es sich um den Buchstaben A (11000). Wie in der Abbildung ersichtlich, wird jede der fünf Baudot-Ziffern mit dem Wert der jeweils aktiven Zahnposition eines Rads exklusiv-oder-verknüpft. Das Ergebnis der Verschlüsselung lautet in diesem Fall 11110, was dem Buchstaben K entspricht. Nach Eingabe eines Buchstabens dreht sich jedes der fünf Räder um eine Zahnposition.

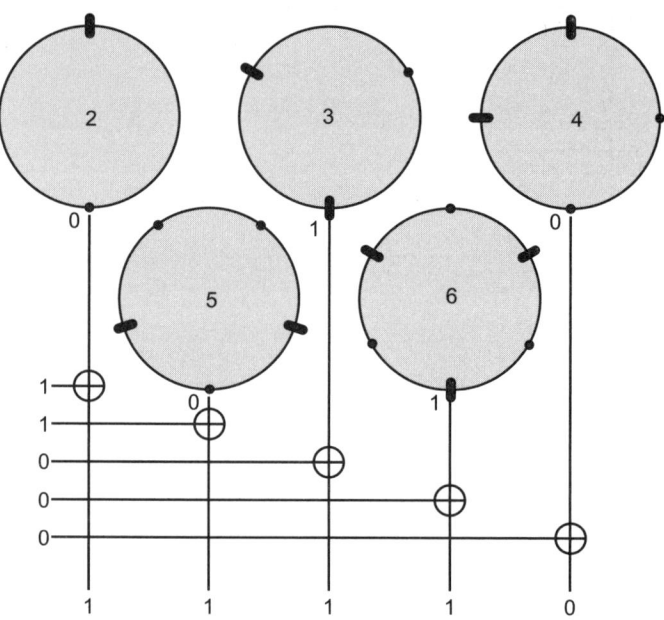

Abb. 2.9-1: Der Geheimschreiber arbeitete mit unregelmäßig gezahnten Rädern. Diese vereinfachte Variante verschlüsselt den Buchstaben A (11000) in ein K (11110). Mit der Eingabe eines Buchstabens drehen sich die Räder um jeweils eine Einheit.

Abbildung Abb. 2.9-2 zeigt den Aufbau des Geheimschreibers in der Variante T52a/b. Das Gerät arbeitete mit zehn unregelmäßig gezahnten Rädern, die 47, 53, 59, 61, 64, 65, 67, 69, 71 und 73 Zahnpositionen besaßen. Mit jeder Buchstabeneingabe drehte sich jedes Rad um eine Position. Die Anfangsstellung der Räder bildete den Schlüssel – es gab also $47 \times 53 \times 59 \times 61 \times 64 \times 65 \times 67 \times 69 \times 71 \times 73$ und damit über 10^{21} verschiedene Möglichkeiten.

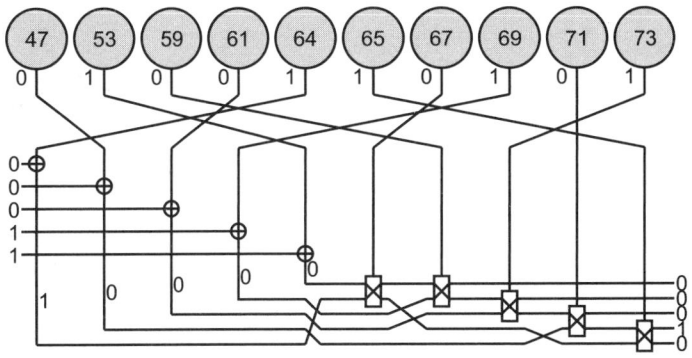

Abb. 2.9-2: Im Geheimschreiber kamen zehn unregelmäßig gezahnte Räder zum Einsatz.

Wie aus der Abbildung ersichtlich, wurden fünf der Räder des Geheimschreibers per Exklusiv-oder-Verknüpfung mit dem eingegebenen Baudot-Buchstaben verbunden (in diesem Fall 00011, was dem O entspricht). Die verbleibenden fünf Räder steuerten jeweils einen speziellen Schalter, der zwei Eingänge besaß. Beim Wert 0 wurden die eingehenden Leitungen ungeändert durchgeschaltet, beim Wert 1 wurden sie gekreuzt. Im Beispiel lautet das Ergebnis der Verschlüsselung 00010, was dem Zeichen für einen Zeilenwechsel entspricht.

Fünf der Räder steuerten Schalter

2.10   Colossus gegen die Lorenz-Maschine

Einer der spektakulärsten Dechiffrierungserfolge in der Geschichte der Kryptologie ereignete sich während des Zweiten Weltkriegs in der britischen Entschlüsselungsfabrik Bletchley Park. Gemeint ist damit jedoch nicht etwa das Knacken der Enigma, das zur gleichen Zeit an gleicher Stelle stattfand (siehe Abschnitt »Die Enigma« (S. 63)) und zweifellos ebenfalls ein spektakulärer Erfolg war. Vielmehr geht es um die Dechiffrierung eines weiteren deutschen Verschlüsselungsgeräts: der so genannten **Lorenz-Maschine** (Abb. 2.10-1, Abb. 2.10-2). Einen festen Platz in der Technikgeschichte hat diese Episode aus dem Zweiten Weltkrieg nicht nur deshalb, weil mit den Erfolgen der Lorenz-Knacker einmal mehr Entschlüsselungsvorgänge den Verlauf eines Kriegs beeinflussten. Als mindestens so bedeutend erwies sich nämlich die Tatsache, dass die Briten für ihre schwierige Dechiffrier-Arbeit eine für die damalige Zeit ausgesprochen ungewöhnliche Maschine konstruierten. Diese kann man als den ersten Computer bezeichnen.

Verschlüsselte Fernschreiben

Die Lorenz-Maschine wurde in den dreißiger Jahren entwickelt

Über die Anfänge der Lorenz-Maschine ist wenig bekannt. Es muss irgendwann Mitte der dreißiger Jahre gewesen sein, als bei der Berliner Firma Lorenz, die inzwischen in Alcatel aufgegangen ist, die Idee zur Entwicklung einer Verschlüsselungsvorrichtung für Fernschreiben aufkam. Da Lorenz seinerzeit zu den führenden Herstellern von Fernschreibern gehörte, lag eine solche Produktentwicklung nahe. Der Konkurrent Siemens & Halske hatte mit dem Geheimschreiber T52 zu diesem Zeitpunkt bereits ein ähnliches Gerät auf den Markt gebracht (siehe Abschnitt »Der Geheimschreiber«

(S. 109)), bei dem sich die Lorenz-Ingenieure die eine oder andere Idee abschauen konnten. Offensichtlich taten sie das auch, denn verschiedene Parallelen zwischen den beiden Maschinen sind nicht zu übersehen.

Abb. 2.10-1: Mit der Lorenz-Maschine (hier ohne Gehäuse) verschlüsselten Hitler und andere Nazi-Größen vertrauliche Nachrichten.

Ähnlich wie der Geheimschreiber arbeitete auch die Lorenz-Maschine mit unregelmäßig gezahnten Rädern, deren Anfangsstellung einen Teil des Schlüssels bildeten. Zwölf davon waren in der Maschine enthalten, wobei sich die Zahnung durch das Wegklappen einzelner Zähne beliebig ändern ließ und dadurch ebenfalls zum Schlüssel gehörte. Der

Geheimschreiber arbeitete dagegen nur mit zehn Rädern, deren Zahnung unveränderlich war. Ein weiterer Unterschied bestand darin, dass die Lorenz-Maschine eine reine Verschlüsselungsmaschine war, die an einen Fernschreiber angeschlossen wurde. Der Geheimschreiber wurde dagegen als Fernschreiber und Verschlüsselungsgerät in einem geliefert.

Hüttenhain hielt die Lorenz-Maschine nicht für sicher

1938 nahm Erich Hüttenhain, der damals bedeutendste deutsche Dechiffrier-Experte, die Lorenz-Maschine und den Geheimschreiber unter die Lupe. Er hielt beide nicht für sicher. Dass beide Maschinen dennoch eingesetzt wurden, lag vermutlich daran, dass es im Dritten Reich mehrere deutsche Einheiten gab, die sich unabhängig voneinander mit Verschlüsselung beschäftigten und Hüttenhains Bedenken daher nicht bis zu allen Verantwortlichen vordrang. So kam es, dass Hitler persönlich die Lorenz-Maschine nutzte, und das sogar für die äußerst sensible Kommunikation mit seinen Generälen. Die geheimsten Nachrichten des Dritten Reichs wurden fortan mit der Lorenz-Maschine verschlüsselt.

Damit ergab sich eine klare Abgrenzung zu Enigma, die zu Zehntausenden und in unterschiedlichen Versionen im Feld eingesetzt wurde. Die Enigma war kleiner und einfacher zu transportieren als die Lorenz-Maschine. Der Bediener musste die Buchstaben einer Nachricht über die Tastatur eingeben und das Ergebnis der Ver- oder Entschlüsselung an den mit Buchstaben gekennzeichneten Lampen ablesen. Die Lorenz-Maschine, die auf Grund ihres Gewichts nicht als mobiles Gerät gedacht war, arbeitete dagegen online: Sie versendete jede Nachricht nach dem Verschlüsseln automatisch und gab empfangene Botschaften nach dem Entschlüsseln auf einem Lochstreifen aus. Für die Übertragung nutzte das Gerät keine Morse-Zeichen, sondern den speziell für Fernschreiben entwickelten Baudot-Code.

Abb. 2.10-2: Die Briten gaben der Lorenz-Maschine den Code-Namen
»Tunny«. Sie knackten sie, ohne jemals ein Exemplar davon zu Gesicht
bekommen zu haben.

Tunny

1940 fingen die Briten, die den deutschen Funkverkehr systematisch überwachten, erstmals ein Lorenz-verschlüsseltes Fernschreiben ab. Die Funkstation an der englischen Südküste, die auf das Buchstabengewirr gestoßen war, leitete die Nachricht umgehend an das britische Dechiffrierzentrum in Bletchley Park weiter, wo zu diesem Zeitpunkt der Kampf gegen die Enigma in vollem Gange war. Die britischen Code-Knacker merkten sofort, dass sie es mit einer bis dahin unbekannten Verschlüsselung zu tun hatten. Sie gaben dem Gerät, das diese Verschlüsselung realisierte und von dem sie nichts wussten, den Code-Namen »Tunny« (Tunfisch).

John Tiltman, einer der besten Dechiffrierer in Bletchley Park, erhielt nun die Aufgabe, sich um Tunny zu kümmern. Tiltman war schnell klar, dass es sich dabei um eine Maschine handeln musste, die das Prinzip des One-Time-Pad mit Binärzahlen verwendete. Die entscheidende Frage war, wie das Gerät die zur Verschlüsselung benötigten Zufallsmuster generierte. Da die britische Funkaufklärung weitere abgefangene Tunny-Nachrichten in größerer Zahl nachlieferte, stand den Dechiffrierern um Tiltman umfangreiches Analysematerial zur Verfügung. Sie kamen jedoch zunächst nicht voran.

Vermutlich hätte sich Tiltman an der Lorenz-Maschine die Zähne ausgebissen, hätten ihm die Deutschen nicht ungewollt auf die Sprünge geholfen, indem sie im Umgang mit dem Gerät viel zu leichtsinnig waren. Der entscheidende Fauxpas lässt sich sogar auf den Tag genau datieren: Es war am 30. August 1941, als ein deutscher Funker irgendwo in Europa – vermutlich in Athen – eine aus knapp 4.000 Buchstaben bestehende Nachricht an einen wahrscheinlich in Wien stationierten Empfänger schickte. Die beiden Kommunikationspartner nutzten Lorenz-Maschinen zur Verschlüsselung.

Aus einem heute nicht mehr bekannten Grund konnte der Funker auf Empfängerseite die Nachricht nicht lesen. Daher forderte er seinen Kollegen zu einer Wiederholung der Übertragung auf. Der Sender, der darüber kaum begeistert gewesen sein dürfte, musste die Nachricht nun ein zweites Mal eintippen und beging dabei den verhängnisvollen Fehler: Er setzte seine Maschine gegen alle Vorschriften zurück und verschlüsselte die Botschaft ein zweites Mal mit dem gleichen Schlüssel. Durch Tippfehler und Verkürzungen – so wurde beispielsweise aus SPRUCHNUMMER SPRUCHNR – unterschied sich der Text der zweiten Nachricht leicht von der ersten. Eine bessere Vorlage für einen Dechiffrierer hätte es kaum geben können.

Ein Fehler brachte die Briten auf die Spur

Eine britische Funkstation in der Grafschaft Kent fing die beiden Nachrichten ab und leitete sie per Kurier nach Bletchley Park weiter. Dort erkannte der Tunny-Spezialist John Tiltman sofort den ungeheuren Wert der zwei verschlüsselten Botschaften. Aus den daraus gewonnenen Informationen konnte er die ursprünglichen Nachrichten rekonstruieren und wichtige Rückschlüsse auf die Funktionsweise der Maschine ziehen. Ein Kollege Tiltmans erhielt nun die Aufgabe, die genaue Mechanik der Tunny zu rekonstruieren, was ihm mit den nun vorliegenden Informationen auch gelang. Anfang 1942 hatten die Briten die Konstruktion der Lorenz-Maschine in allen Einzelheiten durchschaut und konnten sich von Technikern der britischen Post selbst ein Exemplar bauen lassen. Aus Tunny war eine reale Maschine geworden.

Die Rekonstruktion der Lorenz-Maschine war jedoch nicht mehr als ein Etappensieg, denn für die Entschlüsselung einer Nachricht mussten die Briten erst einmal den verwen-

Tiltman rekonstruierte die Lorenz-Maschine

deten Schlüssel kennen. Zum Glück für Tiltman und seine Leute erwies sich die Lorenz-Maschine diesbezüglich nicht als sicher, weshalb es ihnen immer wieder gelang, den Schlüssel zu rekonstruieren. Dies war jedoch mit einem gehörigen Aufwand verbunden: Etwa 50 Spezialisten mussten vier bis sechs Wochen an harter Analysearbeit investieren, um einen einzigen Schlüssel zu ermitteln. In vielen Fällen waren die Inhalte einer Nachricht zum Zeitpunkt der Dechiffrierung längst zu alt, um noch interessant zu sein. Doch immerhin: Ohne jemals ein Exemplar gesehen zu haben, hatten die Briten die Lorenz-Maschine geknackt.

Colossus

Schon für die Entschlüsselung der Enigma hatten die Briten in Bletchley Park eine Maschine (die Bombe) konstruiert. Nun versuchten sie dies auch bei der Lorenz-Maschine. Der Mathematiker Max Newman lieferte die ersten Ideen zu einem solchen Gerät, die schließlich zu einer Maschine führten, die die Briten »Heath Robinson« (nach einem gleichnamigen Cartoonisten) nannten. Die britische Post übernahm wiederum den Bau des Geräts. Die Heath Robinson verarbeitete gleichzeitig zwei Lochstreifen, die die verschlüsselte Nachricht und die Zahnräder repräsentierten. Mit einer speziellen Elektromechanik ermittelte sie die richtige Anfangsstellung der Rotoren der Lorenz-Maschine für eine bestimmte Nachricht und damit den Schlüssel. Prinzipiell funktionierte die neue Dechiffrier-Maschine zwar, doch vor allem die Synchronisierung der beiden Lochstreifen in hoher Geschwindigkeit sorgte immer wieder für Fehler.

Colossus war
der erste
Computer

Max Newman diskutierte das Lochstreifen-Problem mit Tommy Flowers, einem genialen Techniker in Diensten der britischen Post. Flowers hatte die entscheidende Idee: Er ersetzte einen der beiden Lochstreifen durch eine variable

Abb. 2.10-3: Mit Colossus schufen die Briten im Zweiten Weltkrieg den weltweit ersten Computer. Damit gelang es ihnen, die deutsche Lorenz-Maschine zu knacken.

Elektrodenschaltung, die nun die Zahnräder repräsentierte, und machte dadurch die Synchronisierung von Lochstreifen überflüssig. Damit hatte Flowers die erste programmierbare Datenverarbeitungsmaschine auf Basis von Binärzahlen geschaffen. Mit anderen Worten: Er hatte den Computer erfunden (Abb. 2.10-3, Abb. 2.10-4).

Noch existierte Flowers Gerät jedoch nur auf dem Papier. Für den Bau der Maschine benötigte er eine für damalige Verhältnisse riesige Anzahl von elektronischen Röhren, die es zu einer funktionierenden Einheit zusammenzufügen galt. Flowers meisterte diese Aufgabe und konnte so im Dezember 1943 eine Maschine nach Bletchley Park liefern, die man aus heutiger Sicht als ersten Computer der Technikgeschichte bezeichnen kann. Das Gerät bestand aus acht Teilen jeweils in der Größe eines Kleiderschranks und arbeitete mit 1.500 elektronischen Röhren. Es ließ sich mit speziellen Steckern und Schaltern programmieren und konnte mit Hilfe von Fotozellen etwa 5.000 auf Lochstreifen gestanzte Buchstaben pro Sekunde lesen. Der Name der Maschine: **Colossus**.

Schon der erste Testlauf mit einer abgefangenen Nachricht erwies sich als erfolgreich. Colossus – die erste Version wurde als »Mark 1« bezeichnet – wurde ein voller Erfolg und gilt heute als eine der bedeutendsten Entwicklungen in der Geschichte der Kryptologie. Colossus verkürzte die Dechiffrierzeit für eine Lorenz-Nachricht von mehreren Wochen auf wenige Stunden. Kein Wunder, dass die Briten neun weitere Maschinen bauen ließen, die nun als »Mark 2 Colossus« bezeichnet wurden und zusammen schließlich eine ganze Fabrikhalle in Bletchley Park füllten. 550 Menschen arbeiteten dort unter strengster Geheimhaltung an der Dechiffrierung von Tunny-Nachrichten. Obwohl die Briten augenscheinlich einen immensen Einsatz an Mensch und Material aufboten, mussten sie für die Entschlüsselung von Lorenz-Nachrichten weniger Aufwand treiben als bei der Enigma.

Die Folgen

Die Lorenz-
Dechiffrierung
brachte den
Alliierten
wichtige
Informationen

Colossus kam den Alliierten wie gerufen. Die entschlüsselten Funksprüche von Hitler an seine Generäle halfen ihnen bei der Vorbereitung der Landung in der Normandie am 6. Juni 1944, dem so genannten D-Day. Dank der abgefangenen Lorenz-Fernschreiben wussten die Alliierten, dass Hitler auf deren Ablenkungsmanöver in Großbritannien hereinge-

Abb. 2.10-4: Nur einige wenige Fotos sind von Colossus erhalten geblie-
ben. Die Maschine selbst und so gut wie alle Pläne wurden nach dem
Krieg vernichtet.

fallen war und die bevorstehende Invasion an der Küste des
Ärmelkanals vermutete. So überraschten die britischen, US-
amerikanischen und kanadischen Armeen die Deutschen in
Nordfrankreich und konnten nach vergleichsweise geringen
Verlusten auf dem Kontinent Fuß fassen. Hitler, der genau
dies hatte verhindern wollen, war nun in einen Zwei-Fron-
ten-Krieg verwickelt.

Noch wurde jedoch ein großer Teil der deutschen Fernschreiben per Draht übertragen, was das Abhören erschwerte. Briten und Amerikaner zerstörten daher zusammen mit der französischen Resistance gezielt Fernmeldelei-
tungen in Frankreich, um die Deutschen verstärkt zur draht-

losen Nachrichtenübermittlung zu zwingen. Die Anzahl der verschlüsselten Nachrichten, die bei den britischen Code-Knackern in Bletchley Park ankamen, stieg dadurch stark an. Da die zehn Colossus-Exemplare nach wie vor glänzend ihren Dienst taten, waren die Alliierten über alle wesentlichen Vorgänge auf der höchsten deutschen Militärebene informiert. Im Mai 1945 war der Krieg gewonnen.

Colossus wurde demontiert

Die Öffentlichkeit erfuhr bis zu diesem Zeitpunkt natürlich nichts über Colossus und die britischen Dechiffrier-Erfolge. Dies sollte vorläufig auch so bleiben. Nach dem Krieg wurden acht der zehn Colossus-Maschinen in ihre Einzelteile zerlegt und entsorgt, die zwei verbleibenden Exemplare überlebten noch bis 1960. Dann wurden auch sie demontiert, während alle schriftlichen Unterlagen vernichtet wurden. Damit starb eine der ungewöhnlichsten Maschinen der Krypto-Geschichte einen unwürdigen Tod und blieb nur einigen wenigen Eingeweihten in Erinnerung. Gleichzeitig heimste die amerikanische Rechenanlage ENIAC den Ruhm ein, der erste Computer gewesen zu sein, obwohl dieses Gerät erst 1946 seinen Betrieb aufnahm.

Colossus wird wiederentdeckt

Erst in den siebziger Jahren brachen die Briten ihr Schweigen bezüglich der Vorgänge in Bletchley Park. Während sich die Öffentlichkeit nun vor allem für die Enigma zu interessieren begann, rückte auch Colossus langsam ins Blickfeld der Historiker. Viel war von der außergewöhnlichen Maschine jedoch nicht übrig geblieben. Immerhin konnten einige Bletchley-Park-Veteranen aus ihrer Erinnerung Beschreibungen anfertigen. Als einzige Originalunterlagen tauchten einige seinerzeit illegal angefertigten Zeichnungen und acht Fotografien auf.

Trotz der bescheidenen Quellenlage startete Tony Sale, der Direktor des Bletchley-Park-Museums, 1991 eine Initiative zur Rekonstruktion von Colossus. In dreijähriger Arbeit konnte Sale genug Informationen zusammentragen, um 1994 schließlich mit dem Nachbau zu beginnen. 1996 war der Colossus-Nachbau betriebsbereit. Er gehört heute zu den Attraktionen des ausgesprochen sehenswerten Museums, das in der ehemaligen Dechiffrierfabrik in Bletchley Park untergebracht ist.

Inzwischen gibt es einen Colossus-Nachbau

Während sich das Augenmerk der Krypto-Historiker schon früh auf Colossus richtete, blieb die Lorenz-Maschine zunächst einmal im Hintergrund. Colossus-Veteranen wie Flowers und Newman glaubten zunächst noch, dass Tunny dem Geheimschreiber von Siemens & Halske entsprach und ordneten damit ihre Dechiffrier-Erfolge der falschen Maschine zu. Erst in den achtziger Jahren fiel dem Verschlüsselungsmaschinen-Experten Donald W. Davies auf, dass die Funktionsweise von Colossus und die Konstruktion des Geheimschreibers nicht zusammenpassten.

Bei seinen weiteren Recherchen stieß Davies auf den Firmennamen Lorenz. Er kontaktierte daraufhin die Firma Standard Elektrik Lorenz (heute Alcatel), die seinerzeit in Pforzheim Fernschreiber gebaut hatte. Tatsächlich wusste man dort von einer solchen Maschine, die in den vierziger Jahren unter der wenig spektakulären Bezeichnung »Schlüsselzusatz 42« (abgekürzt SZ42) gebaut worden war. Davies reiste nach Pforzheim und stellte fest, dass es sich dabei tatsächlich um das zu Colossus passende Verschlüsselungsgerät handelte. 1995 veröffentlichte er schließlich in der Fachzeitschrift Cryptologia die erste detaillierte Beschreibung der Lorenz-Maschine /Davies 95/. 50 Jahre nach Kriegsende erhielt damit ein Gerät seinen Platz in der Technikgeschichte, das die bedeutendsten deutschen Nachrichten des Zweiten Weltkriegs verschlüsselt hatte.

Glossar   **Colossus** Programmierbare Rechenmaschine zur Dechiffrierung verschlüsselter Nachrichten, die von den Briten im Zweiten Weltkrieg entwickelt wurde. Colossus gilt als erster Computer der Technikgeschichte.

Lorenz-Maschine Deutsche Verschlüsselungsmaschine, die im Zweiten Weltkrieg zum Einsatz kam. Sie wurde von den Briten mit Hilfe der Dechiffrier-Maschine Colossus geknackt.

2.11 Box: So funktionierte die Lorenz-Maschine

Ähnlich wie der Geheimschreiber T52 (Abschnitt »Der Geheimschreiber« (S. 109)) arbeitete auch die Lorenz-Maschine mit unregelmäßig gezahnten Rädern und verschlüsselte Buchstaben im Baudot-Code, der für jedes druckbare Zeichen eine fünfstellige Binärzahl vorsieht. 12 Räder kamen dabei zum Einsatz, wobei die Anzahl der Zahnpositionen 23, 26, 29, 31, 37, 41, 43, 47, 51, 53, 59 und 61 betrug. Abgesehen von der Anzahl der Räder (beim Geheimschreiber waren es nur zehn) gab es einen weiteren Unterschied zu der von der Grundidee ähnlichen Konkurrenzmaschine: Das Zahnmuster an den Rädern der Lorenz-Maschine war veränderbar, da sich jeder einzelne Zahn mechanisch deaktivieren ließ. Ein aktivierter Zahn stand für den Wert 1, ein nichtaktivierter für 0. Die Zahnung gehörte neben der Anfangsstellung der Räder zum Schlüssel.

Die Lorenz-Maschine arbeitete mit zwölf Rädern   Die Funktionsweise der Lorenzmaschine ist aus Abbildung Abb. 2.11-1 ersichtlich (im Folgenden werden die Rotoren mit der Zahl ihrer Zahnpositionen bezeichnet). Die am oberen Bildrand dargestellten sechs Rotoren 41, 31, 29, 26, 23 und 61 drehten sich mit jedem eingegebenen Buchstaben um je eine Zahnposition. Rotor 37 drehte sich dagegen nur, wenn bei Rotor 61 ein aktivierter Zahn gelesen wurde. Wurde bei Rotor 37 ein aktivierter Zahn gelesen, dann drehten sich auch die Rotoren 59, 53, 51, 47 und 43.

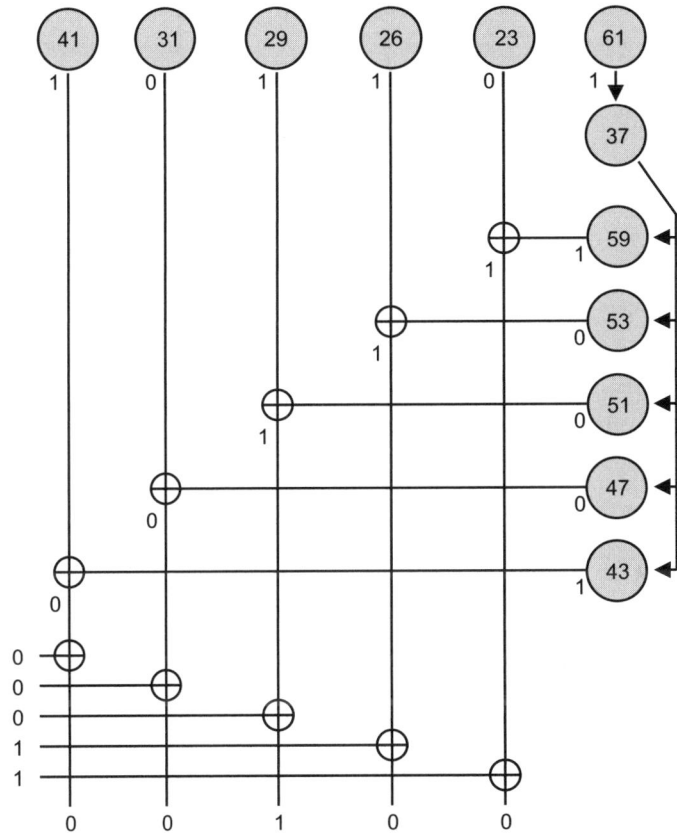

Abb. 2.11-1: Die Lorenz-Maschine arbeitete mit 12 unregelmäßig gezahnten Rädern, die jeweils eine unterschiedliche Anzahl an Zahnpositionen besaßen.

Bei der eigentlichen Verschlüsselung spielte die auch vom Geheimschreiber verwendete Exklusiv-oder-Verknüpfung eine Rolle. Wie in der Abbildung zu sehen, wurden die aktuellen Werte der Rotoren 41, 31, 29, 26 und 23 mit denen der Rotoren 59, 53, 51, 47 und 43 exklusiv-oder-verknüpft. Das Resultat wurde mit den fünf Binärziffern des zu verschlüsselnden Buchstabens (in diesem Fall 00011, also O) mittels einer weiteren Exklusiv-oder-Verknüpfung verbunden. In der Abbildung ergibt sich als Ergebnis der Verschlüsselung ein Leerzeichen (00100).

2.12   Wie Boris Hagelin zum Millionär wurde

Der einzige Erfinder von Verschlüsselungsmaschinen, der es je zu einem großen Vermögen gebracht hat, hieß Boris Hagelin. In seinen Lebenserinnerungen betont der 1892 geborene Schwede, dass bei seinem Aufstieg zum erfolgreichen Unternehmer ausgerechnet die Russische Revolution im Jahr 1917 eine wichtige Rolle spielte /Hagelin 94/. Der Vater des damals 25-jährigen Hagelin war zu diesem Zeitpunkt in Russland aktiv, in führender Position bei einem schwedischen Ölunternehmen aus dem Nobel-Imperium. Seinem Sohn Boris stand ebenfalls eine Zukunft als Öl-Manager bevor, doch dann übernahmen die Bolschewisten in Russland die Regierung und durchkreuzten damit seine Lebensplanung. So kam es, dass sich der umtriebige Schwede ein neues Betätigungsfeld suchte und schließlich auf Umwegen in der Kryptologie fand. Die größte Erfolgsgeschichte der Ära der Verschlüsselungsmaschinen nahm ihren Lauf.

Hagelin trifft Damm

Schon vor der Russischen Revolution hatte sich Hagelins Landsmann Arvid Damm mit kryptologischen Techniken beschäftigt. Seine erste Patentanmeldung erfolgte 1915. Damm war ein begnadeter Tüftler, der zuvor Webstühle für eine Textilfabrik konstruiert hatte und seinen Fähigkeiten anschließend im Bereich der Verschlüsselungstechnik freien Lauf ließ. 1915 gründete er ein Unternehmen namens A. B. Cryptograph, deren Zweck der Bau von Chiffriergeräten war, und konnte dafür einige schwedische Industrielle als Geldgeber gewinnen. 1919 gehörte er zu den vier Personen, die unabhängig voneinander und fast gleichzeitig die Rotor-Verschlüsselungsmaschine erfanden (siehe Abschnitt »Verdrahtete Rotoren« (S. 43)).

Damm erfand eine Rotor-Verschlüsselungsmaschine

Zu Damms Investoren gehörten auch Emanuel Nobel, der Neffe des Nobelpreis-Stifters Alfred Nobel, sowie dessen Mitarbeiter Karl Wilhelm Hagelin. Hagelins Sohn Boris, der seine Lebensplanung nach der Russischen Revolution hatte ändern müssen, stieg 1922 in die A. B. Cryptograph ein und übernahm 1925 deren Leitung. Hagelin kümmerte sich von da an um die Vermarktung der Verschlüsselungsmaschinen, während sich Damm auf die Entwicklungsarbeit konzentrieren konnte. Die Zusammenarbeit des Duos währte jedoch nur kurz, da Damm 1927 starb. Doch Boris Hagelin war nicht nur ein gewiefter Geschäftsmann, sondern auch ein fähiger Ingenieur und kam daher auch ohne die Unterstützung des Tüftlers Arvid Damm zurecht. So konnte sich Hagelin nicht nur als Unternehmer, sondern auch als Erfinder zu einer der bedeutendsten Größen in der Kryptologie seiner Zeit entwickeln.

Doch bevor es soweit kam, musste Hagelin mit seiner Firma eine längere Durststrecke überstehen. So bekam die A. B. Cryptograph zu spüren, dass sich die Nachfrage nach

Hagelin musste eine Durststrecke überstehen

Verschlüsselungstechnik in den zwanziger Jahren in engen Grenzen hielt. Friedliche Zeiten waren wieder einmal schlechte Zeiten für die Kryptologie. Als Hagelins wichtigster Investor Emanuel Nobel 1932 starb, kam das vorläufige Aus für die Firma, denn Nobels Erben wollten mitten in der Weltwirtschaftskrise keine weiteren Gelder in die A. B. Cryptograph stecken. Hagelin machte jedoch mit der finanziellen Unterstützung seines Vaters weiter und gründete die A. B. Cryptoteknik als Nachfolgegesellschaft. Er arbeitete zunächst ohne Bezahlung, damit die Firma über die Runden kam.

Die B-21

Die Wende in der Geschichte der A. B. Cryptoteknik kam 1934. Damals konnte der unermüdliche Boris Hagelin die französische Regierung für seine Verschlüsselungsmaschine **B-21** (Abb. 2.12-1) interessieren und erhielt schließlich den Großauftrag, den das Unternehmen so dringend benötigte. Hagelin musste lediglich die Lampen der B-21, die die verschlüsselten Buchstaben anzeigten, durch einen Drucker ersetzen, um den Anforderungen der Franzosen gerecht zu werden. Die derart modifizierte Maschine wurde in Colombes bei Paris von den Franzosen selbst gebaut und erhielt den Namen **B-211**. Bis Kriegsausbruch wurden 500 Stück davon gefertigt, nach dem Krieg kauften die Franzosen weitere 100 Exemplare.

Die B-211 arbeitete mit Rotoren

Die Funktionsweise der B-211 (und der Schwestermaschine B-21) sah zwei verdrahtete Rotoren vor, wie sie in Rotor-Verschlüsselungsmaschinen verwendet werden. Diese beiden Rotoren hatten jedoch pro Seite nur fünf Kontakte. Wenn der Bediener eine Taste drückte, wurden zwei Stromkreise geschlossen, die jeweils einen der beiden Rotoren einschlossen. Durch die fünf Kontakte pro Rotor gab es insgesamt 25

Abb. 2.12-1: Mit der B-211 schaffte Boris Hagelins Firma den Durchbruch. Es handelte sich um ein für die damalige Zeit äußerst kompaktes Verschlüsselungsgerät.

Eingabekombinationen, die für die Buchstaben des zu verschlüsselnden Texts standen (dabei galt I=J). Auf der anderen Seite der Rotoren gab es pro Rotorstellung 25 mögliche Verbindungen zwischen den Stromkreisen, die die Buchstaben der verschlüsselten Nachricht symbolisierten. Die Bewegung der beiden Rotoren wurde durch vier unregelmäßig gezahnte Räder gesteuert. Die Anfangsstellung der Rotoren und Räder sowie deren Zahnung bildeten den Schlüssel.

Die B-211 war die mit Abstand praktikabelste Verschlüsselungsmaschine ihrer Zeit. Sie hatte etwa die Größe einer Zigarrenkiste, enthielt einen kleinen Drucker und ermöglichte einem geübten Bediener das Verschlüsseln von bis zu 30 Buchstaben pro Minute. Heute ist jedoch klar, dass die B-211 keine optimale Sicherheit bot und beispielsweise schwächer war als die meisten Enigma-Varianten. Experten haben Methoden entwickelt, mit denen eine B-211-Nachricht zu entschlüsseln ist, sofern der Dechiffrierer eine Folge von fünf Buchstaben errät, die an beliebiger Stelle in der Nachricht vorkommen.

Die B-211 wurde geknackt

So ist heute auch bekannt, dass Briten und Amerikaner im Zweiten Weltkrieg und in den Jahren davor zahlreiche französische Botschaften, die mit der B-211 verschlüsselt waren, lesen konnten. Das amerikanische Dechiffrier-Genie William Friedman, der unter anderem auch die japanische Purple knackte (siehe Abschnitt »William Friedman knackt die Purple« (S. 84)), beschrieb in seinem geheimen Aufsatz »Analysis of the Hagelin Cryptograph, Type B-211« die dazu notwendigen Methoden.

Das Stangenrad

Angesichts der schlecht laufenden Geschäfte vor dem französischen Großauftrag hatte sich Hagelin auch an die Konstruktion einer Geldwechselmaschine herangewagt. Dieser Apparat wurde zwar nie gebaut, doch er sollte von entscheidender Bedeutung sein. Kurz nach der Großbestellung für die B-211-Geräte interessierten sich die Franzosen nämlich für eine weitere Verschlüsselungsmaschine, bei der es sich um ein Mini-Gerät für die Jackentasche handeln sollte.

Für diese Anforderung musste sich Hagelin ein neues Funktionsprinzip einfallen lassen, denn derart kleine Geräte gab es damals noch nicht. So erinnerte er sich an die Geldwechselmaschine, baute ein für diese entwickeltes Stangenrad in ein Verschlüsselungsgerät ein und erfand damit einen neuen Typ von Verschlüsselungsmaschinen, der zum Markenzei-

Abb. 2.12-2: Die C-35 war die kleinste Verschlüsselungsmaschine ihrer Zeit.

chen der Hagelin-Geräte werden sollte. Die erste Maschine mit dieser Stangenradbauweise hieß nach dem Entstehungsjahr **C-35** (Abb. 2.12-2) und wurde nach Frankreich geliefert. Die Weiterentwicklungen der C-35, die ebenfalls nach dem Stangenrad-Prinzip arbeiteten, wurden auch nach dem Jahr ihrer Entstehung benannt und hießen daher beispielsweise C-36 (Abb. 2.12-3) oder C-38.

Die C-35 arbeitete wie die B-211 mit mehreren (fünf) unregelmäßig gezahnten Rädern, die jedoch keine verdrahteten Rotoren, sondern das Stangenrad betätigten. Das Stangenrad drehte sich bei jeder Buchstabeneingabe einmal um seine Achse, wobei darauf in unregelmäßigen Abständen angebrachte Reiter ein Buchstabenrad steuerten, das jeweils zunächst auf den aktuellen Buchstaben des zu verschlüsselnden Texts eingestellt und dann abhängig von den Reitern verdreht wurde.

Abb. 2.12-3: Die C-36 wurde nach ihrem Entstehungsjahr 1936 benannt. Auf dem Bild sind das Hagelin-typische Stangenrad und die fünf unregelmäßig gezahnten Räder zu erkennen (als Farbfoto im Anhang).

Mit der C-35 gelang Hagelin der endgültige Durchbruch. Die Franzosen bestellten gleich 5.000 der kleinen Maschinen und spülten dem Unternehmen damit Umsatz in die Kassen, den Hagelin umgehend zu Investitionen in eine neue, moderne Produktionsstätte nutzte. Derart ausgerüstet kam der A. B. Cryptoteknik dann der Lauf der Geschichte zu Hilfe: Als Ende der dreißiger Jahre ein Krieg immer wahrscheinlicher wurde, stieg die Nachfrage nach Verschlüsselungsmaschinen deutlich an und Hagelins Firma erlebte ihren ersten großen Boom.

Die Hag

Nachdem Hagelin in den dreißiger Jahren seine Maschinen mehrfach in den USA angeboten hatte, plante er 1940 erneut eine Reise dorthin. Inzwischen hatte jedoch der Zweite Weltkrieg begonnen, weshalb von Schweden aus keine Schiffe mehr in die USA fuhren. Hagelin reiste daher quer durch Europa nach Genua und nahm das letzte Schiff vor dem Kriegseintritt Italiens über den Atlantik. Im Gepäck hatte er zwei in ihre Einzelteile zerlegten Stangenrad-Maschinen vom Typ C-36. In den Vereinigten Staaten konnte Hagelin schnell 50 Testexemplare an die Regierung verkaufen und witterte nun einen Großauftrag. Die politische Lage und die anstehenden Geschäfte veranlassten Hagelin dazu, vorläufig in den USA zu bleiben.

Hagelin verkaufte Maschinen in den USA

Die USA waren zu diesem Zeitpunkt zwar noch nicht in den Krieg verwickelt, doch angesichts der Vorgänge in Europa rüstete man auf und benötigte dabei auch dringend Verschlüsselungsgeräte. So erhielt Hagelin tatsächlich die gewünschte Großbestellung, die die Produktion der benötigten Maschinen in den USA beim Schreibmaschinenhersteller Smith-Corona vorsah. Dort liefen in den Folgejahren 140.000 seiner Geräte vom Band. Dabei handelte es sich um leicht modifizierte C-36-Geräte, die von den Amerikanern M-209 oder auch schlicht »Hag« genannt wurden (Abb. 2.12-4, Abb. 2.12-5).

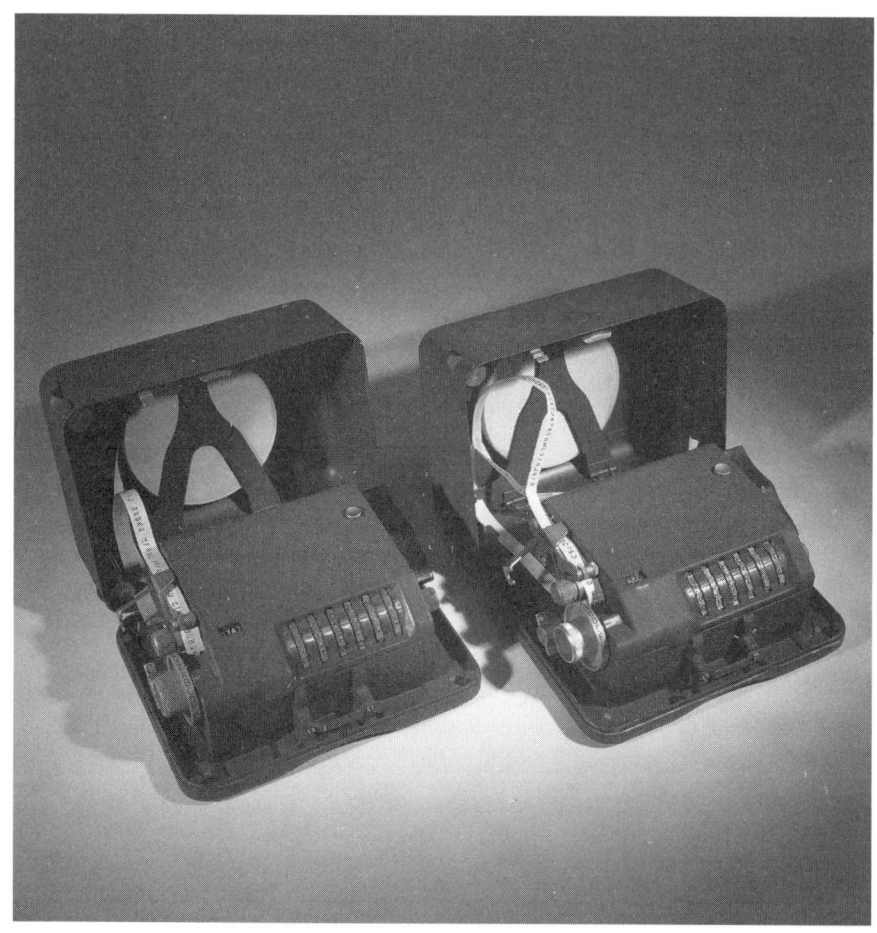

Abb. 2.12-4: Die M-209 wurde von den USA im Zweiten Weltkrieg einge-
setzt. Die Deutschen schafften es, sie zu knacken, wobei ihnen der Leicht-
sinn der amerikanischen Bediener zu Hilfe kam (als Farbfoto im Anhang).

Die
Hitlermühle
hatte ein
Stangenrad

Trotz Hagelins Abwesenheit konnte die A. B. Cryptoteknik auch von Schweden aus zahlreiche Verschlüsselungsmaschinen verkaufen. Dabei entwickelte sich insbesondere die C-38 zum Verkaufsschlager, der beispielsweise an staatliche

Abb. 2.12-5: Auf dieser Abbildung der M-209 ist das für Hagelin-Maschinen typische Stangenrad zu erkennen.

Stellen in Frankreich, Italien und Finnland geliefert wurde. Auch in Deutschland ließ man sich von Hagelins Technik beeinflussen, und so wurde ab 1941 in den Wanderer-Werken in Chemnitz eine vergleichbare Maschine gebaut. Diese wurde als »Schlüsselgerät 41« bezeichnet und oftmals »Hitlermühle« genannt (siehe Abschnitt »Hitlers letzte Maschinen« (S. 163)). In der Krypto-Literatur wird dieses Gerät, von dem etwa 500 Exemplare hergestellt wurden, fälschlicherweise auch als »C-41« bezeichnet, was verbirgt, dass Hagelin am Schlüsselgerät 41 nichts verdiente. Doch er konnte es verschmerzen: Als Hagelin 1944 nach Schweden zurückkehrte, war er Millionär.

Später schrieb Boris Hagelin in seinen Lebenserinnerungen: »Die C-Maschine war für taktische Zwecke geplant, also beispielsweise für den Einsatz an der Front« (Abb. 2.12-6). Er wusste also, dass seine Stangenrad-Maschinen zwar praktikabel waren, dafür aber keine optimale Sicherheit boten. Im Standardwerk zur Technik von Verschlüsselungsmaschinen von Deavours und Kruh ist daher auch von mehreren Dechiffrier-Erfolgen die Rede /Deavours 85/: So entschlüsselten die Amerikaner die Nachrichten der Schweden, Finnen und Norweger, während die Briten die Botschaften der Italiener und Amerikaner lasen. Inzwischen ist auch bekannt, dass die Deutschen im Zweiten Weltkrieg die M-209-verschlüsselten Nachrichten der Amerikaner knacken konnten. Alle in diesem Zusammenhang bekannten Dechiffrier-Methoden funktionierten jedoch nur, wenn der Gegner die Maschinen nicht korrekt einsetzte, also beispielsweise den Schlüssel nicht oft genug wechselte. Offensichtlich gab es jedoch in allen genannten Staaten genügend Fälle, in denen solche Fehler gemacht wurden.

Erfolg auch in Friedenszeiten

Hagelin blieb auch nach 1945 erfolgreich

Als 1945 der Zweite Weltkrieg endete, ging Boris Hagelin davon aus, dass mit Verschlüsselungsmaschinen nun kein Geld mehr zu verdienen war. Doch er hatte Unrecht. Auch und gerade im Kalten Krieg gab es genügend Staaten, die den Nachrichtenaustausch in Militär und Diplomatie schützen wollten und dazu die von Hagelin hergestellten Maschinen kauften. Kleinere Nationen, die sich eine eigene Herstellung von Chiffriergeräten nicht leisten konnten, hatten meist gar

Abb. 2.12-6: Ein US-Soldat im Zweiten Weltkrieg mit einer M-209.

keine andere Wahl, als sich bei Hagelin oder einem seiner wenigen Konkurrenten einzudecken.

Da es sich bei Verschlüsselungsmaschinen um Rüstungsgüter handelt, konnte Hagelin seine Geräte jedoch nach schwedischem Recht nicht nach Belieben exportieren. Um solchen Problemen aus dem Weg zu gehen, beschloss der inzwischen 56-jährige Schwede im Jahr 1948, seine Firma in die Schweiz zu verlegen, wo er sich die Stadt Zug als neuen Standort aussuchte. 1952 gründete er dort die Crypto AG, die zunächst nur die Konstruktion, im Lauf der Zeit aber auch die Fertigung der Hagelin-Maschinen übernahm. 1958 wurde die A. B. Cryptoteknik in Schweden geschlossen.

Hagelin entwickelte seine Maschinen ständig weiter und machte sie dabei benutzungsfreundlicher und sicherer. Nach der M-209 wurde nach heutigem Wissensstand keine Hagelin-Maschine mehr geknackt. Ihren Höhepunkt fand die von Hagelin erfundene Stangenradtechnik mit der 1952 entstandenen Maschine **C-52**, die mit sechs unregelmäßig gezahnten Rädern und 32 Stangen ein hohes Maß an Sicherheit bot und auch mit der heute verfügbaren Computer-Technik nicht zu knacken gewesen wäre. Etwa 50 Staaten orderten Geräte dieses Typs. Mit Stangenrädern arbeiteten auch die ebenfalls in den fünfziger Jahren entstandenen Maschinen T-52 und T-55, die zur Verschlüsselung von Fernschreiben dienten. Bei der Entwicklung dieser Geräte arbeitete Hagelin einige Zeit mit dem Schweizer Ingenieur Edgar Gretener zusammen, der sich mit seiner Firma Gretag zu einem der wichtigsten Konkurrenten der Crypto AG entwickelte. Unter dem Namen **HX-63** (Abb. 2.12-7) brachte Hagelin außerdem eine Rotor-Verschlüsselungsmaschine auf den Markt, während einige andere seiner Geräte das One-Time-Pad-Prinzip nutzten.

1983 starb Boris Hagelin im Alter von 91 Jahren. Er war bis zu seinem Tod für die Crypto AG aktiv, die drei Jahre später mit einer Belegschaft von 380 Mitarbeitern ihren Höhepunkt bezüglich der Firmengröße erlebte. Inzwischen hatte in Zug längst das Zeitalter der Verschlüsselung mit dem Computer Einzug gehalten, was das Produktportfolio der Crypto AG grundlegend veränderte. Heute ist das Unternehmen ein führender Hersteller von Verschlüsselungs-Hardware und -Software, das mit 230 Angestellten staatliche Stellen und Großunternehmen in aller Welt beliefert.

Ein Billiganbieter ist Hagelins Firma nie gewesen. Daher mussten die Kunden oft zwischen 30.000 und 50.000 Dollar für die komplette Installation einer Verschlüsselungsmaschine auf den Tisch blättern. Wenn sich ein Interessent darüber beklagte, antwortete Hagelin lapidar: »Haben Sie noch nie eine Nachricht übertragen, die wesentlich mehr wert ist?«

Abb. 2.12-7: Die HX-63 der Crypto AG zählte zu den Rotor-Verschlüsselungsmaschinen der zweiten Generation.

B-21 Schwedische Verschlüsselungsmaschine aus den dreißiger Jahren. Sie wurde von Boris Hagelin entwickelt.
B-211 Schwedische Verschlüsselungsmaschine aus den dreißiger Jahren, Weiterentwicklung der B-21. Die B-211 wurde von Frankreich in Auftrag gegeben, dort gebaut und genutzt.

C-35 Schwedische Verschlüsselungsmaschine von Boris Hagelin aus den dreißiger Jahren. Arbeitete wie zahlreiche andere Hagelin-Maschinen nach dem Stangenrad-Prinzip.
C-52 Schwedische Verschlüsselungsmaschine aus dem Jahr 1952. Mit der C-52 erreichte die von Boris Hagelin entwickelte Stangenrad-Technik ihren Höhepunkt.

Glossar

2.13   Box: So funktionierte eine C-Maschine von Hagelin

Boris Hagelin entwickelte in seinem Unternehmen zahlreiche Verschlüsselungsmaschinen unterschiedlicher Bauart. Die bekanntesten davon trugen Namen wie C-35, C-38 oder C-52 und basierten alle auf dem gleichen Funktionsprinzip. Man bezeichnet sie auch als »C-Maschinen«.

Die C-Maschinen arbeiteten mit unregelmäßig gezahnten Rädern

Abb. 2.13-1 zeigt eine vereinfachte C-Maschine. Sie besteht aus zwei unregelmäßig gezahnten Rädern, zwei Stangenrädern und einem Buchstabenrad, das zur Vereinfachung lediglich mit den Buchstaben A bis H markiert ist. Die Stangenräder sind auf der gleichen Achse angebracht und drehen sich immer synchron. Die unregelmäßig gezahnten Räder besitzen sechs bzw. fünf Zahnpositionen, wobei sich an jeder Position ein Zahn aktivieren oder deaktivieren lässt. Diejenige Zahnposition eines Rads, die mit dem rechts daneben stehenden Stangenrad verbunden ist, wird als »aktive Position« bezeichnet. Das Buchstabenrad hat eine Eingabe- und eine Ausgabeposition.

Das Buchstabenrad gibt einen Buchstaben aus

Die Verschlüsselung eines Buchstabens hat folgenden Ablauf:

1 Der Bediener gibt über eine Tastatur einen Buchstaben ein, beispielsweise ein C.
2 Das Buchstabenrad dreht sich so lange, bis das C an der Eingabeposition steht.
3 Die beiden unregelmäßig gezahnten Räder drehen sich um jeweils eine Zahnposition.
4 Das obere Stangenrad dreht sich um 360 Grad. Ist der Zahn in der aktiven Position des nebenstehenden unregelmäßig gezahnten Rad nicht aktiviert, dann bleibt die Drehung ohne Folgen. Ist er jedoch aktiviert, dann veranlasst jeder aktive Zahn des Stangenrads das Buch-

stabenrad zu einer Drehung um eine Einheit. In der Abbildung befindet sich ein aktivierter Zahn in der aktiven Position, weshalb sich das Buchstabenrad um drei Einheiten dreht. Das F ist nun in der Eingabeposition.

5 Gleichzeitig mit dem oberen Stangenrad dreht sich auch das untere um ebenfalls 360 Grad. Auch hier veranlasst ein aktivierter Zahn des unregelmäßig gezahnten Rads eine Drehung des Buchstabenrads um so viele Einheiten wie das Stangenrad aktivierte Zähne hat. Der Zahn in der aktiven Zahnposition ist jedoch im Beispiel nicht aktiviert, weshalb diese Drehung ohne Folgen bleibt. Das F bleibt in der Eingabeposition.

6 Der Verschlüsselungsvorgang ist nun abgeschlossen. Das B, das in der Ausgabeposition steht, ist das Resultat und wird über einen Drucker ausgegeben.

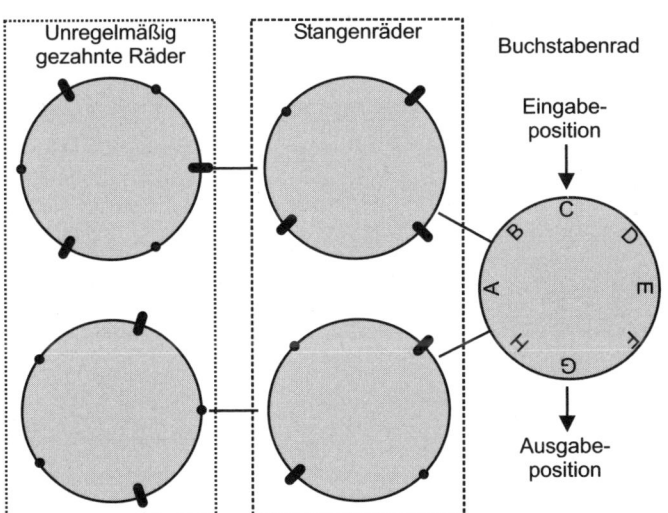

Abb. 2.13-1: Einfache Variante einer C-Maschine von Hagelin. Die beiden Stangenräder befinden sich auf einer Achse und drehen sich bei jeder Buchstabeneingabe gleichzeitig um 360 Grad.

Die C-35 hatte fünf unregelmäßig gezahnte Räder

Die erste Hagelin-Maschine, die nach diesem Prinzip arbeitete, war die C-35. Diese war mit fünf unregelmäßig gezahnten Rädern ausgestattet, wobei die Anzahl der Zahnpositionen 25, 23, 21, 19 und 17 betrug. Das Buchstabenrad war in 52 Einheiten aufgeteilt und enthielt jeden Buchstaben des Alphabets doppelt. Im Gegensatz zu dem in der Abbildung gezeigten Schema hatte die C-35 nur ein Stangenrad (es hatte 25 Positionen). Dieses war jedoch so breit, dass es fünf nebeneinander auf einer Achse aufgehängte Räder ersetzte, wobei ein aktivierter Zahn einem auf dem Rad angebrachten Reiter entsprach. Die Zahl der Reiter war nicht veränderbar und betrug 10 für das erste Rad, 8 für das zweite, 4 für das dritte, 2 für das vierte und 1 für das fünfte.

Die Bezeichnung »Stangenrad« ergibt sich aus dem Aufbau dieses Bauteils. Es besteht aus zwei Scheiben, die mit einer Stange pro Position verbunden sind. Das Stangenrad, das beim Betrachten des Innenlebens eines solchen Geräts leicht zu erkennen ist, ist zum Markenzeichen der Hagelin-Verschlüsselungsmaschinen geworden. Bei allen Nachfolgern der C-35 ist dieses Bauteil ebenfalls vorhanden. Auch ansonsten blieb die Mechanik bei späteren C-Maschinen gleich, wobei jedoch die Anzahl und die Zahl der Zahnpositionen der Räder anstieg. So kamen bei der C-52 beispielsweise sechs unregelmäßig gezahnte Räder und ein Stangenrad mit 32 Positionen zum Einsatz.

Die Anfangsstellung änderte sich mit jeder Nachricht

Der Schlüssel einer C-Maschine setzte sich aus der Zahnung der Räder, deren Anfangsstellung und der Position der Reiter zusammen. Meist blieben Zahnung und Reiterposition für einen Tag lang konstant, und nur die Anfangsstellung änderte sich mit jeder verschlüsselten Nachricht.

2.14 Windtalkers

Einer der größten Erfolge des Zeitalters der Verschlüsselungsmaschinen basierte weder auf außergewöhnlicher Technik noch auf ausgetüftelten Verfahren. Stattdessen erwies sich eine simple Methode als ausgesprochen wirkungsvoll zur Verschlüsselung von Sprachdaten: das Übersetzen in eine exotische Fremdsprache. Mit diesem Trick wurde im Zweiten Weltkrieg ein ungewöhnliches Stück Kryptologie-Geschichte geschrieben, das angesichts der zu dieser Zeit dominierenden maschinellen Verschlüsselung ein echtes Kuriosum darstellt.

Die Choctaw-Code-Sprecher

Von den zahlreichen geknackten Verschlüsselungsverfahren des Ersten Weltkriegs war bereits in Abschnitt »Ein Weltkrieg der geheimen Zeichen« (S. 24) die Rede. Als die USA 1917 dem Krieg beitraten und Truppen nach Europa schickten, fehlte auch ihnen die Möglichkeit zur sicheren Verschlüsselung an der Front, was immer wieder zu Verlusten an Mensch und Material führte. Mit diesem Handicap gingen die Amerikaner im September 1918 in die Meuse-Argonne-Offensive gegen die Deutschen, die zur letzten Schlacht des Ersten Weltkriegs werden sollte.

Den USA fehlten im Ersten Weltkrieg sichere Verschlüsselungsverfahren

Im Oktober, während die Offensive bereits in vollem Gange war und die Amerikaner auf heftigen deutschen Widerstand stießen, hörte ein amerikanischer Befehlshaber namens Captain Lawrence (sein Vorname ist den einschlägigen Quellen nicht zu entnehmen), wie sich zwei seiner Soldaten in einer ihm unbekannten Sprache unterhielten. Bei den beiden Soldaten handelte es sich um Indianer vom Stamm der Choctaw. Lawrence kam spontan auf die Idee, deren Sprache zur Verschlüsselung zu nutzen.

Lawrence ließ überprüfen, wie viele Choctaws mit entsprechenden Sprachkenntnissen in seinem Bataillon zur Verfügung standen. Es waren acht. Da zwei davon an einem anderen Standort stationiert waren, konnte Lawrence seine Idee gleich testen: Er ließ eine Nachricht von zwei Choctaws in deren Sprache übersetzen und sie per Feldtelefon an ihre Stammesgenossen übermitteln. Diese übertrugen die Mitteilung zurück ins Englische und gaben sie an ihre Kollegen weiter. Das Verfahren funktionierte.

Die Choctaws arbeiteten als Code-Sprecher

Bereits zwei Tage nachdem Lawrence auf die Idee gekommen war, mussten sich die acht Choctaws in seinem Bataillon in der Praxis bewähren. Sie wurden auf verschiedene Standorte verteilt und übernahmen als so genannte »Code-Sprecher« die Verschlüsselung von Nachrichten, die per Sprechfunk, Telefon oder Kurier übertragen wurden. Zunächst gab es noch Probleme, weil in der Choctaw-Sprache keine Wörter für Begriffe wie »Maschinengewehr« oder »Artillerie« existierten. Die Indianer wussten sich jedoch zu helfen, indem sie Wortkombinationen wie »kleines Gewehr, das schnell schießt« (Maschinengewehr) oder »großes Gewehr« (Artillerie) einführten. Die Choctaw-Verschlüsselung verfehlte ihre Wirkung nicht: Die Deutschen waren nicht in der Lage, sie zu dechiffrieren.

Glaubt man den diversen Quellen zu den Choctaw-Code-Sprechern, die sich jedoch hauptsächlich auf die Erinnerungen eines der beteiligten Indianer stützen, dann trug die neuartige Verschlüsselung dazu bei, dass die Amerikaner die Meuse-Argonne-Offensive siegreich gestalten und den Krieg damit beenden konnten. In den Geschichtsbüchern wurde diese Episode jedoch zunächst nicht erwähnt. Erst 60 Jahre später, als das Interesse an der Geschichte der Kryptologie langsam erwachte, gelangten die Vorgänge aus den letzten Kriegstagen wieder ins Blickfeld der Öffentlichkeit. Zu diesem Zeitpunkt war nur noch einer der acht Choctaw-Code-Sprecher am Leben. Dessen Erinnerungen wurden zur wichtigsten Quelle über diese interessante Fußnote der Kryptologie-Geschichte.

Die Navajo-Code-Sprecher

Im Zweiten Weltkrieg waren an die Stelle der unsicheren Hand-Verfahren längst Verschlüsselungsmaschinen getreten, die den Dechiffrierern die Arbeit deutlich erschwerten. Der Umgang mit diesen Geräten erwies sich jedoch in vielen Fällen als recht unhandlich, zumal die damalige Mechanik noch längst nicht die Perfektion späterer Jahre erreicht hatte. Zu den Folgen dieser Tatsache gehörten die in diesem Buch bereits mehrfach erwähnten Schlampereien im Umgang mit Verschlüsselungsgeräten, die den Dechiffrierern regelmäßig wichtige Ansatzpunkte lieferten. Oft ging der Leichtsinn sogar noch weiter: Wenn Gefahr im Verzug war, machte sich so mancher Funker erst gar nicht die Mühe, eine Maschine anzuwenden und schickte seinen Nachrichten stattdessen unverschlüsselt an den Empfänger.

Verschlüsselungsmaschinen waren oft unpraktikabel

Angesichts dieses Problems erinnerte man sich beim US-Militär an die Choctaw-Code-Sprecher. Es sind mehrere Vorhaben belegt, in denen es um den Einsatz von Indianersprachen zur Verschlüsselung ging, doch das mit Abstand bedeutendste Projekt rief der Ingenieur Philip Johnston ins Leben. Johnston, der als Ingenieur für die Stadt Los Angeles arbeitete, war als Sohn eines Missionars in den Reservaten der Navajo-Indianer aufgewachsen und sprach daher deren Sprache. Er wusste, dass diese für Außenstehende völlig unverständlich klang. Nach dem Angriff der Japaner auf Pearl Harbor im Jahr 1942 kam Johnston auf die Idee, die Navajo-Sprache zur Verschlüsselung einzusetzen. Obwohl er nicht dem Militär angehörte und mit seinen über 50 Jahren auch nicht mehr eingezogen wurde, setzte Johnson alles daran, seine ungewöhnliche Idee in die Praxis umzusetzen. Er sprach bei mehreren Stellen beim US-Militär vor, doch zunächst konnte sich niemand für die Indianerverschlüsselung begeistern. Diese Ablehnung hatte gute Gründe: In den Jahrzehnten zuvor hatten sich mehrere deutsche Linguisten – diese hatten zu dieser Zeit Weltruf – mit der Sprache und der Kultur verschiedener Indianerstämme beschäftigt. Die Amerikaner mussten also damit rechnen, dass die Deutschen – und damit auch ihre Verbündeten – indianische Funksprüche übersetzen konnten.

Im Pazifikkrieg standen zunächst keine Maschinen zur Verfügung

Doch die Amerikaner hatten zu diesem Zeitpunkt ein echtes Problem. Im Pazifikkrieg, der auf den Pearl-Harbor-Angriff folgte, standen ihnen zunächst noch keine Verschlüsselungsmaschinen zur Verfügung, weshalb die US-Funker im Kampf gegen Japan noch die so genannte »Shackle-Chiffre« einsetzten. Dieses Handverfahren galt zwar als vergleichsweise sicher, doch es war ausgesprochen umständlich in der Handhabung. Die Übertragung einer längeren Nachricht inklusive Ver- und Entschlüsselung konnte mehrere Stunden in Anspruch nehmen.

Angesichts dieser misslichen Lage konnte Johnston schließlich doch einen Marine-Offizier dazu gewinnen, die Möglichkeit einer Navajo-Verschlüsselung zu prüfen. Vor einigen Fernmelde-Experten der Marine präsentierte er seine Idee. Dazu brachte er zwei Navajos mit, die im Rahmen eines Tests verschiedene Funksprüche in ihrer Sprache austauschten. Einer der beiden erhielt dabei jeweils eine Nachricht in englischer Sprache, die er übersetzen musste, während der andere für die Übertragung zurück ins Englische zuständig war. Die Übertragung der Nachrichten war nicht fehlerfrei. So wurde beispielsweise aus der Aufforderung »Starten Sie den Rückzug heute um 20 Uhr« die Mitteilung »Wir starten den Rückzug um 20 Uhr«. Dennoch erkannten die

Fernmelde-Experten das Potenzial dieser Art der Verschlüsselung.

Johnston wies außerdem darauf hin, dass die Navajos zu den Stämmen gehörten, mit denen sich ausländische Wissenschaftler noch nicht beschäftigt hatten. Darüber hinaus kannte die Navajo-Kultur keine Schrift, weshalb auch keine schriftlichen Aufzeichnungen kursierten, die Linguisten hätten verwerten können. Der Navajo-Code war also offensichtlich nicht so einfach zu knacken. Diese Argumente überzeugten die US-Marine, und so erhielt Johnston einen Posten mit dem Auftrag, ein Pilotprojekt zum Einsatz der Navajo-Verschlüsselung zu starten. Die »Navajo-Code-Sprecher« waren geboren.

Mit den Navajos hatten sich noch keine Linguisten beschäftigt

Vögel und Schildkröten

Im ersten Schritt galt es für Johnston, Navajos in ausreichender Zahl zu rekrutieren. Im Mai 1942 startete er mit Hilfe des Stammesrats einen Aufruf, dem mehrere Hundert Meldungen folgten. Die Navajos gehörten damals wie heute zu den benachteiligten Bevölkerungsgruppen in den USA, und so sahen viele von ihnen eine Militärkarriere als willkommene Gelegenheit für den gesellschaftlichen Aufstieg. So konnte Johnston schließlich 29 hochmotivierte Navajos verpflichten, die in Camp Elliot bei San Diego ausgebildet wurden.

Die rekrutierten Navajos erhielten zunächst eine Ausbildung im Umgang mit der damals üblichen Funktechnik. Darüber hinaus galt es nun, Bezeichnungen für Begriffe zu finden, die in der Navajo-Sprache nicht vorkamen. So legten die angehenden Code-Sprecher zusammen mit ihren Ausbildern fest, dass ein Panzer als »Schildkröte«, ein Zerstörer als »Hai« und ein Flugzeug als »Vogel« bezeichnet wurde. Andere Begriffe wurden auf Silbenbasis übersetzt: So wurde

Die Navajos wurden zunächst ausgebildet

beispielsweise aus dem englischen Wort »deliver« (ausliefern) die Kombination »deer liver« (Hirsch Leber), die sich besser in die Navajo-Sprache übersetzen ließ.

So kam ein Wörterbuch mit über 250 Einträgen zusammen, das später noch deutlich wuchs. Darüber hinaus legten die Navajos ein Buchstabier-Alphabet fest, um auch Namen und geografische Begriffe übermitteln zu können, ohne die verräterischen Wörter aussprechen zu müssen. Der Navajo-Code war also nicht nur eine einfache Übersetzung in eine Fremdsprache, sondern zusätzlich auch ein Wörter-Code. Auch jemand, der die Sprache verstand, konnte mit den Funksprüchen zunächst nicht viel anfangen.

Die Navajo-Sprache wurde nicht geschrieben

Alle Bestandteile des Codes mussten die Navajo-Code-Sprecher auswendig lernen, da es aus Sicherheitsgründen im Feld keine schriftlichen Unterlagen zum Navajo-Code geben sollte. Dabei kam den Indianern entgegen, dass ihre Sprache nicht geschrieben wurde, denn dadurch waren sie das Memorieren von Informationen gewohnt. Von den 29 im ersten Schritt rekrutierten Navajos schafften es alle, die Ausbildung erfolgreich abzuschließen.

Im Einsatz

Im September 1942 wurden 27 der 29 ausgebildeten Code-Sprecher zum ersten Kriegseinsatz in den Pazifik geschickt. Die zwei verbleibenden Navajos halfen bei der Ausbildung weiterer Stammesgenossen. Der erste Einsatzort der Navajo-Code-Sprecher war die Insel Guadalcanal, wo heftige Kämpfe zwischen den Japanern und den US-Amerikanern im Gange waren. Der für die Feldkommunikation zuständige Offizier konnte die Fähigkeiten der Navajos jedoch noch nicht richtig einschätzen und führte daher einen weiteren Test durch. Für eine auf herkömmliche Weise verschlüsselte Nachrichtenübertragung benötigten die Funker im Pazifik damals vier Stunden. Dies mussten die Navajos unterbieten. Dies erwies sich für die Code-Sprecher als Kinderspiel: Sie schafften es in gerade einmal 2 ½ Minuten, einen Text zu verschlüsseln, zu übertragen und zu entschlüsseln, ohne dass sich ein Fehler in die Nachricht einschlich. Der Offizier war überzeugt.

Die Navajo-Code-Sprecher wurden nun zu einer wichtigen Stütze des US-Militärs im Pazifikkrieg. Bis Kriegsende kamen über 400 von ihnen zum Einsatz, bei allen wichtigen Schlachten gegen die Japaner spielten sie eine Rolle. Als größte Leistung der Navajo-Code-Sprecher gilt ihre Arbeit während des Kampfs um die Insel Iwo Jima im Jahr 1945. Im Laufe dieser Schlacht betrieben die US-Truppen sechs Navajo-Funkverbindungen parallel, wobei diese innerhalb von 48 Stunden 800 Nachrichten fehlerfrei übermittelten. Auch bei der Einnahme des Bergs Suribachi spielten die Navajos eine Rolle. Während das berühmte Foto entstand, auf dem ein paar US-Soldaten gemeinsam eine Fahne auf dem Gipfel des Bergs aufrichten, meldeten die Navajo-Code-Sprecher den Erfolg verschlüsselt in ihre Heimat.

Die Navajos spielten eine wichtige Rolle im Pazifikkrieg

Als 1945 mit dem Abwurf der beiden ersten Atombomben der Zweite Weltkrieg im Pazifik zuende ging, wurden die Navajo-Code-Sprecher nicht mehr benötigt. Sie konnten daher zu ihren Familien in die USA zurückkehren. Das US-Militär hielt die Details im Zusammenhang mit dem Navajo-Code jedoch zunächst geheim, um bei Bedarf wieder darauf zurückgreifen zu können. So nahm in den folgenden Jahrzehnten kaum jemand von dieser interessanten Geschichte Notiz. Erst in den sechziger Jahren, als man sich beim US-Militär keinen Nutzen mehr davon versprach, gelangte die Geschichte der Navajo-Code-Sprecher an die Öffentlichkeit.

Nur wenige
Verschlüsse-
lungsexperten
haben sich mit
dem Navajo-
Code
beschäftigt

Obwohl inzwischen einiges über die Navajo-Code-Sprecher veröffentlicht worden ist, haben sich bisher erst wenige Verschlüsselungsexperten mit diesem Thema beschäftigt. Dies liegt wohl auch daran, dass der Navajo-Code mit keinem anderen Verschlüsselungsverfahren zu vergleichen ist. Der Erfolg gibt dem US-Militär jedoch recht: Dem heutigen Wissensstand zufolge gehört der Navajo-Code zu den wenigen Verschlüsselungsmethoden des Zweiten Weltkriegs, die nicht geknackt worden sind. Außerdem erwiesen sich die Indianer im Vergleich zu den damaligen Maschinen und Hand-Verfahren als deutlich schneller.

Es ist jedoch auch klar, dass der Navajo-Code erhebliche Schwächen hatte. So hätte schon ein in Gefangenschaft geratener Code-Sprecher das gesamte System zum Einsturz gebracht. Auch die Tatsache, dass der Navajo-Stamm seinerzeit etwa 50.000 Mitglieder hatte, bedeutete ein erhebliches Sicherheitsrisiko, denn schon ein einziger Kollaborateur hätte die Japaner auf die richtige Spur bringen können. Offensichtlich geschah so etwas jedoch nicht, und so tappten die Japaner im Dunkeln. Dabei erwies sich die Navajo-Sprache als Glücksfall, denn es handelt sich dabei um ein Idiom mit einer Vielzahl unterschiedlicher Laute, von denen viele im Japanischen nicht vorkommen. Die japanischen Kryptologie-Experten schafften es daher nicht einmal, die diversen Laute zuverlässig voneinander zu unterscheiden, geschweige denn sie zu verstehen.

17 Indianerstämme

Code-Sprecher
gab es auch aus
anderen
Stämmen

Als in den Sechzigern die Öffentlichkeit von den Navajo-Code-Sprechern erfuhr, wurde nach und nach auch bekannt, dass es im Zweiten Weltkrieg noch zahlreiche weitere Indianer-Codes gab. Angehörige von mindestens 17 Stämmen trugen mit ihren Sprachkenntnissen dazu bei, dass die Kriegsgegner amerikanische Nachrichten nicht verstehen konnten. In vielen Fällen entstand die Idee, indianische Code-Sprecher einzusetzen, spontan und wurde ohne größere Vorbereitung in die Praxis umgesetzt. Neben den Navajos kamen unter anderem auch Cheyenne, Sioux und Komanschen zum Einsatz. Letztere spielten 1944 bei der Invasion der Alliierten in der Normandie eine Rolle, wobei die Deutschen ihre Funksprüche offensichtlich nicht entschlüsseln konnten. Die Arbeit der Code-Sprecher erwies sich in vielen Fällen als so effektiv, dass Indianer mit entsprechenden Sprachkenntnissen zu einer knappen Ressource wurden und teilweise bis zur Erschöpfung Dienst schieben mussten.

Die Leistungen der Code-Sprecher im Ersten und Zweiten Weltkrieg erfuhren zwar erst spät eine Würdigung, doch immerhin erfolgte diese schließlich von höchster Stelle. Im Jahr 2001 verabschiedete der US-Kongress den »Honoring the Navajo Code Talkers Act«, der den Navajo-Code-Sprechern eine offizielle staatliche Anerkennung zukommen ließ. Ein Jahr später folgte der »Code Talkers Recognition Act«, der nun auch die Code-Sprecher anderer Stämme ehrte /Kahn et al. 02/. Im gleichen Jahr wurde den Navajos eine weitere Ehre zuteil: Im Hollywood-Film »Windtalkers« mit Nicholas Cage stehen Navajo-Code-Sprecher im Mittelpunkt.

2.15 Hitlers letzte Maschinen

Klaus Kopacz ist Experte für Verschlüsselungsmaschinen. Der Stuttgarter sammelt derartige Geräte, recherchiert in Archiven und pflegt Kontakte zu Gesinnungsgenossen in der ganzen Welt. Durch das einzigartige Wissen, das sich Kopacz über Enigma und Co. aufgebaut hat, ist er einer der wenigen, die über ein Thema Auskunft geben können, mit dem sich Krypto-Historiker bisher nur am Rande beschäftigt haben: deutsche Verschlüsselungsmaschinen, die in den Wirren des Zweiten Weltkriegs entstanden sind, aber nicht mehr in größerem Umfang zum Einsatz kamen.

Vergessene Maschinen

Klaus Kopacz ist einer der führenden Experten für Verschlüsselungsmaschinen. Er weiß zahlreiche Details über die weniger bekannten deutschen Maschinen aus dem Zweiten Weltkrieg.

Zur Verschlüsselung setzten die Deutschen im Zweiten Weltkrieg vor allem die Enigma, die Lorenz-Maschine und den Geheimschreiber T52 ein (Abschnitt »Die Enigma« (S. 63), Abschnitt »Colossus gegen die Lorenz-Maschine« (S. 124) und Abschnitt »Der Geheimschreiber« (S. 109). Darüber hinaus gab es jedoch eine Reihe weiterer Geräte, die ab 1939 entstanden und mit denen die Nazis ihre im Kriegseinsatz befindlichen Verschlüsselungsmaschinen ersetzen wollten. Keines dieser Geräte kam rechtzeitig, um auf den Verlauf des Kriegs noch einen nennenswerten Einfluss zu nehmen, doch schon allein die Technik machte Hitlers letzte Maschinen zu äußerst interessanten Objekten. Trotz schlechter Bedingungen gelang es deutschen Ingenieuren damals, Verschlüsselungsgeräte zu entwickeln, die zu den besten ihrer Zeit gehörten. Der Zweite Weltkrieg wäre zweifellos anders verlaufen, hätten die Nazis schon früher für eine Umstellung auf die neue Technik gesorgt.

Schon allein die Beweggründe für die Entwicklung der neuen Verschlüsselungsmaschinen sind durchaus bemerkenswert. So lassen Pläne, die auf eine allmähliche Ablösung der Enigma hinzielten, den Schluss zu, dass Hitlers Verschlüsselungsexperten etwas von den Schwächen ihrer wichtigsten Maschine geahnt haben. Die lange Jahre als Lehrmeinung geltende Ansicht, Hitlers Helfer seien den Sicherheitslücken der Enigma völlig blauäugig gegenüber gestanden, hat sich auch durch diesen Sachverhalt als falsch erwiesen.

Leider ist die Quellenlage in Bezug auf Hitlers letzte Verschlüsselungsmaschinen ausgesprochen schlecht. Viele Un-

terlagen, die Hinweise auf die geheimen Maschinenentwick-
lungen enthielten, wurden bei Kriegsende vernichtet oder
sind in den folgenden Jahrzehnten verloren gegangen. Personen, die an der Herstellung der Geräte beteiligt waren
oder mit ihnen gearbeitet haben, waren in den Neunzi-
gern, als sich erstmals Krypto-Historiker damit beschäftigten, kaum noch aufzuspüren. Viele Details dieser spannenden Episode der Kryptologie-Geschichte werden sich daher
vermutlich nie klären lassen. Um nichts unversucht zu lassen, sei an dieser Stelle ein Aufruf gestartet: Falls ein Leser
über irgendwelche Informationen über die in diesem Kapitel beschriebenen Verschlüsselungsmaschinen verfügt und
bisher keinen Kontakt zu diesbezüglichen Experten hatte,
möge er bitte den Autor dieses Buchs kontaktieren (für weitere Informationen, siehe Abschnitt »Rätsel der Kryptologie-
Geschichte« (S. 339)).

Die Hitlermühle

Die bedeutendste unter Hitlers letzten Verschlüsselungsmaschinen war zweifellos das **Schlüsselgerät 41**, das auf
Grund einer daran angebrachten Kurbel auch als »Hitlermühle« bezeichnet wurde (Abb. 2.15-1). Das Schlüsselgerät 41, dessen Name auf einen Planungsbeginn im Jahr 1941
hindeutet, wurde von der Firma Wanderer in Chemnitz gebaut, die damals zu den führenden deutschen Herstellern
von Schreibmaschinen zählte. Ähnlich wie die Enigma war
auch das Schlüsselgerät 41 so konstruiert, dass eine Ver-
und eine Entschlüsselung identisch abliefen. Die Hitlermühle hatte jedoch keine Buchstabenlampen, sondern arbeitete mit zwei Papierstreifen. Der eine davon druckte die
eingegebene Buchstabenfolge aus, der andere das Ergebnis
des Ver- bzw. Entschlüsselungsvorgangs.

Abb. 2.15-1: Das Schlüsselgerät 41 der Firma Wanderer wurde auch »Hitlermühle« genannt. Hätten die Deutschen die unsichere Enigma früher durch dieses Gerät ersetzt, dann wäre der Zweite Weltkrieg anders verlaufen.

Von der Funktionsweise her ähnelte das Gerät jedoch nicht der Enigma, sondern den C-Maschinen der Firma Hagelin (siehe Abschnitt »Wie Boris Hagelin zum Millionär wurde« (S. 138)). Insbesondere kam dabei auch das Hagelin-typische Stangenrad zum Einsatz. Gerüchte besagen, dass die deutschen Ingenieure das Schlüsselgerät 41 mit einer im Vergleich zum Hagelin-Vorbild komplizierteren Verschlüsselungsmechanik ausstatteten, um die Sicherheit zu erhöhen. Bisher hat sich jedoch noch niemand die Mühe gemacht, diese Behauptung anhand der wenigen noch existierenden Exemplare zu überprüfen.

Mit dem Schlüsselgerät 41 wollten Hitlers Verschlüsselungsexperten offensichtlich die Enigma, die damals zu Zehntausenden im Feld eingesetzt wurde, ersetzen. Die Beweggründe für diesen geplanten Austausch sind nicht überliefert, doch die Umstände deuten darauf hin, dass die Nazi-Kryptologen der Sicherheit der Enigma nicht mehr trauten. Darüber hinaus trug aber sicher auch die einfachere Bedienbarkeit zur geplanten Ablösung bei. Von einem der am Bau der Hitlermühle beteiligten Experten ist ein vielsagendes Zitat überliefert. Es lautet: »Die Enigma ist tot.«

Die Hitlermühle sollte die Enigma ersetzen

Mitte 1944 bestellte das Oberkommando der Wehrmacht insgesamt 11.000 Exemplare des Schlüsselgeräts 41. Vermutlich handelte es sich dabei um eine kleinere Ausführung der Maschine, deren Produktion jedoch nie anlief. 2.000 weitere Hitlermühlen orderte der Wetterdienst, wobei es um eine Version ging, die statt Buchstaben nur die Zahlen von 0 bis 9 verschlüsselte. Trotz dieser Großbestellungen wurden jedoch nur etwa 500 Exemplare des Schlüsselgeräts 41 ausgeliefert, da die schlechte Versorgungslage in den letzten Kriegsjahren eine höhere Produktionsrate verhinderte. Die letzten Hitlermühlen wurden Ende 1944 hergestellt, als die Rote Armee bereits in Richtung Ostdeutschland marschierte. Die geplante Kleinausführung des Geräts sowie eine Variante mit Motor kamen dadurch nicht über das Versuchsstadium hinaus.

Obwohl das Schlüsselgerät 41 von Wanderer in den letzten Kriegsjahren noch zum Praxiseinsatz kam, ist nur wenig darüber bekannt. Die Informationen, die der Fachliteratur über diese Maschine zu entnehmen sind, füllen kaum mehr als eine halbe Buchseite. Einige weitere Details, die in diesem Kapitel genannt sind, stammen vom Verschlüsselungsmaschinen-Experten Klaus Kopacz, der auf der Suche nach Hintergründen zur Hitlermühle bereits mehrere Archive und verschiedene andere Quellen durchstöbert hat.

Die Hitlermühle wurde zu unrecht auch C-41 genannt

Bei seinen privaten Forschungen konnte Kopacz ein Missverständnis aufklären: Das Schlüsselgerät 41 wird in den wenigen existierenden Literaturstellen teilweise als Kopie einer Maschine von Boris Hagelin (siehe Abschnitt »Wie Boris Hagelin zum Millionär wurde« (S. 138)) dargestellt und als »C-41« bezeichnet. Diese Benennung entspräche der damaligen Namensgebung von Hagelins Firma. Kopacz fand jedoch keinen Hinweis darauf, dass die Hitlermühle von den Nutzern oder vom Hersteller jemals C-41 genannt wurde. Sie ist trotz aller Ähnlichkeiten auch keine originalgetreue Kopie eines Hagelin-Geräts.

Der Stuttgarter Verschlüsselungsmaschinen-Experte kennt auch eine Person, die noch zu Kriegszeiten mit dem Schlüsselgerät 41 gearbeitet hat. Dabei handelt es sich um einen über 80-jährigen Mann, der im Zweiten Weltkrieg für die Abwehr, also im Geheimdienstbereich, aktiv war. Bei der Abwehr wurde als Standardgerät zur Verschlüsselung eine der zahlreichen Varianten der Enigma (»Abwehr-Enigma«) eingesetzt, während die Hitlermühle nach Angaben des genannten Zeitzeugen meist ungenutzt herumstand. Darüber hinaus hat Kopacz trotz intensiver Suche bisher keine weitere Person aufgespürt, die das Schlüsselgerät 41 aus der Praxis kennt. Selbst in Chemnitz, dem damaligen Sitz der Wanderer-Werke, forschte er vergebens. 60 Jahre nach Kriegsende sind die Chancen darauf, doch noch Berichte aus erster Hand zu erhalten, auf ein Minimum gesunken.

Angesichts der schlechten Quellenlage können Krypto-Historiker auch weiterhin nur auf eine der wenigen Anekdoten verweisen, die im Zusammenhang mit dem Schlüsselgerät 41 überliefert ist. Diese trug sich in Norwegen zu, wo kurz nach Kriegsende eine Hitlermühle aufgefunden wurde, in der noch die letzte ausgedruckte Nachricht steckte. Sie lautete: DER FUEHRER IST TOT. DER KAMPF GEHT WEITER. DOENITZ. Der Funker hatte nach dem Entschlüsseln der Nachricht offensichtlich das Weite gesucht.

Die Siemens T43

Eine weitere deutsche Verschlüsselungsmaschine aus den letzten Jahren des Zweiten Weltkriegs, über die nur wenig bekannt ist, ist die **T43** der Firma Siemens & Halske (Abb. 2.15-2). Dieses Gerät gilt als Nachfolger des Geheimschreibers T52 (siehe Abschnitt »Der Geheimschreiber« (S. 109)), der ebenfalls von Siemens & Halske, einem Vorläufer des heutigen Siemens-Konzerns, stammte. Wie der Geheimschreiber diente auch die T43 der Verschlüsselung von Fernschreiben. Nach Ansicht von Experten wurden nur etwa 30 bis 50 dieser Maschinen gebaut und in den letzten Kriegsmonaten von den Deutschen auf höchster Ebene eingesetzt. Einzelne Exemplare sollen auch in Norwegen, Spanien und Südamerika zum Einsatz gekommen sein /Langer 01/.

Die T43 stammte von Siemens & Halske

Die T43 gehörte zu den ersten Maschinen, die nach dem Prinzip des One Time Pad arbeiteten (siehe Abschnitt »Würmer aus Zahlen« (S. 98)). Die für diese Funktionsweise notwendigen Zufallszahlen wurden dem Gerät in Form gelochter Streifen zugeführt. Da der One Time Pad das einzige bekannte Verfahren ist, das beweisbar sicher ist, war die T43 bei richtigem Einsatz nicht zu knacken. Dafür benötigte die Maschine jedoch große Mengen an zufällig gelochten Streifen, die nicht zweimal eingesetzt werden durften. Damit

Abb. 2.15-2: Eines der wenigen Bilder, das von der T43 erhalten geblieben ist. Vermutlich haben einige Exemplare den Krieg überlebt, doch sie gelten als verschollen.

kein Funker in Versuchung kam, lochte die T43 alle verarbeiteten Streifen und machte sie dadurch für eine Wiederverwendung unbrauchbar.

Kein einziges Exemplar der T43 ist erhalten geblieben

Bis heute ist die T43 ein seltsames Mysterium geblieben. Nach dem Krieg sorgte die TICOM-Kommission (siehe Abschnitt »Die unterschätzten deutschen Code-Knacker« (S. 177)) für den Abtransport von sechs Exemplaren in die USA und ließ gleichzeitig sechs deutsche Verschlüsselungsspezialisten dorthin bringen. Die in Norwegen eingesetzten Maschinen wurden ins britische Dechiffrier-Zentrum nach Bletchley Park verfrachtet. Verständlicherweise hielten die Alliierten dabei alle Informationen über die damals ultramoderne Maschine unter Verschluss.

Weniger verständlich ist jedoch, warum sich an dieser Geheimniskrämerei bis heute nichts geändert hat. Nach wie vor haben weder die Briten noch die Amerikaner auch nur die Existenz der T43 bestätigt, geschweige denn etwaige Exemplare öffentlich zugänglich gemacht. Da auch alle anderen Maschinen dieses Typs verschollen sind, gilt die T43 als eine Art Phantom der Krypto-Geschichte. Wer wissen will, wie die T43 aussah, muss sich mit den wenigen bekannten Bildern begnügen, die von ihr existieren. Diese stammen von dem langjährigen Siemens-Mitarbeiter Wolfgang Mache, der als bedeutendster Experte für Verschlüsselungsmaschinen aus dem Siemens-Umfeld gilt. Bereits mehrfach glaubten Hobby-Forscher, auf Exemplare einer T43 oder auf Bauteile davon gestoßen zu sein. Die von ihnen aufgefundenen Stücke gehörten jedoch allesamt zu anderen Maschinen.

Geheimnisvolle Prototypen

Neben der Hitlermühle und der T43 sind noch weitere deutsche Verschlüsselungsmaschinen aus den letzten Kriegsjahren belegt. Eine davon ist das **Schlüsselgerät 39**, zu dem es bisher so gut wie keine Veröffentlichungen gibt. Die wenigen hier aufgeführten Informationen stammen wiederum von dem Experten und Sammler Klaus Kopacz. Wie der Name andeutet, entstand das Schlüsselgerät 39, das meist als »SG 39« abgekürzt wurde, im Jahr 1939. Es wurde von der Firma Telefonbau und Normalzeit (T&N) hergestellt, deren Name später auf Telenorma verkürzt wurde und die im Bosch-Konzern aufging. An der Produktion des Geräts sollten zunächst auch die Wanderer-Werke in Chemnitz beteiligt werden, was jedoch nicht zustande kam. Beim Schlüsselgerät 39 handelte es sich um eine Rotor-Verschlüsselungsmaschine der zweiten Generation (siehe Abschnitt »Verdrahtete Rotoren« (S. 43)), bei der also die Fortschaltung der Rotoren auf unregelmäßige Weise erfolgte. Vermutlich sollte das

Über das Schlüsselgerät 39 ist kaum etwas bekannt

Gerät irgendwann die Enigma ablösen, doch es ging nie in Serie.

Kaum mehr bekannt ist über ein Gerät, das als **Hell-Ge-heimschreiber** bezeichnet wird. Es wurde von der Kieler Firma Hell hergestellt, die später im Siemens-Konzern aufging. Hell machte sich vor allem mit dem 1929 patentierten Hellschreiber einen Namen, den man als Vorläufer des Tele-fax-Geräts bezeichnen kann. Der Hellschreiber wurde von den Deutschen im Zweiten Weltkrieg militärisch genutzt, wobei die Robustheit und die geringe Störanfälligkeit dafür sorgten, dass viele Funker das Gerät dem Fernschreiber vorzogen. Krypto-Historikern ist die Firma Hell jedoch nicht durch den Hellschreiber, sondern durch die Herstellung von Verschlüsselungsmaschinen in den fünfziger Jahren bekannt. Dabei handelte es sich um von Boris Hagelin entwickelte Geräte, die man in Kiel in Lizenz herstellte und unter anderem an die Bundeswehr lieferte.

Weitgehend unbekannt ist jedoch, dass die Firma Hell mit dem Hell Geheimschreiber nicht nur nach, sondern bereits während des Zweiten Weltkrieges Verschlüsselungsmaschinen herstellte. Wolfgang Mache, der führende Experte für Verschlüsselungsmaschinen aus dem Siemens-Umfeld, hat dies bei seinen Recherchen herausgefunden, wobei er unter anderem auch den Unternehmensgründer Rudolf Hell (1901-2002) befragte. Nach Maches Angaben entstand ein erstes Muster des Hell Geheimschreibers 1944, im Jahr danach kamen sechs Exemplare auf dem Mittelmeer in Schiffen und U-Booten zum Einsatz. Über die Funktionsweise der Maschine kann man nur mutmaßen: Von Erich Hütten-hain, dem bedeutendsten deutschen Kryptologie-Experten zur Zeit des Dritten Reichs, weiß Mache, dass der Hell Ge-heimschreiber 2^{35} unterschiedliche Ersetzungsmöglichkeiten pro Buchstabe bot. Da jeder Buchstabe mit 7×5 Bin-ärzahlen kodiert wurde, deutet dies auf ein One-Time-Pad-

Verfahren hin. Es kann sich dabei jedoch nicht um einen echten One Time Pad gehandelt haben, da Hüttenhain eine Periode von 10^{14} angab. Möglicherweise sorgten unregelmäßig gezahnte Räder mit einer unterschiedlichen Zahl von Zahnpositionen dafür, dass ständig neue Zufallsmuster in Form 35-stelliger Binärzahlen entstanden, die sich erst nach 10^{14} Schritten wiederholten. Weitere Informationen über den Hell Geheimschreiber konnte Wolfgang Mache nicht aufspüren, obwohl er für seine Recherchen bis nach Griechenland reiste. »Es gibt keine einzige bekannte Quelle, die eine Gerätebeschreibung liefert«, berichtete Mache gegenüber dem Autor. »Nicht einmal Rudolf Hell selbst wusste noch Einzelheiten darüber.«

Nicht zuletzt könnte auch der sagenumwobene Toplitzsee eine Rolle im Zusammenhang mit Hitlers letzten Maschinen spielen. An dem Gewässer im österreichischen Salzkammergut führten die Nazis im Zweiten Weltkrieg verschiedene Forschungsaktivitäten durch und versenkten bei Kriegsende die Spuren ihrer Arbeit darin. Durch die zahlreichen Funde entwickelte sich der Toplitzsee nach dem Krieg zu einem Mekka für Historiker und Schatzsucher. Neben falschen Pfundnoten, mit denen Hitler die britische Wirtschaft schädigen wollte, stießen Taucher darin auf Sprengstoff, Waffen und allerlei technisches Gerät. Das Bernsteinzimmer oder einen Nazi-Goldschatz, nach denen Glücksritter immer wieder suchten, gab das 100 Meter tiefe Gewässer jedoch bisher nicht preis.

Im Toplitzsee fanden sich rätselhafte Überreste von Verschlüsselungsmaschinen

Dafür fanden sich im Uferbereich des Toplitzsees mehrere Enigmas. In der Mitte des Gewässers, wo die Nazi-Forscher offensichtlich die besonders brisanten Relikte entsorgten, stieß man auf einige Gegenstände, die für Krypto-Historiker von besonderem Interesse sind. Dazu gehört beispielsweise der Rotor einer Heeres- und Luftwaffen-Enigma, der eine Besonderheit aufweist: Er trägt als Aufdruck den Buchsta-

Abb. 2.15-3: Dieser Enigma-Rotor wurde ebenfalls im Toplitzsee gefunden. Die Verdrahtung und die Kennzeichnung mit dem Buchstaben »S« sind einmalig unter den bisher bekannten Rotoren.

ben »S« (Abb. 2.15-3). Verschlüsselungsmaschinen-Experte Klaus Kopacz hat noch nie zuvor einen auf diese Weise gekennzeichneten Enigma-Rotor gesehen. Auch die Verdrahtung des Stücks ist unter den bisher bekannten Exemplaren einzigartig. Für welche besondere Aufgabe die Nazis diesen Enigma-Rotor herstellten, ist nicht bekannt.

Ein weiterer Fund gibt besondere Rätsel auf

Für ein noch größeres Rätsel sorgte ein anderer Toplitzsee-Fund, der ebenfalls aus der Mitte des Gewässers stammt. Es geht dabei um ein technisches Gerät, das aus einem

Abb. 2.15-4: Diese neun Einschübe gehören zu einer Maschine, die aus dem Toplitzsee geborgen wurde. Deren Einsatzzweck ist nicht bekannt, es könnte sich dabei jedoch um ein Sprachschlüsselgerät handeln.

schrankartigen Rahmen mit verschiedenen Einschüben besteht. Neun der Einschübe wurden geborgen und sind heute

im »Rottauer Museum für Fahrzeuge, Wehrtechnik und Zeit-
geschichte« in der Nähe von Passau ausgestellt (Abb. 2.15-4,
Abb. 2.15-5). Bisher konnte noch niemand den Zweck dieses Geräts identifizieren. Klaus Kopacz hält es jedoch für
denkbar, dass es sich um ein Sprachschlüsselgerät oder eine
Maschine zum Knacken solcher Codes handelt. Vielleicht ist
Hitlers letzte Verschlüsselungsmaschine also bei Kriegsende
im Toplitzsee gelandet.

Abb. 2.15-5: Einer der Einschübe der Toplitzsee-Maschine

Hell-Geheimschreiber Verschlüsselungsmaschine aus dem Zweiten Weltkrieg, über die nur noch wenig bekannt ist. Sie soll von den Deutschen im Mittelmeer eingesetzt worden sein. Die Funktionsweise ist unklar.

Schlüsselgerät 39 Verschlüsselungsmaschine der Firma Telefonbau & Normalzeit, das während des Zweiten Weltkriegs entwickelt wurde, aber nie zum Einsatz kam. Über die Funktionsweise ist wenig bekannt.

Schlüsselgerät 41 Deutsche Verschlüsselungsmaschine der Firma Wanderer aus dem Jahr 1941. Wird in der Literatur fälschlicherweise auch C-41 genannt. Die Funktionsweise ähnelt der der Stangenradmaschinen von Boris Hagelin. Syn.: Hitlermühle

T43 Verschlüsselungsmaschine der Firma Siemens & Halske, das im Zweiten Weltkrieg eingesetzt wurde. Die T43 arbeitete nach dem Prinzip des One Time Pad und gehörte dadurch zu den modernsten Geräten ihrer Zeit. Bei richtiger Anwendung war sie nicht zu knacken. Alle gebauten Exemplare gelten als verschollen.

Glossar

2.16 Die unterschätzten deutschen Code-Knacker

Die Geschichte der deutschen Kryptologie im Zweiten Weltkrieg besteht auf den ersten Blick vor allem aus Misserfolgen: Die Enigma wurde von den Briten geknackt, der Geheimschreiber von den Schweden und die Lorenz-Maschine erwies sich ebenfalls als unsicher. Die Verschlüsselungsmaschinen, die von den Nazis während des Kriegs entwickelt wurden und mehr Sicherheit boten, kamen zu spät oder überhaupt nicht zum Einsatz. Gleichzeitig war bis vor einigen Jahren so gut wie nichts über etwaige Dechiffrierer in den Diensten Hitlers bekannt. Lange Zeit lautete daher die Lehrmeinung: In Nazi-Deutschland wurden die Möglichkeiten des Code-Knackens völlig unterschätzt.

Diese Ansicht ist angesichts der Untaten der nationalsozialistischen Machthaber zwar politisch korrekt, nach neueren Erkenntnissen jedoch falsch. Ende der neunziger Jahre sind nämlich Berichte über erstaunliche Dechiffrier-Erfolge der

Deutsche Dechiffrierer leisteten Beachtliches

Deutschen im Zweiten Weltkrieg an die Öffentlichkeit gelangt, die einen Vergleich mit den Leistungen der Briten, Schweden und Amerikaner nicht zu scheuen brauchen. Inzwischen haben die Experten daher ihre Meinung revidiert, und so heißt es nun: Die deutschen Codemaker haben versagt, die deutschen Codebreaker dagegen nicht.

Deutsche Code-Experten

Dass die Deutschen während des Ersten Weltkriegs keine kryptologischen Meisterwerke vollbrachten, wurde bereits in Abschnitt »Ein Weltkrieg der geheimen Zeichen« (S. 24) beschrieben. Bei Kriegsausbruch gab es auf deutscher Seite noch keine Einheit, die sich mit derartigen Fragen beschäftigte, und so ergab sich ein Rückstand, den die kaiserliche Armee im Lauf des Kriegs nicht mehr aufholen konnte. Doch immerhin markierte der Erste Weltkrieg den Beginn systematischer Dechiffrier-Aktivitäten in Deutschland, die schon bald ausgebaut wurden. Als erster diesbezüglicher Erfolg gilt die Entschlüsselung eines Funkspruchs, die 1914 einem deutschen Soldaten an der Ostfront gelang /Meulen 98/. Zur Weltspitze in Sachen Dechiffrierung schlossen die Deutschen jedoch erst in den Jahren der Weimarer Republik auf.

Die Deutschen knackten Wörter-Codes

Wie in anderen Ländern dominierten auch in Deutschland zunächst nicht etwa Mathematiker, sondern Linguisten das Dechiffrier-Geschäft. Die Sprachwissenschaftler waren für viele Aufgaben auch durchaus geeignet, denn damals gehörten Wörter-Codes noch zu den beliebtesten Verschlüsselungsverfahren. Deutsche Linguisten sollen zur Zeit der Weimarer Republik ein großes Geschick im Knacken solcher Codes entwickelt haben /Leiberich 99/. Daran änderte sich auch nach der Machtergreifung durch Hitler nichts, und der Anschluss Österreichs an das Deutsche Reich im Jahr 1938 brachte den deutschen Dechiffrierern zusätzliche Verstärkung. Bei Kriegsbeginn konnten sie die Wörter-Codes vieler Staaten, darunter auch der USA, entschlüsseln.

Die zunehmende Bedeutung der Verschlüsselungsmaschinen verschliefen die deutschen Spezialisten jedoch. Dies lag sicherlich auch daran, dass sich während des Dritten Reichs jede Nazi-Größe einen eigenen Kryptologen-Stab hielt. Es gab daher in Deutschland nicht weniger als sieben voneinander unabhängige Stellen, die sich mit Verschlüsselungsfragen beschäftigten. Hinzu kam, dass die Deutschen in dieser wichtigen Frage nicht mit Verbündeten wie Italien oder Japan kooperierten.

Die fehlende Bündelung der Kräfte führte also offensichtlich dazu, dass die deutschen Dechiffrierer die maschinelle Verschlüsselung unterschätzten. Und das, obwohl deutsche Privatunternehmen längst Geräte wie die Enigma, den Geheimschreiber T52 oder die Lorenz-Maschine entwickelt hatten. So fehlte den deutschen Dechiffrier-Spezialisten auch das Know-how, um die Schwächen dieser Maschinen rechtzeitig erkennen zu können. So kam es, dass Militär und Diplomatie in Deutschland auf diese Geräte bauten, während die Kriegsgegner in der Lage waren, sie zu entschlüsseln.

Die Deutschen unterschätzten die maschinelle Verschlüsselung

Dechiffrierung im Krieg

Erst Anfang der vierziger Jahre holten die deutschen Code-Knacker den Rückstand in Sachen Maschinen-Know-how auf. Es ist daher auch kein Zufall, dass in dieser Zeit neuartige Verschlüsselungsgeräte wie die Hitlermühle oder die T43 entstanden (siehe Abschnitt »Hitlers letzte Maschinen« (S. 163)), die jedoch nicht mehr in größerem Umfang zum Einsatz kamen. Im Bereich der Kryptologen traten an die Stelle der Linguisten nun immer mehr Mathematiker, wobei die Dechiffrier-Einheiten mehrere namhafte Mathematik-Professoren verpflichteten. Gemäß Otto Leiberich, der spä-

ter in der Bundesrepublik die Zentralstelle für das Chiffrierwesen leitete, soll die Rekrutierung dieser Kräfte vor allem
den Sinn gehabt haben, die Substanz der deutschen Mathematik über den Krieg zu retten. Unabhängig davon erwiesen sich die diversen Professoren jedoch als hervorragende
Code-Knacker.

Die Deutschen
knackten auch
die Purple
Die Erfolge ließen nicht lange auf sich warten. Besonders
erstaunlich ist etwa, dass den deutschen Dechiffrierern die
Entschlüsselung der japanischen Verschlüsselungsmaschine
Purple gelang. Einen ähnlichen Erfolg konnten bekanntlich
die amerikanischen Code-Knacker um William Friedman verzeichnen, was bis heute als eine der größten Taten in der
Geschichte der Kryptologie gefeiert wird. Es ist allerdings
nicht bekannt, ob die Deutschen irgendwelche Informationen über die Purple hatten oder ob sie wie die Amerikaner
ihre Kenntnisse alleine aus abgefangenen Funksprüchen be-
zogen.

Eine weitere bemerkenswerte Leistung gelang den deutschen Dechiffrier-Spezialisten im Zusammenhang mit der
von den Amerikanern verwendeten Verschlüsselungsmaschine M-209. Diese wurde vom erfolgreichen Krypto-Unter-
nehmer Boris Hagelin entwickelt (siehe Abschnitt »Wie Boris
Hagelin zum Millionär wurde« (S. 138)). Bei ihrer Arbeit half
den Deutschen wieder einmal der Leichtsinn der Anwender:
Die Amerikaner ließen in der Regel die Bestückung des Stangenrads und die Position der Zähne einen Tag lang unver-
ändert und wechselten lediglich die Anfangsstellung der Räder mit jedem Funkspruch. Dies half den Deutschen schon
erheblich weiter, doch die Amerikaner kamen ihnen noch
mehr entgegen: Vorzugsweise verwendeten sie Mädchenna-
men als Einstellung für die Räder, nicht selten mehrmals am
Tag die gleichen. Fünf Nachrichten mit gleichem Schlüssel
genügten den Deutschen für einen Entschlüsselungserfolg.

Dass die M-209 nicht mehr sicher war, bemerkten die Amerikaner jedoch schon vor Kriegsende. US-Dechiffrier-Spezialisten fanden in einer entschlüsselten italienischen Marine-Nachricht Hinweise darauf. Dies veranlasste die US-Regierung dazu, die M-209 umgehend auszumustern. So machte ein US-Dechiffrier-Erfolg einen Dechiffrier-Erfolg der Deutschen zunichte.

Die Amerikaner musterten die M-209 aus

TICOM

Im März 1945 waren die größenwahnsinnigen Kriegspläne Adolf Hitlers auf der ganzen Linie gescheitert. Briten und Amerikaner, die damals mit ihren Armeen ins Deutsche Reich drängten, dachten längst an die Zeit nach dem Krieg, auch wenn es um Verschlüsselung ging. Die beiden Staaten gründeten daher eine geheime Einheit namens TICOM (Target Intelligence Committee), die in das zerstörte Deutschland vordringen sollte, um alles an Verschlüsselungs-Knowhow und -Technik dingfest zu machen, was den Krieg überstanden hatte.

Die TICOM-Leute gehörten zu den wenigen Eingeweihten, die wussten, dass die Alliierten die Enigma und andere Maschinen geknackt hatten. Da ihnen beispielsweise auch bekannt war, dass die Deutschen die amerikanische M-209 entschlüsselt hatten, vermuteten sie, dass es in Deutschland weitere wertvolle Informationen über Dechiffrier-Methoden zu finden gab. Da sich der Kalte Krieg zu diesem Zeitpunkt längst andeutete, interessierten sie sich insbesondere für die Entschlüsselung sowjetischer Verfahren, zumal sie diese bis dahin stark vernachlässigt hatten. So gestaltete sich die TICOM-Mission als Wettlauf mit der Zeit, denn die Briten und Amerikaner wollten den Sowjets auf jeden Fall zuvorkommen.

Die TICOM vermutete umfangreiches kryptologisches Knowhow in Deutschland

Die TICOM-Mission wurde ein voller Erfolg. Aus entschlüsselten Funksprüchen hatten die Mitglieder der Einheit Erkenntnisse über mögliche Aufenthaltsorte deutscher Kryptologen-Teams gewonnen, weshalb sie gezielt vorgehen konnten. In Sachsen stießen sie auf eine Burg, in der sie noch zahlreiche deutsche Dechiffrierer und tonnenweise kryptologisches Material antrafen. Buchstäblich im letzten Augenblick gelang es der TICOM-Einheit, die Kryptologen nach Großbritannien zu evakuieren und große Mengen des aufgefundenen Materials abzutransportieren. Zwei Tage später war das Gebiet um die Burg von den Sowjets besetzt.

Deutsche Dechiffrierer wurden nach Großbritannien gebracht

Die TICOM-Mitglieder machte in den folgenden Wochen weitere interessante Entdeckungen. Dabei stellten sie fest, dass die Deutschen eine ganze Reihe von Verfahren, darunter auch amerikanische und britische, geknackt hatten, wobei sie jedoch die Kommunikation auf höchster Ebene offenbar nicht hatten mitlesen können. Neben Unmengen an Unterlagen und unterschiedlichen Geräten ließen die TICOM-Mitglieder auch eine nicht bekannte Zahl deutscher Dechiffrier-Experten nach Großbritannien bringen. Viele von ihnen sollen eine neue Identität erhalten haben und anschließend für die Dechifrier-Zentren der Amerikaner und Briten aktiv geworden sein.

Die von der TICOM gewonnenen Informationen erwiesen sich als so bedeutend, dass die Briten und Amerikaner sie für Jahrzehnte unter Verschluss hielten. So kam es, dass bis vor wenigen Jahren kaum jemand etwas von deutschen Code-Knackern im Zweiten Weltkrieg ahnte, geschweige denn von ihren außergewöhnlichen Leistungen. Bis heute ist der von der TICOM verfasste Bericht nur in Teilen bekannt. An der Technik, die damals aufgespürt wurde, dürfte diese Geheimniskrämerei kaum liegen. Vermutlich geht es eher darum, die unter neuer Identität lebenden Krypto-Experten und deren Familien zu schützen.

Der Sowjet-Code

Zu den wichtigsten Resultaten der TICOM-Mission gehörte die Erkenntnis, dass die Deutschen auf perfekte Weise eine Sprachverschlüsselung der Sowjets geknackt hatten. Es handelte sich dabei um ein Verfahren, das nach dem Prinzip des so genannten Frequency Hopping funktionierte. Frequency Hopping bedeutet, dass eine Nachricht auf ständig wechselnden Kanälen gesendet wird (in diesem Fall waren es neun). Der Kanalwechsel funktionierte bei den Sowjets nach einem festgelegten Schlüssel. Den Deutschen gelang es erstaunlicherweise, eine Maschine zu konstruieren, die auf diese Art verschlüsselte Funksprüche abfangen und ohne weiteres Zutun entschlüsseln konnte.

> Die Deutschen hatten auch ein sowjetisches Gerät geknackt

Als die TICOM im Frühjahr 1945 Deutschland nach den Überresten von Dechiffrier-Aktivitäten durchsuchten, stießen sie in Bayern auf diese ungewöhnliche Maschine. Sie war in über 100 Kisten verpackt und wog 7,5 Tonnen. Dieser Fund, den das TICOM-Team sofort verlud und nach Großbritannien transportieren ließ, kam natürlich vor allem den Amerikanern, die sich besonders für Erkenntnisse über sowjetische Verschlüsselungstechniken interessierten, sehr gelegen. Mit der aufgefundenen Dechiffrier-Maschine hatten ihnen die Deutschen ungewollt eine Lösung auf dem silbernen Tablett serviert. Die sichergestellte Maschine ist bis heute nicht mehr aufgetaucht.

2.17 Verschlüsselung im Kalten Krieg

Mit dem Ende des Zweiten Weltkriegs im Jahr 1945 begannen drei Jahrzehnte, über die Krypto-Historiker vergleichsweise wenig zu berichten wissen. Wie immer in Friedenszeiten nahm die Bedeutung der Kryptologie ab, und so fuhren die meisten Staaten ihre Anstrengungen zum Entwickeln und Knacken von Verschlüsselungsmethoden erst einmal zurück. Eine wirkliche Auszeit konnten sich die meisten Kryptologen dennoch nicht nehmen, denn schon Ende der vierziger Jahre bestimmte eine neue Auseinandersetzung die Weltpolitik, in der sich die USA und die Sowjetunion mit ihren jeweiligen Verbündeten gegenüber standen: der Kalte Krieg.

Codemaker gewinnen die Überhand

Verschlüsselungsverfahren wurden immer sicherer

Es ist unbestritten, dass die Kryptologie im Verlauf des Kalten Kriegs eine wichtige Rolle spielte und dadurch einen weiteren Schub erhielt. Elektromechanische Verschlüsselungsmaschinen, die bis etwa 1970 die Krypto-Technik dominierten, erreichten eine immer höhere Sicherheit. Die ersten Jahrzehnte des Kalten Kriegs gelten daher als die Zeit, in der sich die vielleicht wichtigste Wende in der 3.500-jährigen Geschichte der Kryptologie vollzog: die Zeit, in der die Verschlüssler gegenüber den Dechiffrierern die Oberhand gewannen. Noch im Zweiten Weltkrieg hatten die Code-Knacker unterschiedlicher Staaten einen Großteil der bedeutenden Verschlüsselungsmaschinen geknackt. Solche spektakulären Erfolge gehörten angesichts der verbesserten Technik nun größtenteils der Vergangenheit an.

Die drei Jahrzehnte nach Kriegsende waren aus Sicht der Krypto-Historiker also eine durchaus bedeutende Zeit. Warum dennoch bisher nur wenig Kryptologisches über diese Jahre des Kalten Kriegs bekannt ist, ist offensichtlich: Die zahlreichen Ereignisse, die sich in dieser Zeit im Bereich der Kryptologie abgespielt haben müssen, sind größtenteils bis heute geheim. So dürften in amerikanischen, russischen und deutschen Archiven nach wie vor zahllose Quellen zur jüngeren Kryptologie-Geschichte schlummern, auf deren Veröffentlichung Krypto-Historiker noch eine Weile warten müssen. Für die Öffentlichkeit ergibt sich aus diesem Grund bisher nur ein bruchstückhaftes Bild der Kryptologie des Kalten Kriegs, das sich nur langsam aufklart.

Immerhin haben die Behörden in Deutschland und den USA inzwischen den Schleier über das eine oder andere Kapitel der Kryptologie-Geschichte jener Zeit gelüftet. Darauf stützen sich auch die Ausführungen in diesem Kapitel. Man darf gespannt sein, was in den kommenden Jahren noch so alles an die Öffentlichkeit dringen wird.

Das VENONA-Projekt

Im Jahr 1995 veröffentlichte die US-Geheimbehörde NSA (National Security Agency) Informationen über bis dahin unbekanntes Dechiffrier-Projekt aus dem Kalten Krieg. Es trug den Namen »VENONA«. In Rahmen dieses Projekts versuchten US-Code-Knacker, abgefangene sowjetische Nachrichten zu entschlüsseln und auszuwerten, was in einigen Fällen auch gelang. VENONA ist damit der letzte große Dechiffrier-Erfolg aus dem militärischen Bereich, von dem die Krypto-Historiker wissen – erzielt in einer Zeit, als die Codemaker gegenüber den Codebreakern eigentlich bereits die Nase vorn hatten.

Das VENONA-Projekt begann im Zweiten Weltkrieg

Das VENONA-Projekt wurde im Februar 1943 vom Signal Intelligence Service der US-Armee ins Leben gerufen. Die Geheimbehörde, die nach ihrem damaligen Sitz im Bundesstaat Virginia meist als **Arlington Hall** (Abb. 2.17-1) bezeichnet wurde, saß zu dieser Zeit auf einem Berg abgefangener sowjetischer Nachrichten, mit denen sich noch niemand beschäftigt hatte. Bereits seit 1939 hatte man verschiedene Kommunikationskanäle der Sowjets abgehört, doch die US-

Dechiffrier-Spezialisten hatten damals noch genug mit den verschlüsselten Nachrichten der Kriegsgegner Deutschland und Japan zu tun und kümmerten sich daher zunächst nicht um die Kommunikation des damals noch Verbündeten. Mit VENONA, wie das Projekt allerdings erst einige Jahre später genannt werden sollte, wollte man in Arlington Hall das vorhandene Material analysieren, um anschließend dauerhaft sowjetische Kommunikationsverbindungen auswerten zu können.

Abb. 2.17-1: In Arlington Hall im US-Bundesstaat Virginia betrieben die Vereinigten Staaten ihr Dechiffrier-Zentrum, in dem auch die VENONA-Nachrichten entschlüsselt wurden.

VENONA brachte schwierige Aufgaben mit sich

Den Code-Knackern in Arlington Hall wurde schnell klar, dass sie vor einer schwierigen Aufgabe standen, denn offensichtlich verwendeten die Sowjets gute Verschlüsselungsverfahren. Immerhin konnten sie die Nachrichten in fünf

Klassen aufteilen, die sich jeweils einer Gruppe von Kommunikationspartnern zuordnen ließen. Sowjetische Handlungsreisende im Ausland bildeten eine der Gruppen, Diplomaten eine weitere. Die drei verbleibenden Empfängergruppen waren Angehörige der Geheimdienste KGB, GRU und Marine-GRU.

Im November 1943 gelang dem Dechiffrierer Richard Hallock, von Beruf Archäologe, die erste bedeutende Entdeckung. Die Sowjets, so stellte sich heraus, setzten eine doppelte Verschlüsselung ein. Sie übersetzten eine Nachricht zunächst mit Hilfe eines Wörter-Codes in eine Folge von Zahlen, auf die sie anschließend – von Hand – ein One-Time-Pad-Verfahren (siehe Abschnitt »Würmer aus Zahlen« (S. 98)) anwendeten. Da der One Time Pad bei richtiger Anwendung nicht dechiffrierbar ist, hatten die Amerikaner zunächst einmal schlechte Karten bei ihren Bemühungen. Doch ihnen kamen – wie so oft in der Geschichte der Kryptologie – die Fehler des Gegners zu Hilfe.

Der geknackte One Time Pad

Offenbar hatten die Sowjets seinerzeit mit einem Problem zu kämpfen, dem jeder Nutzer des One Time Pad gegenüber steht: die große Menge der benötigten Zufallszahlen. Da der Schlüssel beim One Time Pad genauso lang ist wie die Nachricht selbst und kein Schlüssel mehrfach verwendet werden darf, benötigten die Sowjets stapelweise Schlüsselblätter, auf denen lange Reihen von Zufallszahlen abgedruckt waren. Vermutlich verwendeten sie dazu spezielle Maschinen, denn wenn Menschen Zufallsreihen erstellen, ergeben sich fast zwangsläufig ungewollte Muster, die ein Dechiffrierer ausnutzen kann.

Die Sowjets verwendeten Schlüssel doppelt

Als Hitler 1941 die Sowjetunion angriff, stieg das Nachrichtenaufkommen deutlich an. Offensichtlich kamen die

8

88

Sowjets nun mit der Produktion der Schlüsselblätter nicht mehr nach, und so begingen sie den entscheidenden Fehler: Sie verwendeten Schlüsselmaterial doppelt. Die späteren Analyseresultate deuten darauf hin, dass die Bediener der Zufalls-Maschinen mit Durchschlags-Papier arbeiteten und dadurch Schlüsselblätter mit identischem Inhalt erhielten. Ob die sowjetischen Kryptologen solche Aktionen anordneten oder ob irgendwelche Mitarbeiter auf diese Art unerlaubterweise den Ausstoß erhöhten, ist nicht bekannt. Es ist allerdings durchaus möglich, dass die Experten die Gefahr einer solchen Praxis unterschätzten, denn für einen Dechiffrierer ist es nicht einfach, die doppelte Verwendung eines Schlüssels zu bemerken und sie auszunutzen. Auch die US-Code-Knacker in Arlington Hall konnten trotz aller Erkenntnisse zunächst keine nennenswerten Entschlüsselungserfolge verbuchen.

1946 gelangen die ersten Entschlüsselungen

Kurz vor Kriegsende schickten die Amerikaner ein Team von Kryptoexperten nach Deutschland, die so genannte TICOM-Einheit (siehe Abschnitt »Die unterschätzten deutschen Code-Knacker« (S. 177)), um dort die Arbeitsergebnisse deutscher Kryptologen sicher zu stellen. Es stellte sich heraus, dass die Deutschen beim Dechiffrieren sowjetischer Codes durchaus Erfolg gehabt hatten, und so ergatterten die TICOM-Leute unter anderem ein sowjetisches Code-Buch. Die Code-Knacker in Arlington Hall wussten diesen Fund zu nutzen und konnten ihre Fähigkeiten dadurch weiter verbessern. 1946 gelang es ihnen schließlich erstmals, einige sowjetische Nachrichten zu entschlüsseln. Von nun an konnten die US-Dechiffrierer zwar immer wieder Entschlüsselungserfolge vorweisen, doch ihre Arbeit blieb schwierig. Sie mussten mit großem Aufwand nach doppelt verwendeten One-Time-Pad-Schlüsseln suchen, um anschließend den Zahlen-Code zu rekonstruieren und diesen schließlich in die ursprüngliche Nachricht zu übersetzen.

Bis Ende der vierziger Jahre behielten die Sowjets ihre Praxis, One-Time-Pad-Schlüssel mehrfach zu verwenden, bei. In dieser Zeit fielen den Amerikanern mehrere Hunderttausend sowjetische Nachrichten in die Hände, von denen sie etwa 2.200 dechiffrieren konnten. Teilweise dauerte es Jahre, bis eine verschlüsselte Mitteilung ihren Inhalt preis gab. So lief das VENONA-Projekt noch Jahrzehnte weiter, obwohl die Amerikaner nur Material aus den vierziger Jahren entschlüsseln konnten und sie bei den späteren Nachrichten keine Chance mehr hatten. Erst 1980 wurde das VENONA-Projekt eingestellt.

Der Atom-Spion

Obwohl die Dechiffrierer in Arlington Hall nur einen Bruchteil der sowjetischen Nachrichten knacken konnten, erwiesen sich die daraus gewonnenen Erkenntnisse als äußerst nützlich. Insbesondere konnten die US-Geheimdienste dank VENONA im Lauf der Jahre eine ganze Reihe sowjetischer Spione dingfest machen, nachdem sie deren Kommunikation mit Moskau ausgewertet hatten. Das bedeutendste Opfer dieser Aktivitäten war der in Deutschland geborene Physiker Klaus Fuchs, der nach seiner Flucht vor den Nazis am Bau der Atombombe in Los Alamos mitarbeitete. Fuchs, der in Deutschland Mitglied der KPD gewesen war, lieferte detaillierte Informationen über die Vorgänge in Los Alamos an die Sowjets. 1949, als er die USA bereits in Richtung Großbritannien verlassen hatte, wurden ihm jedoch Nachrichten zum Verhängnis, die die VENONA-Leute entschlüsselt hatten. Er wurde verhaftet und zu 14 Jahren Gefängnis verurteilt. Nach Verbüßung seiner Haftstrafe emigrierte er in die DDR.

Klaus Fuchs wurde enttarnt

Doch auch die VENONA-Dechiffrierer in Arlington Hall blieben vor Spionage nicht verschont. Im dortigen Team gab es zwar keine undichte Stelle, wohl aber im britischen Geheimdienst, der ebenfalls in das Projekt involviert war. Der britische Agent Kim Philby wusste zumindest in groben Zügen über VENONA Bescheid und lieferte seine Informationen Ende der vierziger Jahre an seinen Auftraggeber nach Moskau. Die Sowjets stellten daraufhin die Fehler bei der Verwendung des One Time Pad ab, wodurch Arlington Hall keine neuen Nachrichten mehr entschlüsseln konnte. Ohne diesen Spionage-Fall hätte VENONA möglicherweise noch einige Jahre lang erfolgreich sein können.

Alle Informationen stammen von der NSA Leider stammen alle bisher bekannten Informationen über VENONA aus dem von der NSA veröffentlichten Material. Es versteht sich von selbst, dass die US-Behörde diese spannende Episode der Kryptologie-Geschichte vor allem deshalb veröffentlichte, weil sie die Wichtigkeit der US-Geheimdienste und deren Arbeit betonen wollte. Auf Grund dieser patriotischen Motive ist natürlich nicht auszuschließen, dass der Öffentlichkeit wichtige Aspekte vorenthalten werden. So wollten Gerüchte immer wieder wissen, dass die Amerikaner bei der Entschlüsselung der Sowjet-Codes zusätzliche Hilfe durch Spione oder Abhörwanzen nutzen konnten, doch dies wurde von der NSA dementiert. Die volle Wahrheit wird man wohl so schnell nicht erfahren.

Verschlüsselung im Wirtschaftswunder

Mit dem zweiten Weltkrieg und der TICOM-Aktion ging auch ein wichtiges Kapitel der deutschen Krypto-Geschichte zuende. In den folgenden sieben Jahren hatten die Deutschen verständlicherweise andere Sorgen, als die Verschlüsselung von Nachrichten. Erst 1952, als das Wirtschaftswunder die Bundesrepublik längst erfasst hatte, machte man sich in Bonn wieder Gedanken über abhörsichere Kommunikationstechnik. Interesse daran hatte neben dem Amt Blank (dem späteren Verteidigungsministerium) auch das Auswärtige Amt. Um eine erneute Zersplitterung der Kräfte zu vermeiden, beschloss man, alle Verschlüsselungsaktivitäten in einer speziellen Behörde zu konzentrieren, die den Namen »Zentralstelle für das Chiffrierwesen« (ZfCh) erhielt. 1990 wurde daraus das »Bundesamt für Sicherheit in der Informationstechnik«.

Die ZfCh kümmerte sich – natürlich unter strengster Geheimhaltung – zunächst um die Verschlüsselung von Fernschreiben, später auch um abhörsichere Telefonverbindungen /Schulzki 00/. Vieles aus dieser Zeit ist bis heute nicht veröffentlicht. Insbesondere ist über die Dechiffrier-Aktivitäten der Deutschen aus dieser Zeit nichts bekannt. Bekannt sind jedoch einige Verfahren, die zur Verschlüsselung von Buchstaben dienten, die per Morse-Funk verschickt werden konnten. Da die Deutschen auf Grund von Auflagen der Alliierten zunächst keine mechanischen Verschlüsselungsmaschinen entwickeln durften, mussten sie sich etwas anderes einfallen lassen. So entstand beispielsweise mit dem **Reihenschieber** eine Verschlüsselungsvorrichtung, die einem Rechenschieber ähnelte und bei häufigem Schlüsselwechsel recht sicher war. Für Krypto-Historiker ist der Reihenschieber ein ungewöhnliches Gerät, denn es ist nicht bekannt, dass an anderer Stelle je etwas Vergleichbares eingesetzt wurde.

Die ZfCh entwickelte Verschlüsselungsmethoden

Eine andere Apparatur aus dieser Zeit war die **ACP 212** (Abb. 2.17-2). Dabei handelte es sich um eine Tafel, die für jede Stunde eines Tages eine zufällige Buchstabenfolge enthielt, die nach dem Prinzip des One Time Pad zum Klartext addiert wurde. Eine ähnliche Idee realisierten die ZfCh-Spezialisten, als für deutsche Schiffe, die auf den Weltmeeren unterwegs waren, ein sicherer Kommunikationsweg für den Kriegsfall benötigt wurde. Anstatt irgendwelche teuren Maschinen für diesen Zweck einzukaufen (der Eigenbau war ja noch nicht erlaubt), gaben sie den Schiffen einfach versiegelte Buchstabenfolgen mit auf den Weg. Diese konnten im Bedarfsfall selbst ein Laie zu einer One-Time-Pad-Verschlüsselung von Hand nutzen.

Abb. 2.17-2: Die ACP 212 ist eine Vorrichtung, die in den fünfziger Jahren in Deutschland zur Verschlüsselung nach dem Prinzip des One Time Pad verwendet wurde (als Farbfoto im Anhang).

Neben diesen Handverfahren nutzte die ZfCh eine Maschine namens **H54** der Kieler Firma Dr. Rudolf Hell, die später im Siemens-Konzern aufging. Dabei handelte es sich um ein in Lizenz nachgebautes Gerät der Schweizer Crypto AG (siehe Abschnitt »Wie Boris Hagelin zum Millionär wurde« (S. 138)). Als die ZfCh dann endlich eigene Maschinen entwickeln durfte, machten sich einige Mitarbeiter sogar für eine Wiederbelebung der Enigma stark, die immer noch ein hohes Ansehen genoss. Dass die Enigma im Zweiten Weltkrieg entschlüsselt worden war, war damals noch nicht bekannt. Doch neben praktischen Erwägungen sorgten dann auch Zweifel an der Sicherheit dafür, dass es nicht soweit kam.

Ohnehin hatten sich inzwischen Maschinen, die nach dem Prinzip des One Time Pad arbeiteten, als sichere Alternative zu herkömmlichen Rotor-Maschinen herausgestellt. Dadurch stieg jedoch der Bedarf für zufällige Zeichenfolgen rapide an. So konstruierten die Mitarbeiter des ZfCh mehrere Maschinen zur Generierung von Zufallsmustern wie die Violine oder den Hazard (siehe Abschnitt »Würmer aus Zahlen« (S. 98)). Wie die staatlichen deutschen Kryptologen in den siebziger Jahren schließlich auf das Aufkommen des Computers reagierten, ist bisher nicht bekannt. Die entsprechenden Informationen werden noch geheim gehalten.

Verschlüsselung in der DDR

Während es über die Verschlüsselungsaktivitäten in der frühen Bundesrepublik bereits einige Veröffentlichungen gibt, ist das Thema Verschlüsselung in der DDR bisher ein weißer Fleck in der Kryptologie-Geschichte. Die einschlägigen Bücher und Fachzeitschriften geben diesbezüglich so gut wie nichts her. Bei seinen Recherchen stieß der Autor dieses Buchs jedoch auf Bernd Lippmann, den Vorstandsvorsitzenden der »Forschungs- und Gedenkstätte Normannenstraße« in Berlin, die sich die Aufklärung zur DDR-Diktatur zum Ziel gesetzt hat. Lippmann ist in den Akten der Gauck-Behörde auf zahlreiche Unterlagen gestoßen, die einen detaillierten Überblick über den Einsatz von Verschlüsselungstechnik in der DDR geben, und hat die dabei gewonnenen Informationen freundlicherweise dem Autor zur Verfügung gestellt. Die Kryptologie ist für Lippmann jedoch nur einer von vielen Aspekten seiner Arbeit, weshalb es bisher weder eine vollständige Auswertung der Quellen noch einen systematischen Überblick über deren Inhalte gibt. Wer also eine

Über Verschlüsselung in der DDR ist wenig bekannt

spannende Aufgabe im Bereich der Kryptologie-Geschichte sucht, dürfte hier fündig werden.

Das »Chiffrierwesen«, wie man den Einsatz von Kryptologie auch in Ostdeutschland nannte, unterstand in der DDR dem berüchtigten Ministerium für Staatssicherheit. 1950 gab der zuständige Minister Wilhelm Zaisser die Anweisung zur Einrichtung einer Chiffrier-Einheit, die 1953 den operativen Betrieb aufnahm. Die von Bernd Lippmann zur Verfügung gestellten Informationen deuten darauf hin, dass das Chiffrierwesen in der DDR eine hohe Priorität genoss. 1975 arbeiteten fast 4.000 Menschen in diesem Bereich, zur Zeit des Mauerfalls im Jahr 1989 waren es sogar über 10.000. Dies ist eine erstaunlich hohe Zahl, wenn man bedenkt, dass selbst die allmächtige US-Lauschbehörde NSA nach einschlägigen Quellen nicht mehr als »einige Zehntausend« Mitarbeiter beschäftigen soll.

Ost-Kryptologen arbeiteten selbständig

Man kann daher davon ausgehen, dass das Chiffrierwesen der DDR ein hohes Niveau erreichte. Offensichtlich hatten die Ost-Kryptologen auch durchaus die Möglichkeit, eigenständig zu arbeiten, und waren nicht in allen Angelegenheiten vom großen Bruder Sowjetunion abhängig. Die Resultate sind entsprechend zahlreich: Die von Bernd Lippmann zutage geförderten Unterlagen weisen gleich dutzendweise auf Verschlüsselungsgeräte und -verfahren für unterschiedlichste Einsatzzwecke hin. Diese tragen Namen wie ELBRUS, JACHTA, SILUR, DIAMANT, KAIMAN, PUMA, WECHA, DUDEK oder ACHAT und sind selbst ausgewiesenen Kryptologie-Experten vollkommen unbekannt.

Es gibt also noch vieles zu entdecken, wenn es um Verschlüsselung in der DDR geht. Doch schon allein die bereits vorliegenden Informationen ermöglichen einige ausgesprochen interessanten Erkenntnisse. So ist in den Unterlagen von einer Verschlüsselungsmaschine namens **FIALKA** die

Rede, bei der es sich unübersehbar um eine Weiterentwicklung der Enigma handelte. Die FIALKA, die vermutlich in den fünfziger Jahren entstanden ist, arbeitete mit zehn Rotoren und einem Umkehrrotor, wobei sich die Rotoren in unterschiedliche Richtungen fortbewegten. Während sich also die Kryptologen in der Bundesrepublik gegen eine Wiederbelebung der wichtigsten Maschine des Zweiten Weltkriegs entschieden, gingen ihre Ost-Kollegen einen anderen Weg. Man kann allerdings davon ausgehen, dass die FIALKA mit ihrer großen Rotorenzahl und der schwer zu durchschauenden Fortschaltung eine sichere Verschlüsselung bot.

Dass die Mitarbeiter des DDR-Chiffrierwesens in der Anfangsphase noch stark vom Verschlüsselungs-Know-how aus dem Dritten Reich zehrten, zeigen auch andere Maschinen. So ist ein Gerät namens DUDEK offensichtlich eine Weiterentwicklung der T43 (siehe Abschnitt »Hitlers letzte Maschinen« (S. 163)), die von den Nazis in den letzten Kriegsjahren zur One-Time-Pad-Verschlüsselung von Fernschreiben eingesetzt wurde. Gleiches gilt für die offensichtlich später entstandene Verschlüsselungsmaschine ACHAT.

Eine weitere Verschlüsselungsmaschine, zu der Bernd Lippmann Informationen gefunden hat, ist die **T-310**. Dabei handelt es sich um ein elektronisches Gerät, das ab 1977 in der DDR entwickelt und 1983 eingeführt wurde. Etwa 3.700 Exemplare kamen davon bis 1989 zum Einsatz. Die T-310, die für Fernschreiben und Datennetze eingesetzt wurde, arbeitete offensichtlich mit einem modernen symmetrischen Verschlüsselungsverfahren, das nach Vorbild des Data Encryption Standard (siehe Abschnitt »Der Data Encryption Standard« (S. 197)) entwickelt wurde. Details sind bisher nicht bekannt.

Die T-310 war eine DDR-Verschlüsselungsmaschine

Über die Erfolge der DDR-Kryptologen im Bereich der Dechiffrierung liegen bisher nur wenige Erkenntnisse vor. Die

Unterlagen von Bernd Lippmann deuten darauf hin, dass die Code-Knacker der DDR und der Bundesrepublik wechselseitig einige weniger bedeutende Verschlüsselungen lösen konnten, ansonsten jedoch erfolglos blieben. Dies bestätigt auch Otto Leiberich, der frühere Leiter der ZfCh in der Bundesrepublik. Leiberich erfuhr nach dem Mauerfall zu seiner großen Erleichterung, dass die DDR-Dechiffrierer die von seiner Behörde entwickelten Verfahren nicht hatten knacken können. Mit der Wiedervereinigung begann dann auch in der deutschen Kryptologie-Geschichte ein neues Kapitel, dessen Anfang Leiberich wie folgt beschreibt: »Die erste Dienstreise zur ZCO [zentrales Chiffrierorgan, K.S.] in Hoppegarten bei Berlin und das erste Fachgespräch mit dem Leiter und seinen wichtigsten Mitarbeitern werde ich nie vergessen. Über Jahrzehnte waren wir Feinde gewesen, und nun saßen wir friedlich zusammen und diskutierten.« /Leiberich 99/

Glossar   **ACP 212** Deutsche Verschlüsselungsvorrichtung aus den fünfziger Jahren, die nach dem Prinzip des One Time Pad arbeitete

Arlington Hall Ehemaliges US-Dechiffrier-Zentrum im Bundesstaat Virginia. In Arlington Hall wurden unter anderem im Rahmen des VENONA-Projekts sowjetische Nachrichten geknackt.

FIALKA Verschlüsselungsmaschine der ehemaligen DDR, die eine Weiterentwicklung der Enigma darstellte. Arbeitete wie die Enigma mit einem Umkehrrotor. Wurde vermutlich nie geknackt.

H54 Verschlüsselunsgmaschine, die in den fünfziger Jahren von der Firma Dr. Rudolf Hell gebaut wurde. Die Funktionsweise ist einer Maschine von Boris Hagelin nachempfunden, der dafür Lizenzgebühren einnahm.

Reihenschieber Mechanisches Verschlüsselungsgerät aus den fünfziger Jahren, das in Deutschland entwickelt und eingesetzt wurde. Ähnelte optisch einem Rechenschieber. Der Reihenschieber gilt bis heute als sicher, wenn der Schlüssel oft genug gewechselt wird.

T-310 Elektronisches Verschlüsselungsgerät der ehemaligen DDR. Über die genaue Funktionsweise gibt es bisher noch keine Veröffentlichungen.

3 Das Zeitalter der Verschlüsselung mit dem Computer

3.1 Der Data Encryption Standard

Ende der sechziger Jahre war die Kryptologie nach wie vor eine Wissenschaft, die fast ausschließlich im Verborgenen betrieben wurde. Geheimdienste und das Militär unternahmen beim Entwickeln von Verschlüsselungsverfahren größere Anstrengungen denn je, ohne dass die Öffentlichkeit etwas davon erfuhr. Erst in den siebziger Jahren sollte die Kryptologie schließlich zur akademischen Disziplin werden, die ohne Geheimhaltung an den Universitäten betrieben wird. Damit begann ein ungeahnter Kryptologie-Boom, der eng mit der Entwicklung der Computer-Technik verbunden ist und bis heute andauert. So entstand ein neues Zeitalter der Kryptologie-Geschichte, an dessen Anfang ein bemerkenswertes Verschlüsselungsverfahren stand: der **Data Encryption Standard** (DES).

Ein neues Zeitalter beginnt

Um 1970 hatte die Computer-Technik einen Stand erreicht, der den Einsatz elektromechanischer Verschlüsselungsmaschinen zunehmend überflüssig machte. Dies führte dazu, dass die Geheimdienste und Militärorganisationen der Welt nach und nach auf die neue Technik umstellten, worüber aus Gründen der Geheimhaltung bisher jedoch nur sehr wenig bekannt ist. Organisationen wie die amerikanische Geheimbehörde NSA entwickelten schon damals beachtliche Fähigkeiten im Umgang mit der Computer-Verschlüsselung. Gleichzeitig entstand jedoch auch im zivilen Bereich immer

Der Computer ersetzte mechanische Maschinen

mehr die Notwendigkeit, Computer-Daten zu verschlüsseln, wodurch um das Jahr 1970 die Kryptologie als öffentliche Wissenschaft entstand. Diese Konstellation – auf der einen Seite mächtige Geheimorganisationen wie die NSA, auf der anderen Seite die akademische und kommerzielle Kryptologie – hat die Geschichte der Verschlüsselung in den letzten drei Jahrzehnten geprägt. An die Stelle spektakulärer Buchstabenkriege, wie sie im Kampf um die Enigma ihren Höhepunkt fanden, traten nun geniale Wissenschaftler, politische Affären und wirtschaftliche Erfolgs- sowie Misserfolgsgeschichten. Über all diesen Episoden der Krypto-Historie schwebt bis heute stets die Ungewissheit, ob irgendwelche genialen Kryptologen in Staatsdiensten nicht doch den entscheidenden Schritt weiter sind als ihre Kollegen, die in der Öffentlichkeit arbeiten.

Lucifer

Die zivile Kryptologie, die um 1970 entstand, hatte zunächst einen erheblichen Nachholbedarf. Es gab damals nämlich so gut wie keine öffentlich zugänglichen Informationen über professionelle Verschlüsselungstechniken, aus denen sich die Computer-Experten hätten bedienen können. Die Initialzündung dafür, dass sich dies änderte, gab Ende der sechziger Jahre die amerikanische Computer-Firma IBM. Das Unternehmen mit Sitz im Staat New York hatte zu dieser Zeit den Computer-Markt fest im Griff und fuhr stattliche Gewinne ein. Da man bei IBM erkannte, dass im Computer verarbeitete Daten durchaus auch in die falschen Hände gelangen konnten, rief das Unternehmen ein Forschungsprojekt mit dem Namen »Lucifer« ins Leben, in dem die Verschlüsselung von Computer-Daten untersucht werden sollte. Unter der Leitung des deutschstämmigen Computer-Experten Horst Feistel machte sich ein Team von IBM-Mitarbeitern an die Arbeit.

Gegenüber der Verschlüsselung mit Rotor-Maschinen und anderen bekannten Verfahren mussten die Lucifer-Leute natürlich umdenken. Computer verarbeiten bekanntlich nur die Zahlen null und eins, wobei eine Speichereinheit, die diese beiden Werte annehmen kann, als »Bit« bezeichnet wird. Acht Bit ergeben zusammen ein »Byte«. Alle Informationen, die von einem Computer verarbeitet werden, werden in Bytes umgewandelt. Vor diesem Hintergrund verstand es sich von selbst, dass ein Verschlüsselungsverfahren für die Computer-Welt auf Basis von Bytes arbeiten musste. Nicht nur die zu verschlüsselnden Daten lagen als Bytes vor und mussten in Bytes verschlüsselt werden – auch der Schlüssel konnte im Computer-Zeitalter nur eine Byte-Folge sein.

Lucifer verschlüsselte Bytes

In mehrjähriger Arbeit entwickelten die IBM-Forscher zahlreiche Ideen für den Aufbau eines Computer-tauglichen Verschlüsselungsverfahrens. Sie stellten fest, dass schon einfache Bit-Operationen ein hohes Maß an Sicherheit bieten konnten, wenn diese richtig eingesetzt wurden und mehrfach hintereinander zum Einsatz kamen. Anstatt jedes Byte einzeln zu verschlüsseln, erwies es sich als sinnvoller, mehrere davon zu einem Byte-Block zusammenzufassen und in dieser Form zu bearbeiten. Diese Überlegungen mündeten schließlich in ein Verschlüsselungsverfahren, das wie das Forschungsprojekt **Lucifer** getauft wurde. Lucifer wurde 1971 erstmals in einem Forschungsbericht vorgestellt.

Das Lucifer-Verfahren verwendet einen 16-Byte-Block (also 128 Bit) als Schlüssel. Die Zahl der Bytes, die in einem Verschlüsselungsvorgang zusammen bearbeitet werden, beträgt ebenfalls 16. Lucifer ist aus nur drei einfachen Operationen zusammengesetzt, die jedoch jeweils dutzendfach zum Einsatz kommen. Auf die unzähligen anderen Bit-Operationen, die mit einem Computer durchführbar sind, verzichteten die Lucifer-Entwickler. Dieses Design-Prinzip setzte Maßstäbe: Bis heute setzen erfahrene Kryptolo-

Lucifer basierte auf Bit-Operationen

gen ihre Verschlüsselungsverfahren ausschließlich aus einfachen Bit-Operationen zusammen, die sie in ausgeklügelter Art und Weise kombinieren. Diese Einfachheit hat den Vorteil, dass Schwachstellen schneller entdeckt und damit vermieden werden können. Unüberschaubare Verschlüsselungsungetüme, die sich nur schlecht untersuchen lassen, sind dagegen meist das Werk von Amateuren.

Der DES entsteht

Während man bei IBM noch am Lucifer-Projekt arbeitete, begann auch die US-Normungsbehörde NBS, sich für die Verschlüsselung von Computer-Daten zu interessieren. Im Mai 1973 rief die NBS öffentlich zur Einreichung von Vorschlägen für ein Verschlüsselungsverfahren auf. Was die NBS wollte, war ein Computer-taugliches Verfahren, das einerseits natürlich sicher sein sollte, andererseits aber auch praktikabel und einfach umzusetzen. Selbstverständlich sollte das Kerckhoffsche Prinzip beachtet werden, die Sicherheit sollte also allein im Schlüssel liegen. Eine Geheimhaltung des Verfahrens war nicht geplant. Im Gegenteil: Das Verfahren sollte öffentlich bekannt gemacht und unter dem Namen Data Encryption Standard (DES) als Norm für die Datenverschlüsselung festgelegt werden.

IBM reichte Lucifer ein

Auf ihren Aufruf erhielt die NBS zahlreiche Vorschläge. Keiner davon war jedoch auch nur annähernd für den vorgesehenen Zweck zu gebrauchen – kryptologisches Know-how war zu diesem Zeitpunkt eben noch Mangelware. Im August 1974 versuchte es die NBS daher mit einem zweiten Aufruf. Und dieses Mal war ein viel versprechendes Verfahren dabei: IBM hatte Lucifer eingereicht. Zwar war Lucifer patentiert, doch IBM war dazu bereit, im Falle einer Normierung auf sämtliche Ansprüche zu verzichten. Die NBS war also ein erhebliches Stück weiter gekommen.

Den Beamten der NBS sagte Lucifer zwar zu, doch für ein kompetentes Urteil reichten ihre Kryptologie-Kenntnisse nicht aus. Deshalb wandten sich die Normierer an eine Behörde, die ohne Zweifel die notwendige Kompetenz besaß: an die bereits erwähnte Geheimbehörde NSA. Die NSA willigte ein und unterzog Lucifer einer eingehenden Prüfung. Was diese Prüfung im einzelnen ergab und welche Schlüsse die NSA daraus zog, ist genauso wenig bekannt wie so ziemlich alle anderen NSA-Interna. Die Umstände sprechen jedoch dafür, dass man in den Reihen der Geheimbehörde mächtig von Lucifer beeindruckt war. Offenbar hatten die IBM-Leute einige der Ideen zum Design von Verschlüsselungsverfahren wiederentdeckt, die der NSA zwar bereits bekannt, aber noch nie in der Öffentlichkeit diskutiert worden waren.

Für die NSA bedeutete Lucifer somit eine ernsthafte Bedrohung. Schließlich hatte die Behörde damals wie heute die Aufgabe, sich weltweit als Lauscher zu betätigen, und da war ein sicheres, allgemein bekanntes Verschlüsselungsverfahren äußerst hinderlich. Da sich die NSA offensichtlich dennoch nicht traute, die Entwicklung des DES gänzlich zu sabotieren, versuchte sie es mit einer erheblichen Schwächung: Sie setzte gegenüber der NBS durch, dass die Schlüssellänge des Verfahrens von 128 Bit auf 56 Bit verkürzt wurde. Mit dem Milliarden-Budget, das der NSA damals schon zur Verfügung stand, hoffte die Behörde offenbar darauf, einen Super-Computer bauen zu können, der eine DES-Verschlüsselung durch einfaches Durchprobieren aller möglichen Schlüssel knacken konnte. Ein solches Unterfangen war bei 128 Bit aussichtslos, bei 56 Bit aber gerade noch realistisch.

Gerüchten zufolge wusste die NSA außerdem nicht, dass die NBS das Verfahren veröffentlichen wollte. Vielmehr ging man bei den staatlichen Lauschern davon aus, dass der DES

Die NSA verkürzte den Schlüssel

nur ausgewählten Herstellern von Verschlüsselungsprodukten zugänglich gemacht werden sollte – ein im Nachhinein geradezu unglaublicher Irrtum. Immerhin konnte die NSA die Lucifer-Entwickler bei IBM dazu verpflichten, ihr Wissen um die DES-Design-Kriterien geheim zu halten.

1976 wurde der DES zur offiziellen US-Norm

Am 17. März 1975 war es soweit: Die NBS veröffentlichte den DES. Die Öffentlichkeit, die mit diesem Schritt zur Abgabe von Kommentaren aufgefordert wurde, reagierte größtenteils irritiert. Der DES, der heute bestens erforscht ist, war für Außenstehende damals noch ein mysteriöses Ungetüm, auf das sich niemand so recht einen Reim machen konnte. Dass ausgerechnet die NSA ihre Finger im Spiel hatte, sorgte auch nicht unbedingt für Vertrauen. Neben zahlreicher Kritik, die sich später als unbegründet erwies, störten sich viele Skeptiker schon damals an der auffällig kurzen Schlüssellänge. Auch zwei von der NBS veranstaltete Workshops, in denen der DES diskutiert wurde, beruhigten die Gemüter nicht. Doch weder die NBS noch die NSA ließen sich von der schlechten Stimmung beirren. Die Design-Kriterien blieben geheim und im November 1976 wurde der DES zur offiziellen Verschlüsselungsnorm in den USA.

Der DES bewährt sich

Allen Zweifeln der Anfangszeit zum Trotz zeigte der DES Ende der siebziger Jahre immer mehr seine Stärken. Kryptologen in aller Welt nahmen das Verfahren unter die Lupe und versuchten, hinter die immer noch geheimen Ideen der DES-Entwickler zu kommen. Eine ganze Flut von Forschungsarbeiten zum DES entstand. Kryptologen untersuchten statistische Eigenschaften des Verfahrens, mathematische Hintergründe, die Verschlüsselungsgeschwindigkeit unter verschiedenen Rahmenbedingungen und vieles mehr. Die Befürchtung aus den Anfangstagen, der DES sei auf Drängen der NSA mit irgendwelchen Schwächen ausgestattet worden, bewahrheiteten sich nicht. Im Gegenteil: Je mehr sich die Kryptologen in aller Welt mit dem DES beschäftigten, desto mehr wurde klar, dass die Entwickler des Verfahrens erstklassige Arbeit geleistet hatten.

Mit dem DES entwickelte sich die Kryptologie erstmals zu einer Wissenschaft, die auch an Universitäten betrieben und gelehrt wurde. Der Versuch, Verfahren wie den DES zu knacken, galt dabei von Anfang an nicht etwa als anrüchig, sondern als wichtiger Bestandteil der kryptologischen Forschung. Der Grund dafür liegt auf der Hand: Es ist allemal besser, wenn ein Forscher eine Schwachstelle entdeckt und anschließend veröffentlicht, als wenn Kriminelle oder fremde Geheimdienste mit Erfolg als Code-Knacker aktiv werden. Außerdem ist detailliertes Know-how über mögliche Schwachstellen eine wichtige Voraussetzung für die Entwicklung neuer Verfahren.

Code-Knacken gilt nicht als anrüchig

Zu den Spielregeln der akademischen Kryptologie gehört, dass die Funktionsweise eines Verfahrens nicht geheim gehalten wird. Die Sicherheit muss also ausschließlich in der Geheimhaltung des Schlüssels liegen, so wie es das Kerckhoffsche Prinzip vorsieht. Die Regeln sind sogar noch härter: Es genügt in der modernen Kryptologie nicht, dass ein Code-Knacker aus einer abgefangenen verschlüsselten Nachricht den Schlüssel nicht bestimmen kann. Vielmehr muss ein Verfahren auch dann noch genügend Sicherheit bieten, wenn dem Dechiffrierer neben der verschlüsselten auch die unverschlüsselte Nachricht vorliegt. Man hat also beispielsweise aus der Geschichte der Enigma gelernt, die ja nicht zuletzt deswegen geknackt wurde, weil die Alliierten häufig den Inhalt einer abgefangenen Nachricht erraten konnten. Die Anforderungen gehen sogar noch einen Schritt weiter: Selbst wenn ein Code-Knacker die zu verschlüsselnde Nachricht selbst erstellen kann und nachher die verschlüsselte Version davon erhält, darf eine Ermittlung des Schlüssels nicht möglich sein. Der DES erreichte mühelos auch diese höchste Sicherheitsstufe. Bis heute ist keine praktikable Möglichkeit bekannt, den Schlüssel zu ermitteln, selbst wenn die Möglichkeit besteht, die zu verschlüsselnden Daten selbst zu bestimmen.

Das Internet gab dem DES Auftrieb Da man sich also offensichtlich auf die Sicherheit des DES verlassen konnte, wurde das Verfahren schnell populär. Banken setzten den DES zum Absichern von Geldautomaten ein, zahlreiche Pay-TV-Anbieter verschlüsselten damit ihr Programm. Die Geheimnummer einer Euroscheck-Karte wurde bis vor einigen Jahren mit den DES gebildet, Internet-Bezahl-Systeme wie Cybercash nutzten den DES ebenfalls. Als 1988 erstmals eine Norm zur Verschlüsselung von E-Mails veröffentlicht wurde, hieß das eingesetzte Verschlüsselungsverfahren ebenfalls DES. Abgesehen davon sind in den letzten Jahrzehnten unzählige Computer-Programme für unterschiedlichste Zwecke auf den Markt gekommen, die Informationen mit dem DES verschlüsseln. Das Aufkommen des Internets Mitte der 90er Jahre gab dem mittlerweile über 20 Jahre alten Verfahren noch einmal neuen Auftrieb. Bis heute gilt der DES als das Verschlüsselungsverfahren schlechthin.

Dass man sich auf die Sicherheit des DES verlassen konnte, zeigte sich ganz besonders als die beiden bekannten Kryptologen Adi Shamir und Eli Biham 1990 eine neue Methode zum Knacken von Verschlüsselungsverfahren entdeckten. Sie nannten sie **differenzielle Kryptoanalyse**. Die differenzielle Kryptoanalyse funktioniert meist nur, wenn ein Code-Knacker die zu verschlüsselnde Nachricht selbst bestimmen kann, dann aber kann sie eine wirksame Waffe sein. Hinter der differenziellen Kryptoanalyse steckt die Idee, nacheinander zwei Nachrichtenblöcke zu verschlüsseln, die sich nur minimal voneinander unterscheiden. Wird dieser Vorgang einige Millionen Mal mit unterschiedlichen

Block-Paaren wiederholt, dann kann ein Code-Knacker in den zugehörigen verschlüsselten Nachrichten statistische Tendenzen feststellen, die Rückschlüsse auf den Schlüssel erlauben.

Gleich reihenweise gelang es Kryptologen in den Folgejahren, Verschlüsselungsverfahren mit Hilfe der differenziellen Kryptoanalyse zu knacken oder zumindest ihre Sicherheit in Frage zu stellen. Ausgerechnet der DES jedoch, auf den es die Code-Knacker besonders abgesehen hatten, schien sich dieser neuen Methode auf sonderbare Weise zu entziehen. Erst langsam dämmerte es den Kryptologen, dass dies kein Zufall war. Vielmehr hatten die DES-Entwickler die differenzielle Kryptoanalyse bereits gekannt und das Verfahren so gestaltet, dass es dagegen immun war. 1992 gab Don Coppersmith, IBM-Mitarbeiter und Mitglied des Lucifer-Teams, bekannt, was längst alle wussten: Natürlich habe man die differenzielle Kryptoanalyse gekannt und natürlich habe man den DES dagegen abgesichert. Ob es noch weitere, bis dahin unbekannte Dechiffrier-Methoden gab, gegen die der DES abgesichert war, verriet Coppersmith nicht.

> Die differenzielle Kryptoanalyse funktioniert beim DES nicht

Der DES kommt in die Jahre

Kein Zweifel, der DES ist einer der größten Geniestreiche in der Geschichte der Kryptologie. Das Verfahren würde auch heute noch allen Ansprüchen an ein gutes Verschlüsselungsverfahren genügen, wäre da nicht die etwas zu kurz geratene Schlüssellänge. Diese beträgt 56 Bit und lässt damit fast 10^{17} unterschiedliche Schlüssel zu. Natürlich ist es enorm mühsam, eine DES-verschlüsselte Nachricht mit allen möglichen Schlüsseln zu entschlüsseln und das Ergebnis mit der gegebenen Originalnachricht zu vergleichen (ist diese nicht gegeben, dann ist es noch viel mühsamer). Dennoch ist dies möglich. Man vermutet, dass die NSA, die für die kurze DES-Schlüssellänge gesorgt hatte, mit ihrem Milliarden-Budget bereits in den achtziger Jahren zu einem solchen Kraftakt in der Lage war.

Erst 1997
wurde der DES
erstmals
geknackt

Trotz der offensichtlichen Schwäche wurde bis 1997 kein einziger Fall bekannt, in dem jemand den DES durch das Durchprobieren aller Schlüssel geknackt hätte. Die Lage änderte sich jedoch, als die US-Firma RSA Data Security 1996 einen Wettbewerb ausrief, in dem es 10.000 Dollar für das erfolgreiche Entschlüsseln einer DES-Nachricht zu gewinnen gab. Die zugehörige unverschlüsselte Nachricht (aber natürlich nicht der Schlüssel) war über das Internet abrufbar. Es ging also darum, die Verschlüsselung durch das Durchprobieren aller möglichen Schlüssel zu knacken. Dies war zwar eine gewaltige Aufgabe, bei der ein einzelner Heimanwender mit einem PC keine realistische Chance hatte. Mit ausreichend viel Computer-Power schien das Problem jedoch lösbar.

Dies dachte sich offenbar auch der Computer-Spezialist Rocke Verser aus dem US-Bundesstaat Colorado. Er entwickelte ein Computer-Programm, das eine zuvor übergebene Menge von DES-Schlüsseln durchprobierte und feststellte, ob der im Wettbewerb gesuchte Schlüssel dabei war. Dieses Computer-Programm verteilte er über das Internet an alle interessierten Computer-Nutzer, die sich damit an der Suche beteiligen konnten. Verser erreichte auf diese Weise über 14.000 Interessierte, die ihren PC zur Verfügung stellten. Nach und nach wurde so ein DES-Schlüssel nach dem anderen durchprobiert und auf seine Richtigkeit überprüft. Am 18. Juni 1997 – vier Monate nach dem Start der Suchaktion – war es soweit. Ein PC-Anwender aus Salt Lake City, der sich Versers Programm besorgt hatte, stieß auf den richtigen Schlüssel. Vereinbarungsgemäß konnte er sich die 10.000 Dollar Prämie mit Rocke Verser teilen. Dass die ganze Aktion nach nur vier Monaten schon zu Ende war, war allerdings ein Glücksfall: Bis dahin waren erst etwa ein Viertel aller DES-Schlüssel durchprobiert worden. Zufälligerweise war der richtige dabei.

Die Nachricht vom geknackten DES verbreitete sich in der Krypto-Szene wie ein Lauffeuer. Endlich war belegt, dass der DES nicht nur in der Theorie, sondern auch in der Praxis zu knacken war. Und die Entwicklung ging weiter: Die Firma RSA Data Security startete kurze Zeit später einen zweiten DES-Wettbewerb. Dieses Mal stellten über 22.000 Anwender in aller Welt ihre Computer zur Verfügung, um Schlüssel durchzuprobieren. Es dauerte nur 39 Tage, bis der richtige Schlüssel gefunden war. Dabei hatten die DES-Knacker deutlich weniger Glück als beim ersten Mal, denn erst nachdem 85 Prozent aller möglichen Schlüssel durchprobiert waren, stieß ein Anwender auf den richtigen. Anfang 1998, im dritten und bisher letzten DES-Wettbewerb der Firma RSA Security, dauerte es gerade einmal 22 Stunden, den richtigen Schlüssel zu finden. Über 100.000 Anwender hatten sich beteiligt. 22 Stunden gelten bis heute als Weltrekord für das Knacken einer DES-Nachricht in der Öffentlichkeit. Zweifellos ginge es inzwischen noch viel schneller, doch nach dem großen Durchbruch hat die Krypto-Szene die Lust am DES-Knacken offenbar wieder verloren.

Der DES wurde in 22 Stunden geknackt

In der Zwischenzeit hat die Electronic Frontier Foundation (EFF), eine US-amerikanische Bürgerrechtsbewegung, gezeigt, dass der DES auch ohne die Hilfe tausender Computer-Nutzer geknackt werden kann. Die EFF baute, hauptsächlich mit ehrenamtlichen Arbeitskräften, einen Spezialcomputer, der DES-Schlüssel in hoher Geschwindigkeit durchprobiert. Damit schafften sie es, eine DES-Verschlüsselung in 56 Stunden zu knacken. Die Kosten für das Projekt betrugen etwa 250.000 Dollar – für ein größeres Unternehmen beispielsweise eine durchaus akzeptable Investition. Welche Erfolge finanzkräftige Geheimdienste und militärische

Organisationen beim Knacken von DES-Nachrichten erzielt haben, lässt sich angesichts der öffentlich bekannten Resultate nur erahnen. Vermutlich ist das Entschlüsseln einer DES-Nachricht dort bereits seit Jahren Routine.

DES-Nachfolger

FEAL erwies sich als unsicher

Mitte der achtziger Jahre trauten sich erstmals namhafte Wissenschaftler, Verschlüsselungsverfahren zu entwickeln, die dem DES Konkurrenz machen sollten. Zu den ersten DES-Alternativen, die der Öffentlichkeit präsentiert wurden, gehörte 1985 ein Verfahren namens **FEAL** (Fast Encryption Algorithm), das zwei japanische Kryptologen entwickelt hatten. Die beiden FEAL-Erfinder übernahmen zahlreiche Design-Ideen vom DES, statteten das Verfahren aber mit einem 64 Bit langen Schlüssel aus. FEAL übertraf den DES außerdem in der Geschwindigkeit, mit der eine Verschlüsselung ablief. Das Unterfangen, mit FEAL eine Alternative zum DES anzubieten, scheiterte jedoch gründlich: Bereits drei Monate nach Veröffentlichung des Verfahrens entdeckte der Kryptologe Bert den Boer eine Möglichkeit, FEAL zu knacken (Voraussetzung war allerdings, dass die zu verschlüsselnden Daten frei wählbar waren). Es sollte nicht die einzige bleiben. Auch die bereits erwähnte differenzielle Kryptoanalyse fand in FEAL ein wehrloses Opfer. Es war also schnell klar, dass FEAL dem DES nicht das Wasser reichen konnte. Einigen anderen Verfahren ging es nur unwesentlich besser.

Erst ab etwa 1990 gelang es Kryptologen, Verschlüsselungsverfahren zu entwickeln, die es mit dem DES aufnehmen konnten. Zu den ersten gehörte ein in der Schweiz entwickeltes Verfahren namens **IDEA** (International Data Encryption Algorithm). IDEA verwendet einen 128 Bit langen Schlüssel und ist etwas schneller als der DES. Obwohl sich IDEA ähnlich stark wie der DES gegen die Knack-Versuche der Krypto-Szene behauptete, setzte es sich in der Praxis nie so richtig durch. Dies lag vermutlich daran, dass das Verfahren patentiert ist und die Schweizer Firma ASCOM, die die Rechte daran hält, nicht zu knapp Lizenzgebühren verlangt. Ein Verfahren mit 128 Schlüsselbits durch das Durchprobieren aller möglichen Schlüssel knacken zu wollen, ist übrigens ein vollkommen aussichtsloses Unterfangen. Selbst wenn man sämtliche Rechner der Welt für diesen Zweck einspannen könnte, dauerte es deutlich länger als das Alter des Universums, um eine halbwegs realistische Chance zu haben. Auch vor zukünftigen Entwicklungen braucht man sich nicht zu fürchten: Ein hypothetischer Supercomputer, der alle 128-Bit-Schlüssel in überschaubarer Zeit durchprobieren könnte, würde gegen die Gesetze der Physik verstoßen.

DES (*DES*; Data Encryption Standard) Symmetrisches Verschlüsselungsverfahren, das in den siebziger Jahren entstanden ist. Der DES war das erste hochwertige Verschlüsselungsverfahren, das öffentlich bekannt und für die Allgemeinheit verfügbar war. Außer einer zu geringen Schlüssellänge sind bisher keine Schwächen bekannt.

differenzielle Kryptoanalyse Methode zur Dechiffrierung von Verschlüsselungsverfahren, bei der die Differenz zweier unverschlüsselter Texte und deren Fortpflanzung innerhalb des Verschlüsselungsvorgangs betrachtet wird. Für die differenzielle Kryptoanalyse muss der zu verschlüsselnde Text bekannt und am besten frei wählbar sein.

FEAL (Fast Encryption Algorithm) Japanisches Verschlüsselungsverfahren, das sich auf Grund zahlreicher Sicherheitsmängel nicht durchgesetzt hat. Zahlreiche Dechiffrier-Methoden können am Beispiel FEAL demonstriert werden.

IDEA (International Data Encryption Algorithm) Symmetrisches Verschlüsselungsverfahren, das als eines der besten seiner Art gilt. Es wurde von zwei Kryptologen in der Schweiz entwickelt, konnte sich jedoch nicht im großen Stil durchsetzen, da es unter Patentschutz steht.

Lucifer Symmetrisches Verschlüsselungsverfahren der Firma IBM, Vorläufer des Data Encryption Standard (DES). Lucifer hatte eine Schlüssellänge von 128 Bit.

3.2   Box: So funktioniert der DES

Der Data Encryption Standard (DES) verarbeitet Blöcke der Größe 64 Bit (8 Byte). Der Schlüssel ist ebenfalls ein 64-Bit-Block, wovon jedoch 8 Bit nur als Prüfsumme verwendet werden. Die effektive Schlüssellänge des DES beträgt daher 56 Bit. Die Funktionsweise des DES basiert auf lediglich drei einfachen Bit-Operationen:

Der DES arbeitet mit einfachen Bit-Operationen

■ Vertauschung: Die Reihenfolge einzelner Bits in einer Bit-Folge wird geändert (aus abcd kann beispielsweise cdba werden, wobei a, b, c und d jeweils die Werte 0 und 1 annehmen können).

■ Ersetzung: Eine Bit-Folge wird gemäß einer zuvor festgelegten Tabelle durch eine andere ersetzt (aus 0110 kann beispielsweise 1000 werden).

■ Exklusiv-oder-Verknüpfung: Eingabewert sind zwei gleich lange Bit-Folgen. Ausgabewert ist eine weitere Bit-Folge, in der jeweils eine 1 steht, wenn die beiden Bits an gleicher Stelle in den Eingabefolgen unterschiedlich sind, ansonsten eine 0 (beispielsweise wird aus 1001 und 1100 der Wert 0101). Die Exklusiv-oder-Verknüpfung wird durch ein eingekreistes Pluszeichen dargestellt.

Die Funktionsweise des DES ist aus Abb. 3.2-1 ersichtlich. Abgesehen von je einer Vertauschung am Anfang und am Ende besteht das Verfahren aus 16 gleich ablaufenden Runden, wobei stets 32 Bit in der mit F gekennzeichneten Einheit verarbeitet und weitere 32 Bit daran vorbeigeleitet werden. Dieser Ablauf hat den Vorteil, dass eine Entschlüsselung genauso funktioniert wie eine Verschlüsselung.

S-Boxen sorgen für die Sicherheit

Die Sicherheit des DES liegt in der F-Einheit. Sie sieht vor, dass die eingegebenen 32 Bit zunächst mit einem Teil des Schlüssels exklusiv-oder-verknüpft werden. Das Resultat wird acht parallelen Ersetzungen zugeführt, die auch als »S-Boxen« bezeichnet werden. Die S-Boxen, die speziell ausgeklügelt sind, garantieren die hohe Sicherheit des DES-Verfahrens. Wären sie falsch konstruiert, dann wäre der DES einfach zu knacken.

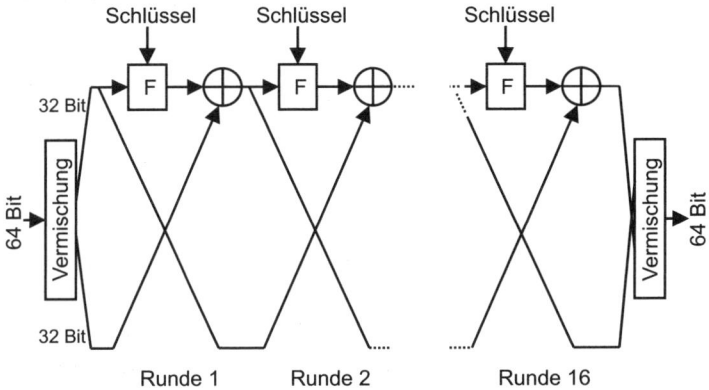

Abb. 3.2-1: Der DES verschlüsselt 64-Bit-Blöcke in 16 Runden. In jede Runde geht ein anderer Teil des Schlüssels ein.

3.3 Box: So funktioniert die vollständige Schlüsselsuche

Nahezu jedes Verschlüsselungsverfahren lässt sich durch eine **vollständige Schlüsselsuche** (auch »brute force« genannt) knacken. Voraussetzung ist, dass der Dechiffrierer die Funktionsweise des Verfahrens genau kennt, und dass er zum abgefangenen Text auch das zugehörige unverschlüsselte Original – wenigstens teilweise – besitzt. Die Vorgehensweise ist nun denkbar einfach: Der Dechiffrierer nimmt einen Schlüssel nach dem anderen und entschlüsselt damit jeweils die Nachricht. Dies macht er so lange, bis er irgendwann auf den richtigen Schlüssel stößt.

Bei der Vigenère-Chiffre ist die vollständige Schlüsselsuche schwierig

Recht einfach ist die vollständige Schlüsselsuche bei der Cäsar-Chiffre, wo es ja nur 25 sinnvolle Schlüssel gibt. Schwieriger wird die Sache schon bei der Vigenère-Chiffre, wo die Anzahl der Schlüssel theoretisch unbegrenzt ist. Geht man davon aus, dass das Schlüsselwort maximal acht Buchstaben besitzt, dann muss der Dechiffrierer im schlimmsten Fall 26^8 , also über 200.000.000.000 Kombinationen, durchprobieren.

Der DES hat eine Schlüssellänge von 56 Bit. Dadurch gibt es 2^{56} und damit fast 10^{17} unterschiedliche Schlüssel. 1998 gelang es, eine DES-Nachricht in 22 Stunden per vollständiger Schlüsselsuche zu entschlüsseln, was den bisherigen Rekord unter den öffentlich bekannten DES-Entschlüsselungen darstellt. Man kann jedoch davon ausgehen, dass mächtige Staatsorganisationen etwas weiter sind, und auch mit einer eine Schlüssellänge von 64 Bit klarkommen.

Einige DES-Nachfolger arbeiten mit 128 Bit Schlüssellänge. Wie es damit aussieht, zeigt die folgende Überlegung:

128 Bit lassen keine vollständige Schlüsselsuche mehr zu

- Bei 128 Bit Schlüssellänge gibt es 2^{128} und damit etwa 10^{38} unterschiedliche Schlüssel.
- Wenn ein Computer eine Million Schlüssel pro Sekunde durchprobieren kann, dann benötigt er 10^{32} Sekunden.
- Wenn eine Million Exemplare eines solchen Computers zur Verfügung stehen, dann benötigen sie zusammen 10^{26} Sekunden.
- Wenn einer der beteiligten Rechner schon auf die richtige Lösung stößt, nachdem nur ein Prozent aller Schlüssel durchprobiert sind, dann benötigt man 10^{23} Sekunden für die richtige Lösung.
- 10^{23} Sekunden sind etwa 10^{16} Jahre.

Eine vollständige Schlüsselsuche dauert bei 128 Bit also selbst bei unrealistisch günstigen Bedingungen immer noch etwa 10.000.000.000.000.000 Jahre. Die von Physikern errechnete Lebensdauer unseres Universums reicht nicht aus, um einen solchen Vorgang zuende zu führen.

vollständige Schlüsselsuche *(brute force)* Durchprobieren aller möglichen Schlüssel bei einem Verschlüsselungsverfahren. Mit der Vollständigen Schlüsselsuche kann jedes Verschlüsselungsverfahren geknackt werden, wenn die Funktionsweise und ein Teil der unverschlüsselten Nachricht bekannt sind. Bei einem guten Verfahren ist diese Vorgehensweise jedoch zu aufwendig.

Glossar

3.4   Das öffentliche Geheimnis

Die siebziger Jahre des letzten Jahrhunderts stehen für den größten Umbruch in der Geschichte der Kryptologie. Dies lag zum einen am Data Encryption Standard (DES), mit dem der Öffentlichkeit erstmals ein sicheres Verfahren zur Verfügung stand. Als mindestens genauso revolutionär erwies sich jedoch eine weitere Technologie aus jener Zeit, die als »asymmetrische Verschlüsselung« bezeichnet wird. Die Geschichte der asymmetrischen Verschlüsselung ist eine Geschichte von genialen Querdenkern, politischen Verwicklungen und mathematischen Fragestellungen, in deren Mittelpunkt eine Idee steht, die gegen die Gesetze der Logik zu verstoßen scheint – sich aber dennoch als umsetzbar erwies.

Das Schlüsselaustausch-Problem

Der DES gilt als erstklassiges Verfahren, weil er das Kerckhoffsche Prinzip in nahezu perfekter Form erfüllte. Die Funktionsweise wurde in allen Einzelheiten öffentlich bekannt gemacht, und dennoch bot es – wie von Kerckhoff

Die Schlüsselübergabe ist ein Problem

gewünscht – eine große Sicherheit, solange man nur den Schlüssel geheim hielt. Noch nicht gelöst war damit jedoch eine andere Fragestellung der Kryptologie: Wie können sich Sender und Empfänger einer verschlüsselten Nachricht auf einen gemeinsamen Schlüssel einigen, den sonst niemand kennt? Dass es keinen Sinn macht, einen Schlüssel zusammen mit der Nachricht zu verschicken, versteht sich – zumal bei einem öffentlich bekannten Verfahren – von selbst. Also bleibt in der Regel nur das Telefon, eine persönliche Übergabe oder der Postweg. Doch diese Möglichkeiten sind häufig unpraktikabel.

In der Kryptologie spricht man in diesem Zusammenhang vom **Schlüsselaustausch-Problem**. Dieses dürfte fast so alt sein wie die Verschlüsselungstechnik selbst: Schon Julius Cäsar musste vor seiner Abreise in die Kriegsgebiete mit seinen Korrespondenzpartnern in Rom vereinbaren, welche Schlüssel er zur Chiffrierung seiner Kriegsberichte nutzen würde. Später nahmen die U-Boote in den beiden Weltkriegen dicke Schlüsselbücher mit an Bord, um verschlüsselt kommunizieren zu können. Auf ähnliche Weise mussten auch die Funkeinheiten an der Front regelmäßig mit Schlüsselmaterial versorgt werden. Der logistische Aufwand konnte erheblich sein, von den Sicherheitslücken, die sich dabei zwangsläufig ergaben, ganz zu schweigen.

Im Internet ist der Schlüsselaustausch besonders schwierig

Im weltweiten Internet hätte das Schlüsselaustausch-Problem sogar zu unüberwindbaren Schwierigkeiten führen können, denn wie soll sich ein durchschnittlicher Computer-Anwender mit allen seinen Kommunikationspartnern auf jeweils einen anderen Schlüssel einigen? Ein ständiges Telefonieren und Versenden von Schlüsseln per Post wäre notwendig gewesen. Dass es nicht soweit kam, verdanken wir einer verblüffenden Lösung des Schlüsselaustausch-Problems, die in der zweiten Hälfte der siebziger Jahre von einigen genialen Köpfen ausgetüftelt wurde: der besagten asymmetrischen Verschlüsselung.

Ralph Merkles Puzzle-Spiele

Der erste, der außerhalb des Militär- und Geheimdienst-Bereichs einen nennenswerten Beitrag zur Lösung des Schlüsselaustausch-Problems leistete, war der US-amerikanische Informatik-Student Ralph Merkle. Merkle, der später zu einem der bedeutendsten Verschlüsselungsexperten aufstieg, gilt als der größte Pechvogel der jüngeren Kryptologie-Geschichte. Gleich mehrfach entwickelte er äußerst interessante Verfahren, die sich jedoch allesamt nicht durchsetzten. Meist war er einfach der erste, der einen bestimmten Weg einschlug und dabei noch nicht alle Unwägbarkeiten abschätzen konnte. So überzeugten seine Verfahren immer wieder durch gute Ideen, wiesen jedoch Mängel auf und schafften deshalb den Durchbruch nicht.

Nach diesem Muster lief es auch, als sich Merkle 1974 erstmals mit dem Schlüsselaustausch-Problem beschäftigte. Der spätere Kryptologe studierte damals noch in Berkeley (Kalifornien), wobei er eine Vorlesung über Computer-Sicherheit besuchte. In dieser war auch vom Schlüsselaustausch-Problem die Rede. Merkle war sofort von diesem Thema fasziniert und kam nach einigem Nachdenken auf eine recht kuriose Idee: Mit Hilfe einfacher Zahlenrätsel wollte er dem Schlüsselaustausch-Problem zu Leibe rücken. Dieser Ansatz ist als **Merkle-Puzzles** in die Kryptologie-Geschichte eingegangen.

Ralph Merkle schlug ein interessantes Verfahren vor

Die Funktionsweise der Merkle-Puzzles lässt sich leicht erklären (wie in der akademischen Kryptologie üblich, gehen wir dabei von den beiden Charakteren Alice und Bob und dem Bösewicht Mallory aus): Alice erstellt eine größere Anzahl – beispielsweise eine Million – von Rätseln, die jeweils als Lösung einen Schlüssel und eine Schlüsselnummer liefern. Diese Rätselsammlung sendet sie an Bob. Bob sucht sich eines der Rätsel aus, löst es und teilt Alice die Schlüsselnummer mit. Nun haben Alice und Bob einen Schlüssel gemeinsam und können ihre Daten damit verschlüsseln. Abhörer Mallory weiß jedoch nicht, welches Rätsel Bob sich ausgesucht hat und muss daher eines nach dem anderen lösen, bis er zufällig auf die Lösung mit der richtigen Schlüsselnummer stößt. Mallorys Aufwand ist dadurch um ein vielfaches höher als der von Bob, denn im Extremfall muss er eine Million Rätsel lösen.

Merkle stieß mit seiner Idee auf Unverständnis

Mit seinen Puzzles hatte Merkle ein Verfahren entdeckt, mit dem man sich über einen abgehörten Kommunikationsweg auf einen gemeinsamen Schlüssel einigen konnte – eine revolutionäre Entwicklung. Leider erkannte sein Dozent die Genialität des Ansatzes nicht und hielt das ganze für Unsinn. Damit hatte er zwar nicht ganz Unrecht, da das Verfahren nicht besonders praktikabel ist, doch die Idee sollte sich als richtig erweisen. So gerieten die Merkle-Puzzles erst einmal in Vergessenheit und wurden erst 1978 veröffentlicht, als die Forschung in diesem Bereich bereits einen großen Schritt vorangekommen war.

Diffie und Hellman

Während Ralph Merkle mit seinen Puzzle-Spielen unbeachtete Pionierarbeit leistete, beschäftigten sich zwei weitere US-amerikanische Kryptologen unabhängig voneinander mit dem Schlüsselaustausch-Problem: Whitfield Diffie und Martin Hellman. Obwohl es sich bei den beiden um völlig unterschiedliche Charaktere handelte, hatten sie ein ähnliches Motiv dafür, nach etwas zu suchen, was andere zu dieser Zeit nicht für möglich hielten: Sie hatten Spaß an ihrer Außenseiterrolle. Diffie betonte später, dass er gerade deshalb das Schlüsselaustausch-Problem lösen wollte, weil es andere für unlösbar hielten. Hellman, der als Jude in einer katholischen Gegend aufgewachsen war, hatte schon als Kind als Außenseiter gegolten und hatte aus dieser Not irgendwann eine Tugend gemacht.

1974 lernten sich Diffie und Hellman kennen. Sie beschlossen, zusammenzuarbeiten und widmeten sich in den Folgejahren an der Universität Stanford dem Schlüsselaustausch-Problem. Nach unzähligen Arbeitsstunden und zahlreichen verworfenen Ideen gelang Hellman in einer Frühjahrsnacht des Jahrs 1976 schließlich der Durchbruch. Er entdeckte ein mathematisches Verfahren, mit dem sich zwei Parteien auf einen gemeinsamen Schlüssel einigen können, obwohl ihre Kommunikation abgehört wird. Das **Diffie-Hellman-Verfahren** war geboren.

Diffie und Hellman arbeiteten zusammen

Angesichts des enormen Aufwands, den Diffie und Hellman in ihre Entwicklung investiert haben, ist ihr Verfahren erstaunlich einfach. Es nutzt die in der Mathematik bekannte Tatsache, dass unter bestimmten Voraussetzungen eine Potenzfunktion (also a^x) vergleichsweise einfach zu berechnen ist, während die Umkehrung (also $\log_x b$) einen großen Rechenaufwand erfordert. Sind die Zahlen groß genug, dann ist die Umkehrung sogar faktisch nicht berechenbar. Das Verfahren sieht nun vor, dass beide Kommunikationspartner (also Alice und Bob) eine Potenzrechnung durchführen, wobei das Ergebnis als **öffentlicher Schlüssel** bezeichnet wird. Ihre öffentlichen Schlüssel senden sich Alice und Bob gegenseitig zu und führen mit dem öffentlichen Schlüssel des jeweils anderen eine weitere Potenzberechnung durch. Als Ergebnis erhalten beide die gleiche Zahl, die sie nun als Schlüssel verwenden können. Abhörer Mallory kann mit den öffentlichen Schlüsseln nur etwas anfangen, wenn ihm die Berechnung der Potenz-Umkehrung, also des Logarithmus, gelingt. Genau das ist jedoch unter den gegebenen Voraussetzungen nicht möglich.

Diffie-Hellman revolutionierte die Kryptologie

Ihr neues Verfahren veröffentlichten Diffie und Hellman 1976 als Zeitschriftenaufsatz mit der Überschrift »New Directions in Cryptography« /Diffie, Hellman 76/. Diese Veröffentlichung, die neben der neuen Verschlüsselungsmethode noch einige weitere Gedanken enthielt, von denen noch die Rede sein wird, gilt bis heute als bedeutendste Forschungsarbeit in der Geschichte der Kryptologie. Der Erfolg ließ nicht lange auf sich warten: Das Diffie-Hellman-Verfahren wurde zu einem wichtigen Grundpfeiler der modernen Verschlüsselungstechnik und ist heute millionenfach auf unterschiedlichsten Computer-Systemen in Verwendung.

Ralph Merkle's Rucksack

Schon bevor Diffie und Hellman ihr Schlüsselaustausch-Verfahren entwickelt hatten, waren die beiden auf eine andere Idee gestoßen: Anstatt sich auf ausgeklügelte Weise auf einen Schlüssel zu einigen, konnten Alice und Bob das Problem auch durch eine besondere Form der Verschlüsselung lösen. Bei dem von Diffie entwickelten Ablauf nimmt Alice den öffentlichen Schlüssel von Bob und verwendet ihn zur Verschlüsselung der Nachricht. Nur Alice darf mit ihrem dazu passenden **privaten Schlüssel** in der Lage sein, die Nachricht wieder zu entschlüsseln.

Diffie und Hellman entdeckten die asymmetrische Verschlüsselung

Damit hatten Whitfield Diffie und Martin Hellman die Methode entdeckt, die heute als **asymmetrische Verschlüsselung** bezeichnet wird. Die asymmetrische Verschlüsselung, die Diffie und Hellman ebenfalls in »New Directions in Cryptography« beschrieben, wird oft mit einem Briefkasten verglichen: Bobs öffentlicher Schlüssel entspricht dabei einem Briefkasten, in den Alice zwar durch einen engen Schlitz etwas einwerfen kann. Den Inhalt wieder herausholen kann jedoch nur Bob mit dem Briefkastenschlüssel, der dem privaten Schlüssel des Verfahrens entspricht.

Diese Überlegungen waren jedoch zunächst nur graue Theorie. Denn trotz monatelanger Forschungsarbeit fanden Diffie und Hellman kein Verfahren, das die asymmetrische Verschlüsselung in die Praxis umsetzte. So blieb es erneut dem Krypto-Pechvogel Ralph Merkle vorbehalten, den nächsten Schritt zu tun. Zusammen mit Martin Hellman konstruierte dieser aus dem so genannten »Knapsack-Problem« ein Verschlüsselungsverfahren, das dem Prinzip der asymmetrischen Verschlüsselung scheinbar perfekt entsprach. Das Knapsack-Problem ist eine seit langem bekannte Fragestellung aus der Informatik, in der es darum geht, aus einer Menge von Zahlen bestimmte Vertreter herauszusuchen, die zusammengezählt eine vorgegebene Summe ergeben. Der Name »Knapsack« hat folgenden Hintergrund: Man kann sich die Zahlen als Gewichte vorstellen, die in einen Rucksack (Knappsack, im Englischen fällt das zweite »p« weg) gepackt werden, wobei der Rucksack ein genau definiertes Gesamtgewicht haben muss. Merkle und Hellman nutzten dieses Prinzip, indem sie die »Gewichte« und den »Rucksack« auf ausgeklügelte Weise als öffentlichen Schlüssel verwendeten, wobei das »Bepacken« der Verschlüsselung entsprach.

Mit dem so entstandenen **Knapsack-Verfahren** hatten Merkle und Hellman zweifellos eine elegante und praktikable asymmetrische Verschlüsselungsmethode geschaffen. Doch sie hatten Pech: Bereits 1978 fanden Kryptologen erste Sicherheitslücken, die schließlich dazu führten, dass das Verfahren komplett geknackt wurde. Wieder einmal hatte Ralph Merkle Pionierarbeit geleistet, die zwar anderen auf die Sprünge half, die jedoch selbst nicht zum Erfolg führte.

Das Knapsack-Verfahren erwies sich als unsicher

RSA entsteht

Während Merkle und Hellman noch an ihren Rucksäcken bastelten, stießen drei Wissenschaftler der Bostoner Elite-Universität MIT auf den von Diffie und Hellman geschriebenen Fachaufsatz »New Directions in Cryptography«. Dabei handelte es sich um die beiden Informatiker Ron Rivest und Adi Shamir sowie um den Mathematiker Leonard Adleman. Die drei sahen in der asymmetrischen Verschlüsselung eine viel versprechende Herausforderung und beschlossen, ihre Forschungsaktivitäten darauf zu konzentrieren. Sie suchten also nach einem mathematischen Verfahren, das die Vorgaben von Diffie und Hellman erfüllte.

Rivest, Shamir
und Adleman
erfanden RSA

Ihre Suche bedeutete für Rivest, Shamir und Adleman einen Streifzug quer durch die Mathematik. Sie nahmen sich unterschiedlichste Gebiete vor und suchten dabei stets nach Funktionen, die sich für den Einsatz mit öffentlichen und privaten Schlüsseln eigneten. Im April 1977 gelang Rivest der Durchbruch: Er beschäftigte sich gerade mit einem Teilgebiet der Zahlentheorie, als er plötzlich eine Idee hatte, wie er daraus ein Verschlüsselungsverfahren konstruieren konnte. Dies war zwar noch nichts Besonderes, denn die drei Wissenschaftler hatten bereits mehrere derartige Einfälle gehabt, die sich alle als Sackgasse erwiesen. Meist hatte Leonard Adleman den Pferdefuß entdeckt, und so war dieser auch gegenüber der neuen Idee erst einmal skeptisch. »Am nächsten Tag hatte er [Ron Rivest, K.S.] schon ein handgeschriebenes Manuskript«, berichtete Adleman 2004 in einem FOCUS-Interview /Ricadela 04/. »Ich dachte: Das wird das am wenigsten gelesene Papier, an dem ich je beteiligt war.« Doch es kam anders: Trotz ausführlicher Prüfung fanden die drei keine Schwachstelle in Rivests Idee. So entstand das Verfahren, das die drei Wissenschaftler nach den Anfangsbuchstaben ihrer Nachnamen benannten: **RSA**.

Das RSA-Verfahren basiert auf der Multiplikation von Primzahlen (eine Primzahl ist eine Zahl, die nur durch sich selbst und durch eins teilbar ist). Das Multiplizieren zweier Primzahlen ist mit Computer-Unterstützung selbst bei großen Zahlen recht einfach zu bewerkstelligen. Die Umkehrung – also der Vorgang, aus dem Produkt zweier Primzahlen die beiden richtigen Faktoren zu finden – ist dagegen recht aufwendig. Sind die involvierten Zahlen groß genug – beispielsweise über 100 Stellen -, dann geht selbst der stärkste Rechner bei einer solchen Primzahlzerlegung in die Knie.

Diese Primzahlen-Rechnung nutzt das RSA-Verfahren, indem es den öffentlichen Schlüssel als Primzahlprodukt festlegt. Der private Schlüssel besteht aus den zwei zugehörigen Primzahlen. Wenn Alice eine Nachricht verschlüsseln will, dann nimmt sie Bobs öffentlichen Schlüssel – also das Primzahlprodukt – und führt mit diesem sowie mit der Nachricht eine spezielle Berechnung durch, die der Verschlüsselung entspricht. Diese Berechnung kann nur Bob mit dem privaten Schlüssel – also den beiden Primzahlen – rückgängig machen. Nur er kann daher die Nachricht entschlüsseln.

RSA arbeitet mit Primzahlen

Die drei RSA-Erfinder beschrieben ihr Verfahren in einem Forschungsaufsatz, den sie zur Veröffentlichung an eine Fachzeitschrift gaben. Gleichzeitig sendeten sie eine Beschreibung an Martin Gardner, den bekannten Wissenschaftsautor, der damals eine Kolumne über mathematische Spielereien in der Zeitschrift »Scientific American« (die deutsche Ausgabe davon heißt »Spektrum der Wissenschaft«) betreute. Gardner war vom RSA-Verfahren so begeistert, dass er es im August 1977 in seiner Kolumne veröffentlichte. Da der Aufsatz in der Fachzeitschrift erst später erschien, ergab sich ein interessantes Kuriosum: Die erste öffentliche Beschreibung von RSA fand ausgerechnet auf der Unterhaltungsseite einer Zeitschrift statt.

Das gefährliche Juwel

RSA erwies sich als sicher

Natürlich konnten Rivest, Shamir und Adleman seinerzeit nicht abschätzen, welches Juwel von Verschlüsselungsverfahren sie mit RSA entdeckt hatten. Dies sollte sich jedoch ändern, denn ähnlich wie beim DES machten sich Kryptologen in aller Welt nun daran, die Methode und ihre mathematischen Hintergründe genauestens zu untersuchen. Dabei kamen zwar mehrere Schwachstellen zu Tage, doch diese betrafen stets nur Spezialfälle. Wenn man jedoch die Primzahlen groß genug wählte und einige speziellen Konstellationen vermied, blieb RSA sicher. Daran hat sich bis heute nichts geändert.

Während sich die Fachwelt für RSA begeisterte, wurde den drei Erfindern immer mehr klar, dass sie in ein politisches Wespennest gestochen hatten. Mit RSA und Diffie-Hellman gab es nun nämlich auf einmal sichere und Lösungen für den Schlüsselaustausch, die jedermann nutzen konnte. Von diesem Umstand fühlte sich vor allem die US-Geheimbehörde NSA bedroht, die schon bei der Entwicklung des DES eine nicht unwesentliche Rolle gespielt hatte. Aufgabe der NSA ist bekanntlich das weltweite, systematische Lauschen, wobei es sich von selbst versteht, dass die staatlichen Schnüffler an einer Verbreitung kryptologischer Verfahren nicht das geringste Interesse hatten.

Die NSA bekämpfte RSA

Die Maßnahmen, die die NSA nun startete, klingen aus heutiger Sicht äußerst grotesk. So drängte die Behörde darauf, dass kryptologische Forschungen nicht mehr staatlich finanziert würden. Darüber hinaus drohte die NSA den RSA-Erfindern mit harten Strafen für den Fall, dass sie eine Beschreibung ihres Verfahrens veröffentlichten. Dass zu diesem Zeitpunkt schon mehrere Dutzend Leute RSA zu Gesicht bekommen hatten, schien die staatlichen Lauscher nicht zu irritieren. Die rechtliche Grundlage für diese Drohung war eine Bestimmung, die den Export kryptologischer Lösungen verbot. Doch die Intervention der NSA hatte keinen Erfolg: Juristen bestätigten, dass Papierdokumente nicht unter die Exportbestimmungen fielen, außerdem ließ sich eine Verbreitung des Wissens über die Verfahren ohnehin nicht mehr verhindern. Die asymmetrische Verschlüsselung konnte also ihren Siegeszug durch die Computer-Welt antreten.

So entwickelte sich RSA im Lauf der Jahre zu einem vollen Erfolg. Zunächst etablierte es sich als wichtigstes Verschlüsselungsverfahren neben dem DES, mit dem es sich hervorragend ergänzte. Während der DES jedoch Ende der neunziger Jahre immer mehr an Bedeutung verlor und durch andere Verfahren ersetzt wurde, konnte sich RSA bis heute behaupten. Schon alleine durch diese Erfolgsgeschichte sicherten sich Rivest, Shamir und Adleman einen Platz in der Ruhmeshalle der Kryptologie. Während Adleman sich in den Folgejahren anderen Forschungsgebieten widmete, blieben Rivest und Shamir der Kryptologie treu. Beide etablierten sich unter den weltweit angesehensten Experten in diesem Bereich, wobei viele Ron Rivest dank seiner zahlreichen weiteren Entdeckungen für den bedeutendsten zivilen Kryptologen der Welt halten.

Ein genialer Teenager

Während sich RSA zum bedeutendsten aller asymmetrischen Verschlüsselungsverfahren entwickelte, blieb die Kryptologie-Szene nicht untätig. So entstanden im Lauf der Jahre mehrere Dutzend Alternativen zu RSA, die sich teilweise durch eine höhere Verschlüsselungsgeschwindigkeit auszeichneten oder andere Vorteile boten. Einige dieser Verfahren erwiesen sich als unsicher, andere kamen schlichtweg zu spät, um sich noch gegen den Platzhirsch RSA noch

Es gibt mehrere Alternativen zu RSA

durchzusetzen. Die teilweise recht komplizierte Mathematik solcher Verfahren brachte es mit sich, dass sich meist nur Spezialisten dafür interessierten, während die Industrie mit der Implementierung und Verbreitung von RSA schon ausreichend beschäftigt war. Als jedoch im Januar 1999 wieder einmal von einem neuen asymmetrischen Verschlüsselungsverfahren berichtet wurde, war alles anders. Dieses Mal stürzten sich selbst Tageszeitungen und Nachrichtenmagazine auf die neue Methode und brachten damit die gesamte Krypto-Szene in Aufruhr. Die Ursache für das Medieninteresse war jedoch weniger das neue Verfahren selbst als vielmehr dessen Erfinderin, bei der es sich um die erst 17-jährige Irin Sarah Flannery handelte. Die Tatsache, dass ein mathematisch hochbegabter Teenager im Konzert der großen Kryptologen mitmischen konnte, versetzte die gesamte Medienwelt ins Staunen.

Flannery, so war beispielsweise in einem FOCUS-Artikel nachzulesen, stammte aus der irischen Grafschaft Cork und war die Tochter eines Mathematikdozenten und einer Mikrobiologin. Die älteste von fünf Geschwistern kam 1997 bei einem von ihrem Vater gehaltenen Abendkurs erstmals mit der Kryptologie in Berührung und absolvierte im Jahr danach ein Praktikum bei der auf Kryptologie-Produkte spezialisierten Dubliner Firma Baltimore Technologies. Der Unternehmensgründer Michael Purser brachte sie auf die Idee zur Entwicklung des Verfahrens, das sie später bekannt machen sollte. Weitere Anregungen holte sie sich in den Arbeiten des britischen Mathematikers Arthur Cayley, der sich im 19. Jahrhundert mit den Eigenschaften von Matrizen (also von Zahlentabellen) beschäftigt hatte. So ergab sich auch der Name des Verfahrens, das Flannery **Cailey-Purser** nannte, wobei sie auf eine Benennung nach ihr selbst bescheidenerweise verzichtete. Mit Cayley-Purser beteiligte sich Sarah Flannery am irischen Gegenstück zu »Jugend forscht« und gewann den ersten Preis. Anfang Februar 1999 bekam die Presse davon Wind und machte den Teenager über Nacht zum Medienstar.

Das Besondere am Cailey-Purser-Verfahren ist, dass es sich dabei nicht um ein völlig neues Verfahren, sondern um eine RSA-Weiterentwicklung handelt. Flannery ersetzte dabei einige Rechenoperationen mit großen Zahlen durch deutlich weniger aufwendige Matrixrechnungen. Das Ergebnis war erstaunlich: Bei gleicher Länge des privaten Schlüssels bot Cailey-Purser eine vielfach höhere Verschlüsselungsgeschwindigkeit. Bei 1.000 Bit war Cailey-Purser beispielsweise um den Faktor 33 schneller. Da konnte man auch in Kauf nehmen, dass der öffentliche Schlüssel und die verschlüsselte Nachricht etwa acht mal so lang waren wie bei RSA. Flannerys Verfahren hatte also einiges für sich, denn es bot eine deutlich höhere Verschlüsselungsgeschwindigkeit, ohne dass man dafür alle RSA-Erfahrungen beiseite legen musste. Hatte der irische Teenager damit unter den vielen RSA-Alternativen diejenige entdeckt, die sich wirklich durchsetzen würde?

Noch konnte kein Experte eine zuverlässige Aussage zu Cailey-Purser machen, denn während sich die Journalisten bei den Flannerys die Klinke in die Hand gaben und es die älteste Tochter sogar auf die Titelseite der Times brachte, blieb die Funktionsweise des Verfahrens erst einmal geheim. Einige Experten hatten Sarah Flannery zu diesem Schritt geraten, um eine Patentierung zu ermöglichen. Flannery lehnte dies jedoch nach einigem Überlegen ab und kündigte an, Cailey-Purser auf der alljährlich im August stattfindenden »Crypto«-Konferenz in Kalifornien vorzustellen. Es blieb jedoch bei der Ankündigung, denn Flannery wollte ihr Verfahren zunächst selbst noch einmal unter die Lupe nehmen, und so musste sich die Krypto-Szene weiter gedulden. Im Herbst 1999 kursierte schließlich eine von Flannery selbst

Cailey-Purser ähnelt RSA

verfasste Beschreibung des Verfahrens im Internet, deren Herkunft bis heute nicht geklärt ist. Nun endlich konnten Experten Cailey-Purser analysieren.

Flannery knackte ihr eigenes Verfahren

Der Hauptteil der Cailey-Purser-Beschreibung verdeutlichte, dass Sarah Flannery tatsächlich ein äußerst interessantes Verfahren entdeckt hatte, das der akademischen Forschung bis dahin noch nicht bekannt war. Eine Revolution war dennoch nicht davon zu erwarten, denn im Anhang des Papiers beschrieb die Verfasserin eine von ihr selbst entwickelte Methode zum Knacken des Verfahrens. Doch was für Laien zunächst nach einem Flop aussah, brachte Sarah Flannery großes Ansehen in der Krypto-Szene ein. »Jeder kann ein neues Verschlüsselungsverfahren erfinden«, schrieb beispielsweise Krypto-Papst Bruce Schneier /Schneier 99/. »Aber nur sehr wenige sind intelligent genug, um ein solches zu lösen. Dass sie ihr eigenes System geknackt hat, macht Flannery als Kryptologin noch vielversprechender.«

Auch ansonsten erhielt Flannery für ihre Arbeit viel Lob, wobei sie einen Gratulationsanruf von RSA-Miterfinder Ron Rivest als größte Ehre betrachtete. Zusätzlich stapelten sich bei Flannery interessante Stellenangebote, die sie jedoch zunächst einmal zugunsten ihres Schulabschlusses ablehnte. Aus den Schlagzeilen verschwand Sarah Flannery schnell wieder, und neue kryptologische Forschungsergebnisse sind bis heute nicht von ihr bekannt geworden. Dennoch konnte sie am Ende auch finanziell von ihrer Popularität profitieren: Ihr mit ihrem Vater zusammen veröffentlichtes Buch »In Code« wurde in Irland zum Bestseller /Flannery 01/.

Die Vorgeschichte

So groß die Pionierleistungen von Diffie, Hellman und Co. auch waren, sie gelten nur mit einer Einschränkung: Es geht hierbei ausschließlich um Entwicklungen, die an Universitäten und in Unternehmen stattgefunden haben. Dagegen kann die geheime Arbeit der Kryptologen im Dienst von Militärbehörden und Geheimdiensten aus nahe liegenden Gründen bei dieser Betrachtung nicht berücksichtigt werden. Diese Überlegung gilt natürlich auch für die asymmetrische Verschlüsselung, als deren Pioniere Diffie, Hellman, Merkle, Rivest, Shamir und Adleman gelten. Aber waren sie wirklich die ersten? Wie wir heute wissen, waren sie es nicht, denn Ende der neunziger Jahre gelangten einige Informationen aus Geheimdienstkreisen an die Öffentlichkeit, die das Gegenteil belegen.

Die asymmetrische Verschlüsselung war nicht neu

Die übliche Verdächtige in solchen Fragen ist stets die NSA, die ein ganzes Heer von Kryptologen beschäftigt. In der Tat gibt es eine Aussage des früheren NSA-Vorsitzenden Bobby Inman die darauf hindeutet, dass seine Behörde bereits ein Jahrzehnt vor Diffie und Hellman die asymmetrische Verschlüsselung kannte. Details dazu sind jedoch bisher genauso wenig an die Öffentlichkeit gedrungen wie ein Beleg für diese Behauptung. Es existieren lediglich vage Indizien dafür, dass die NSA für die Steuerung von Atomwaffen und für den Betrieb eines geheimen Telefonsystems schon früh asymmetrische Verfahren einsetzte.

Sehr viel mehr weiß man dagegen inzwischen über eine frühe Erfindung der asymmetischen Verschlüsselung bei der britischen Geheimdienst-Organisation GCHQ. Im Dezember 1997 präsentierte der bis dahin kaum bekannte britische Kryptologe Clifford Clocks bei einem Kongress zum Thema Computer-Sicherheit eine Forschungsarbeit zu einem speziellen Thema im Zusammenhang mit dem RSA-Verfahren. Zur

RSA und Diffie-Hellman wurden schon früher erfunden

großen Überraschung der Anwesenden stellte er seinem Vortrag die Information voran, dass er selbst dieses Verfahren erfunden hatte. Damit war eine Bombe geplatzt, die die gesamte Fachwelt in Aufregung versetzte.

Bereits 1969, so war nun zu erfahren, hatte James Ellis, ein Kryptologe in Diensten des GCHQ, die Idee zur Entwicklung der asymmetrischen Verschlüsselung gehabt. 1973 erfand schließlich sein Kollege Clifford Cocks das Verfahren, das später als RSA bekannt werden sollte. 1975 gelang dann Malcolm Williamson, einem weiteren GCHQ-Kryptologen, die Entwicklung eines Diffie-Hellman-ähnlichen Verfahrens. Von alldem erfuhr die Öffentlichkeit jedoch nichts, und so mussten die britischen Kryptologen zuschauen, wie ihre Kollegen in den USA die Lorbeeren ernteten. Erst 1997 erhielt Cocks schließlich die Erlaubnis, die Geschichte seiner Entdeckung zu veröffentlichen. Die Kryptologie hatte ihre große Sensation.

Bei den Briten kam RSA vor Diffie-Hellman

Interessanterweise stießen die britischen Verschlüsselungsexperten zuerst auf das RSA-Verfahren und dann erst auf Diffie-Hellman, während es sich im akademischen Bereich umgekehrt verhielt. Noch bemerkenswerter fanden viele jedoch einen anderen Aspekt: Sowohl beim GCHQ als auch in der akademischen Welt waren Diffie-Hellman und RSA die ersten sicheren Verfahren, auf die man stieß. Dies ist keineswegs selbstverständlich angesichts der Tatsache, dass man heute mehrere Dutzend asymmetrische Verfahren kennt. Einen wichtigen Unterschied gab es jedoch: Die britischen Geheimdienstler erkannten den wahren Wert ihrer Entwicklungen offensichtlich nicht und verzichteten daher auf eine Patentierung. Die akademischen Erfinder von

Diffie-Hellman und RSA scheffelten dagegen Millionen für ihre Erfindungen.

asymmetrische Verschlüsselungsverfahren verwenden zwei unterschiedliche Schlüssel zum Ver- und Entschlüsseln der Daten: den öffentlichen (public key) und den privaten Schlüssel (private key). Will ein Sender an einen Empfänger geheime Daten schicken, dann fordert er zunächst den öffentlichen Schlüssel an und verschlüsselt alle zu übertragenen Daten damit. Entschlüsselt werden können sie nur vom Empfänger, der den – geheimen – privaten Schlüssel besitzt.

Caley-Purser Verschlüsselungsverfahren, das von der damals 17-jährigen Irin Sarah Flannery entwickelt wurde. Funktioniert ähnlich wie RSA, ist allerdings deutlich schneller. Das Verfahren wurde von Flannery selbst geknackt.

Diffie-Hellman-Verfahren Verfahren zur Vereinbarung eines gemeinsamen geheimen Schlüssels über eine unsichere Leitung, das auf Prinzipen der diskreten Mathematik beruht. Wurde von den US-Kryptologen Whitfield Diffie und Martin Hellman erfunden.

Knapsack-Verfahren Asymmetrisches Verschlüsselungsverfahren, das sich auf Grund von Sicherheitsmängeln nicht durchgesetzt hat. Es basiert auf dem so genannten Knapsack-Problem.

Merkle-Puzzles Experimentelles Verfahren zur Lösung des Schlüsselaustausch-Problems, das für die Praxis nicht geeignet ist. Es gilt jedoch als das erste Verfahren dieser Art aus dem akademischen Bereich überhaupt.

privater Schlüssel *(private key)* Wird von asymmetrischen Verschlüsselungsverfahren verwendet, um Dokumente zu signieren und mit dem öffentlichen Schlüssel verschlüsselte Dokumente wieder zu entschlüsseln. Der private Schlüssel muss immer geheim bleiben.

RSA (Rivest, Shamir, Adleman) Bedeutendstes Verfahren für die asymmetrische Verschlüsselung und die digitale Signatur. Wurde von Rivest, Shamir und Adleman erfunden, nach deren Anfangsbuchstaben das Verfahren benannt ist.

Schlüsselaustausch-Problem Problemstellung in der Kryptologie, die darin besteht, dass zwei Kommunikationspartner sich auf einen gemeinsamen geheimen Schlüssel einigen müssen, obwohl dazu kein sicherer Kanal zur Verfügung steht.

öffentlicher Schlüssel Informationseinheit, die mit Hilfe eines geeigneten Verfahrens zur asymmetrischen Verschlüsselung genutzt werden kann. Das Gegenstück ist der private Schlüssel, mit dem die Entschlüsselung erfolgt.

Glossar

3.5   Box: So funktioniert das Alice-Bob-Modell

Wenn Kryptologen ein Verfahren erklären, bei dem es mehrere Beteiligte gibt (man spricht dabei auch von einem Protokoll), dann tun sie dies meist mit den Charakteren Alice und Bob. In der Regel kommunizieren Alice und Bob über einen Kanal, der von dem Bösewicht Mallory (vom englischen »mal«, also schlecht, abgeleitet) abgehört wird (Abb. 3.5-1). Manche Autoren überlassen auch Eve (»eavesdrop« heißt abhören) diesen Part. Bei Bedarf kommen mit Carol und Dick weitere Kommunikationspartner ins Spiel.

Alice und Bob treten auch in vielen Veröffentlichungen auf

Das Alice-Bob-Modell sieht vor, dass Mallory nicht nur die Kommunikation zwischen Alice und Bob in allen Einzelheiten mitbekommt, sondern auch die verwendeten Verfahren genau kennt. Alice und Bob stehen also für ein Worst-Case-Szenario, das Kryptologen gerne als Grundlage für ihre Überlegungen verwenden. Selbst in kryptologischen Fachveröffentlichungen kann man Sätze lesen wie »Alice schickt ihren öffentlichen Schlüssel an Bob, der wiederum seinen öffentlichen Schlüssel an Alice sendet.«

Abb. 3.5-1: Kryptologen erklären Abläufe am liebsten mit den Charakteren Alice, Bob und Mallory. Letzter ist der Bösewicht.

3.6 Box: So funktioniert das Diffie-Hellman-Verfahren

Mit dem Diffie-Hellman-Verfahren können sich Alice und Bob über das Internet auf einen gemeinsamen geheimen Schlüssel einigen, selbst wenn Bösewicht Mallory die gesamte Kommunikation abhört. Bei der Mathematik, die hinter dem Verfahren steckt, spielt das so genannte Modulo-Rechnen eine Rolle. Das Rechnen»modulo n« bedeutet, dass es nur die Zahlen 0, 1, 2, 3, 4, ..., n-1 gibt. Kommt bei einer Rechnung eine Zahl heraus, die kleiner als 0 oder größer als n-1 ist, dann wird so lange n dazugezählt oder abgezogen, bis wieder eine Zahl zwischen 0 und n-1 entsteht. Es gilt daher beispielsweise 4+5=2 (mod 7) oder 1-5=5 (mod 9). Beim Modulo-Rechnen gibt es natürlich auch eine Multiplikation und eine Potenzfunktion sowie die dazu gehörenden Umkehrungen, die Division und den Logarithmus. Interessanterweise ist die Berechnung einer Modulo-Potenzfunktion vergleichsweise einfach zu bewerkstelligen, während die Umkehrung, also der Modulo-Logarithmus, bei größeren Zahlen einen immensen Aufwand erfordert. Dieses Missverhältnis nutzt man beim Diffie-Hellman-Verfahren aus.

Wenn Alice und Bob das Diffie-Hellman-Verfahren anwenden, dann einigen sie sich zunächst auf eine Zahl n, nach der modulogerechnet wird. Um bestimmte Sicherheitsprobleme zu vermeiden, sollte n eine Primzahl sein (zum Beispiel 11). Außerdem benötigen die beiden eine Zahl g, die kleiner als n ist (zum Beispiel 2). Nun beginnt folgender Ablauf (man beachte, dass darin zwar Modulo-Potenzfunktionen, aber keine Modulo-Logarithmen vorkommen, weshalb alle Berechnungen vergleichsweise wenig Aufwand erfordern):

Alice und Bob wählen gemeinsame Zahlen

1 Alice wählt eine Zahl x (zum Beispiel 7) und berechnet g^x (mod n). Im Beispiel wäre dies $2^7 = 7$ (mod 11). Diese Zahl 7 sendet sie an Bob.

2 Bob wählt seinerseits eine Zahl y (zum Beispiel 5) und berechnet g^y (mod n), also $2^5 = 10$ (mod 11). Die Zahl 10 sendet er an Alice.

3 Bob berechnet $(g^x)^y$ (mod n), also $(2^7)^5$ (mod 11) = 10.

4 Alice berechnet $(g^y)^x$ (mod n), also $(2^5)^7$ (mod 11) = 10.

Bei Diffie-Hellman kommen große Zahlen zum Einsatz

Nun besitzen Alice und Bob die gleiche Zahl 10, die sie als Schlüssel verwenden können. Abhörer Mallory kann diese Zahl nur bestimmen, wenn er aus den abgefangenen Informationen x oder y ermitteln kann. Dazu muss er jedoch einen Modulo-Logarithmus berechnen. Wenn die verwendeten Zahlen groß genug sind (mehrere hundert Stellen), ist eine solche Berechnung unter realistischen Voraussetzungen nicht mehr möglich, während alle anderen notwendigen Rechenoperationen noch in Sekundenschnelle durchgeführt werden können. Alice und Bob können also davon ausgehen, dass Mallory den Schlüssel nicht ermitteln kann.

3.7 Digitale Signaturen

Die in den siebziger Jahren entstandene asymmetrische Verschlüsselung revolutionierte die Kryptologie nicht nur, weil sie das Schlüsselaustausch-Problem löste. Vielmehr hatte sie eine weitere interessante Eigenschaft zu bieten: Die meisten asymmetrischen Verschlüsselungsverfahren können nicht nur Daten verschlüsseln, sondern lassen sich auch zur Berechnung fälschungssicherer Prüfsummen verwenden. Eine solche Prüfsumme, die mit einem Schlüssel erstellt wird, wird **digitale Signatur** genannt. Laien vermuten hinter einer digitalen Signatur oft eine eingescannte

Unterschrift, doch damit hat diese kryptologische Technik nichts zu tun.

Eine neue Technik entsteht

Dass sich die asymmetrische Verschlüsselung auch für digitale Signaturen nutzen lässt, beschrieben bereits Whitfield Diffie und Martin Hellman in ihrem 1976 erschienen legendären Aufsatz »New Directions in Cryptography« (Abschnitt »Das öffentliche Geheimnis« (S. 213)). Das Anwendungsprinzip ist denkbar einfach: Wenn Alice eine Nachricht verschickt, wendet sie darauf ein spezielles Signaturverfahren an, in das auch ihr privater Schlüssel eingeht. Das Ergebnis ist die digitale Signatur, die sie zusammen mit der Nachricht versendet. Empfänger Bob kann die Korrektheit der digitalen Signatur mit Alices öffentlichem Schlüssel überprüfen. Da nur Alice ihren privaten Schlüssel kennt, kann niemand die digitale Signatur fälschen. Jede Änderung an der Nachricht führt dazu, dass die Überprüfung mit dem öffentlichen Schlüssel ein negatives Ergebnis liefert. Die Bezeichnung »digitale Signatur« kommt nicht von ungefähr: In Form einer Chipkarte, auf der ein privater Schlüssel gespeichert ist, und eines geeigneten Computer-Systems kann eine digitale Signatur in vielen Fällen die Unterschrift von Hand ersetzen.

> Die digitale Signatur liefert einen Ersatz für die Unterschrift von Hand

In ihrer Forschungsarbeit beschrieben Diffie und Hellman damit eine interessante Idee. Das konkrete Verfahren zur Umsetzung fehlte ihnen jedoch damals noch. Weder die Diffie-Hellman-Methode für den Schlüsselaustausch noch das Knapsack-Verfahren von Merkle und Hellman ließen sich nach damaligem Kenntnisstand für digitale Signaturen einsetzen (erst später stießen Kryptologen auf Erweiterungen, die dies möglich machten). Anders verhielt es sich jedoch bei dem von Rivest, Shamir und Adleman entwickelten RSA-Verfahren. Dieses war zwar für die asymmetrische Verschlüsselung gedacht, doch es eignete sich gleichermaßen gut auch für digitale Signaturen. Damit startete das RSA-Verfahren gleichsam eine Doppelkarriere, denn in beiden Einsatzbereichen entwickelte sich die auf Primzahlen basierende Methode zur mit Abstand bedeutendsten ihrer Art. Auch deshalb gilt RSA heute als das wichtigste kryptologische Verfahren überhaupt.

Ein Wendepunkt in der Kryptologie-Geschichte

Digitale Signaturen erweiterten die Kryptologie

Die Erfindung der digitalen Signatur markierte einen wichtigen Wendepunkt in der Geschichte der Kryptologie: 3.500 Jahre lang diente diese Wissenschaft ausschließlich dem Verbergen von Informationen vor unerwünschten Mitlesern. Nun gab es in Form der digitalen Signatur auf einmal eine zweite Anwendung, bei der es nicht mehr um Verheimlichung, sondern um das Verhindern von Manipulation ging. Für Kryptologen in aller Welt entwickelte sich dadurch ein völlig neues Betätigungsfeld, das bis heute unzählige Forschungsarbeiten hervorgebracht hat. Whitfield Diffie und Martin Hellman, die Erfinder der Public-Key-Verschlüsselung, sorgten also auch in dieser Hinsicht für eine Revolution.

Bis zum Einsatz digitaler Signaturen in der Praxis vergingen jedoch noch ein paar Jahre. Nach bescheidenen Anfängen sorgte schließlich der Internet-Boom Mitte der Neunziger dafür, dass nun das Interesse an dieser außergewöhnlichen Technik deutlich anstieg. Marktbeobachter sagten der digitalen Signatur eine glänzende Zukunft voraus. Die möglichen Anwendungen dafür waren offensichtlich: Immer mehr Unternehmen wollten das Internet aus Kostengründen für das Versenden von Bestellungen, Rechnungen, Überweisungsaufträgen, Quittungen und ähnlichen Dokumenten verwenden – eine Unterschrift ließ sich dabei jedoch aus nahe liegenden Gründen höchstens in Form einer Abbildung übermitteln. Diese Lücke sollte die digitale Signatur schließen.

Durch den nun einsetzenden Signatur-Boom wurde auch der Begriff **Public-Key-Infrastruktur** (PKI) zum Modewort. Unter einer PKI verstehen Computer-Experten die Gesamtheit der Programme, Hardware-Systeme und Chipkarten, die man zum Einsatz digitaler Signaturen und asymmetrischer Verschlüsselung benötigt. Im Mittelpunkt einer PKI steht stets ein so genanntes **Trust Center**, in dem die Nutzer der Signatur-Chipkarten registriert und verwaltet werden. Marktforschungsinstitute wie die britische Firma Datamonitor sagten der Trust-Center- und PKI-Branche Wachstumsraten von 25 Prozent und mehr pro Jahr voraus. Wer um 1997 mit der Kryptologie Geld verdienen wollte, stürzte sich auf diesen Markt (Abb. 3.7-1, Abb. 3.7-2).

PKI wurde zum Modewort

Die Signaturdiskussion

Auch in Deutschland entdeckte man Mitte der neunziger Jahre die digitalen Signaturen als viel versprechende Zukunftstechnik. Interessant war nun natürlich die Frage, ob eine digitale Signatur als Ersatz für eine Unterschrift auch bei einem Gerichtsverfahren Bestand haben würde. Grundsätzlich war dies der Fall, so versicherten Juristen, denn in Deutschland gilt das Prinzip der freien Beweiswürdigung. Daher hatte eine digitale Signatur damals schon Beweiskraft, obwohl der Begriff zu diesem Zeitpunkt in keinem Gesetz auftauchte.

Ob und wie eine digitale Signatur bei einem Rechtsstreit anerkannt wurde, lag jedoch im Ermessen des jeweiligen Richters. Da damals noch keine juristische Erfahrung in diesem Bereich vorlag, konnte von Rechtssicherheit im Zusammen-

Die Rechtslage war unklar

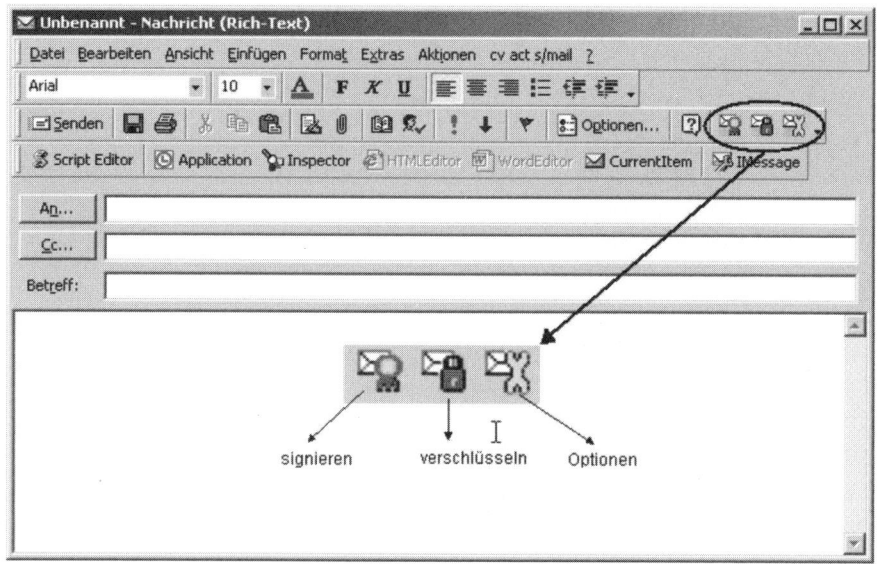

Abb. 3.7-1: Es gibt zahlreiche Lösungen (Plug-ins), die das Verschlüsseln und Signieren innerhalb der gängigen E-Mail-Programme ermöglichen.

hang mit der digitalen Signatur keine Rede sein. Die Industrie forderte daher ein spezielles **Signaturgesetz**, in dem ein rechtlicher Rahmen für den Einsatz digitaler Signaturen abgesteckt wurde. Damit begann ein Jahre langer Kampf verschiedener Interessengruppen, denn über das genaue Aussehen eines Signaturgesetzes herrschte alles andere als Einigkeit.

Unbestritten waren lediglich einige Grundzüge: Ein Signaturgesetz sollte einen Mindeststandard für die Sicherheit digitaler Signaturen festlegen. Geregelt werden sollte etwa, wie der Betrieb eines Trust Centers abläuft, wie Schlüssel sicher gespeichert werden müssen und wie die Anmeldung eines Anwenders abzulaufen hat. Wer sich an diese Bestimmungen hielt, durfte sich als »signaturgesetzkonform« be-

Abb. 3.7-2: Digitale Signaturen sind besonders sicher, wenn der private Schlüssel auf einer Chipkarte (oben) gespeichert wird. Zur Benutzung ist dann ein Kartenleser (unten) notwendig, der im Idealfall mit einer eigenen Tastatur ausgestattet ist.

zeichnen und hatte im Falle eines Rechtsstreits ein anerkanntes Beweisstück in der Hand, das ein Richter nur schwer übergehen konnte. Die freie Beweiswürdigung war damit

jedoch nicht aufgehoben. Der Hersteller einer Signaturlösung konnte sich daher auch ohne die Beachtung des Signaturgesetzes Hoffnungen auf eine Anerkennung vor Gericht
machen, und umgekehrt gab das Siegel »signaturgesetzkonform« noch keinen Freibrief für den Gewinn eines Rechtsstreits.

Der Inhalt des
Signatur-
gesetzes war
umstritten

Heftige Diskussionen gab es nun darüber, wie die Bestim-
mungen eines Signaturgesetzes aussehen sollten. Einige
Experten forderten möglichst harte Vorschriften, um eine
Diskussion über die Sicherheit digitaler Signaturen erst gar
nicht aufkommen zu lassen. Anarchistisch angehauchte
Computer-Experten und Verbraucherschützer, wie etwa der
Chaos Computer Club, plädierten dagegen für möglichst liberale Bestimmungen. Sie wollten die Trust-Center-Betreiber
lieber durch entsprechende Haftungsbestimmungen in die
Pflicht nehmen. In einem Signaturgesetz mit strengen Vorschriften ohne umfassende Haftung sahen sie den Versuch
der Industrie, sich vor drohenden Schadensersatzforderun-
gen zu drücken.

Die deutsche Gründlichkeit

Als im Lauf des Jahres 1997 die ersten Entwürfe für ein deutsches Signaturgesetz kursierten, wurde deutlich, dass sich
die Befürworter eines strengen Signaturgesetzes durchgesetzt hatten. Schon allein der Umfang des Gesetzeswerks
ließ keine Zweifel an der deutschen Gründlichkeit aufkommen: Neben dem eigentlichen Gesetzestext gab es eine Si-
gnaturverordnung, eine Begründung sowie zwei insgesamt
300-seitige Maßnahmenkataloge. Der Papierberg hatte es
in sich: So forderten die Bestimmungen für alle sicher-
heitskritischen Komponenten einer Signaturlösung eine aufwendige Sicherheitsüberprüfung nach dem ITSEC-Standard.
De facto bedeutete dies, dass die damals existierenden Si-

gnaturprogramme unter der Einhaltung verschiedener Sicherheitsmaßnahmen noch einmal neu geschrieben werden mussten. Sicherheitsexperten rechneten vor, dass der Bau eines signaturgesetzkonformen Trust Centers durch die hohen Anforderungen etwa 10 Millionen Mark kosten würde.

Noch schlimmer kam es auf Anwenderseite. Eines der größten Probleme bei jeder Signaturlösung besteht darin, dass der Benutzer nie wirklich sicher sein kann, dass das, was er am Bildschirm angezeigt bekommt, auch wirklich das ist, was der Computer digital signiert (»what you see is not what you sign«). Zur Umgehung dieses Problems schrieben die Bestimmungen des Signaturgesetzes eine abgeschottete, sicherheitsgeprüfte Darstellungseinheit vor. Mit anderen Worten: Ein Benutzer, der digitale Signaturen einsetzen wollte, musste sich für viel Geld ein zusätzliches Spezialgerät mit eigenem Monitor für seinen Computer kaufen.

Das Signaturgesetz stellte hohe Anforderungen

Dieser Sicherheitsperfektionismus der deutschen Behörden ging nun sogar den Befürwortern eines strengen Signaturgesetzes zu weit. In einer Anhörung des Bundesinnenministeriums im Dezember 1997 machten Vertreter verschiedener Unternehmen und Forschungsinstitute ihrem Ärger Luft. Mit Erfolg: Kurz darauf wurden die Maßnahmenkataloge etwas entschärft und an die Realität angepasst. Wenigstens musste sich nun kein Hersteller mehr Gedanken über ein Zusatzgerät mit Monitor machen.

So konnte 1999 das signaturgesetzkonforme Trust Center der Deutschen Telekom als erstes seiner Art den Betrieb aufnehmen. Es folgten die Deutsche Post und die Hamburger Firma TC TrustCenter mit ähnlichen Einrichtungen. Die Betreiber signaturgesetzkonformer Trust Center hatten jedoch nur wenig Freude an ihren Produkten, denn die Nachfrage hielt sich in engen Grenzen. Insgesamt wurden digitale Signaturen wesentlich seltener eingesetzt als viele Marktbeob-

1999 ging das erste signaturgesetzkonforme Trust Center an den Start

achter es prophezeit hatten. Privatpersonen interessierten sich ohnehin nicht für die neue Technik, während die meisten Unternehmen erst einmal abwarteten. Von den wenigen Firmen, die digitale Signaturen dennoch einsetzten, verzichteten viele auf die Beachtung des Signaturgesetzes. Kein Wunder, denn die nichtgesetzeskonformen Lösungen waren billiger und ließen größere Freiheiten beim Einsatz zu.

Signaturen für Europa

Doch trotz aller Startschwierigkeiten, ein Anfang war gemacht. Mit seinem Signaturgesetz war Deutschland sogar der erste Staat der Welt, der den Einsatz digitaler Signaturen in einem nationalen Gesetz regelte. Die Partner Deutschlands in der Europäischen Union waren über dieses Vorpreschen allerdings nicht erfreut, denn nun hatten die Deutschen Fakten geschaffen, an denen die anderen nicht mehr vorbei kamen. Nun galt es, unter diesen Vorbedingungen ein Konzept für eine europäische **EU-Signaturrichtlinie** zu finden.

Die EU-Signaturrichtlinie ist ein Kompromiss

Erneut begann eine komplizierte Diskussion. Dieses Mal zwar auf europäischer Ebene, doch die Argumente waren wieder dieselben: Einige Staaten, wie etwa Großbritannien, bevorzugten lockerere Rahmenbedingungen, die vor allem auf die Haftung der Trust-Center-Betreiber setzten. Andere, allen voran Deutschland, wollten eine strenge Signaturrichtlinie nach deutschem Vorbild. Das Ergebnis war ein nicht ganz einfach zu durchschauender Kompromiss: Die EU-Richtlinie definierte mehrere unterschiedliche Abstufungen, deren höchste in etwa dem deutschen Signaturgesetz entsprach. Ein Unterschied bestand jedoch darin, dass ein Trust Center in Deutschland eine staatliche Genehmigung benötigte, die EU-Signaturrichtlinie in diesem Bereich jedoch eine Genehmigungsfreiheit vorsah.

Da Deutschland zur Umsetzung der EU-Signaturrichtlinie verpflichtet war, galt es nun, das deutsche Signaturgesetz anzupassen. Wieder begann eine Diskussion, bei der vor allem die Betreiber gesetzeskonformer Trust Center ihre Felle davon schwimmen sahen. Eine Lockerung des Gesetzes hätte fast zwangsläufig bedeutet, dass billigere Konkurrenten auf den Plan traten und die Millioneninvestitionen sich nicht mehr rechneten. Am Ende stand wieder ein Kompromiss: Deutschland übernahm die verschiedenen Abstufungen aus der EU-Richtlinie und fügte eine weitere dazu. Diese weitere Abstufung betraf die bereits existierenden Trust Center, die sich nun als »akkreditiert« bezeichnen durften, was gleichzeitig die größte Sicherheitsstufe bedeutete.

Die Signaturkrise

Die Arbeit des Gesetzgebers war nun jedoch noch längst nicht beendet. Im Gegenteil: Damit das Signaturgesetz seine Wirkung entfalten konnte, mussten nun noch etwa 3.000 Rechtsbestimmungen, die bis dahin die Schriftform vorschrieben, so ergänzt werden, dass sie auch digitale Signaturen zuließen. Ziel dieses Vorgangs, der immer noch andauert, ist es, dass am Ende nur noch einige wenige Vorgänge – etwa der Kauf einer Immobilie – grundsätzlich eine Unterschrift erfordern, während alle anderen Fälle auch digitale Signaturen zulassen.

Rechtsbestimmungen werden an das Signaturgesetz angepasst

Doch noch ist die digitale Signatur weit davon entfernt, die Unterschrift von Hand zu verdrängen. Obwohl es sich bei den digitalen Signaturen um eine interessante Technik handelt, muss das Fazit im Jahr 2004 daher ernüchternd ausfallen. Die Zahl der Signaturkarten, die heute im Umlauf sind, steht in keinem Verhältnis zu dem Aufwand, den die Industrie und der Staat investiert haben. Dennoch sind digitale Signaturen noch längst nicht tot. Im Gegenteil: Nachdem der Hype vergangener Jahre verflogen und die Wirtschaftskrise der ersten Jahre des neuen Jahrtausends überstanden ist, scheint die Technologie so langsam an Fahrt zu gewinnen. Wer weiß, vielleicht gehören digitale Signaturen in einigen Jahren wirklich zum Alltag.

Glossar

digitale Signatur Mit einem privaten Schlüssel erstellte Prüfsumme, die bei geeigneter Anwendung eine Unterschrift ersetzen kann. Die Überprüfung der Echtheit erfolgt mit Hilfe eines öffentlichen Schlüssels. Eine digitale Signatur macht Änderungen in den signierten Daten erkennbar und kann bei Einsatz eines geeigneten Verfahrens nicht gefälscht werden. **EU-Signaturrichtlinie** EU-Richtlinie, die den Einsatz digitaler Signaturen innerhalb der EU regelt. Das deutsche Signaturgesetz richtet sich nach dieser Richtlinie. **Public-Key-Infrastruktur** Gesamtheit der Komponenten und Prozesse, die zum Einsatz von a-symmetrischen Verschlüsselungsverfahren und digitalen Signaturen notwendig sind **Signaturgesetz** Deutsches Gesetz, das den Einsatz digitaler Signaturen regelt. Die erste Version trat 1997 in Kraft, 2001 erfolgte eine Anpassung an die EU-Signaturrichtlinie. **Trust Center** Zentraler Bestandteil einer Public-Key-Infrastruktur. Im Trust Center befinden sich die Einheit, die digitale Zertifikate signiert, sowie die zur Zertifikatsinhaber-Verwaltung benötigten Komponenten. Der Begriff Trust Center wird in dieser Bedeutung nur im deutschsprachigen Raum verwendet.

3.8 Box: So funktioniert RSA

RSA nutzt die Tatsache, dass das Multiplizieren zweier Primzahlen relativ einfach, die Umkehrung eines solchen Vorgangs (die **Faktorisierung**) jedoch ausgesprochen aufwendig ist. Außerdem spielt bei RSA die im Zusammenhang mit dem Diffie-Hellman-Verfahren (siehe Abschnitt »Das öffentliche Geheimnis« (S. 213)) vorgstellte Modulo-Rechnung eine Rolle.

Um RSA einzusetzen wählt Alice zwei Primzahlen p und q (beispielsweise 5 und 11) und berechnet deren Produkt n (im Beispiel hat n also den Wert 55). Außerdem wählt sie einen Wert e, beispielsweise 3. Die Zahlen n und e bilden zusammen Alices öffentlichen Schlüssel, den sie an Bob sendet. Alices privater Schlüssel ist die Zahl d, die folgende Eigenschaft hat: $e \times d = 1$ (mod $((p\text{-}1) \times (q\text{-}1))$). Wie diese Formel zustande kommt, soll an dieser Stelle nicht interessieren. Im Beispiel gilt $d=27$.

Bei RSA spielen Primzahlen eine Rolle

Will Bob nun eine Nachricht m an Alice verschlüsseln, dann muss diese als Zahl vorliegen, die kleiner als n ist (beispielsweise $m=7$). Bob berechnet nun $c = m^e$ (mod n), im Beispiel also $c = 6^3 = 28$ (mod 35). Diese Zahl $c=28$ ist die verschlüsselte Form der Nachricht, die Bob an Alice schickt. Alice kann die Nachricht nun mit folgender Formel entschlüsseln: $m = c^d$ (mod n). Im Beispiel wäre dies $m = 28^{27} = 7$ (mod 35).

Die Entschlüsselung ist also nur möglich, wenn man den privaten Schlüssel d kennt, der Mallory allerdings nicht bekannt ist. Er könnte ihn berechnen, wenn er p und q kennen würde, doch dazu müsste er eine Faktorisierung von n durchführen. Genau das ist jedoch bei großen Zahlen (in der Praxis werden Werte mit mehreren Hundert Stellen verwendet) mit realistischem Aufwand nicht möglich.

Mallory kann die Nachricht nicht entschlüsseln

RSA lässt sich auch für digitale Signaturen einsetzen. Will Alice eine Nachricht m signieren, dann geht sie damit vor wie mit c beim Entschlüsseln. Das Ergebnis ist die digitale Signatur von m. Bob kann die Echtheit der Signatur überprüfen, indem er damit die Berechnung durchführt, die er normalerweise zum Verschlüsseln vornehmen würde. Ist das Ergebnis die ursprüngliche Nachricht, dann ist die Signatur echt.

Faktorisierung Zerlegung einer natürlichen Zahl in ihre Primfaktoren (z. B. 15 = 3 × 5). Eine Faktorisierung kann bei großen Zahlen recht aufwendig sein, was in Form des RSA-Verfahrens zur Verschlüsselung genutzt wird.

3.9 Sicherer als der Staat erlaubt: PGP

Um das Jahr 1990 befand sich die Kryptologie in einer gänzlich anderen Situation als noch zwei Jahrzehnte zuvor. Längst hatte sich die Lehre der Verschlüsselung zu einer öffentlich betriebenen Wissenschaft entwickelt, die auf viele bedeutende Entdeckungen verweisen konnte. So gab es mit dem DES ein bewährtes Verschlüsselungsverfahren, während für den Schlüsselaustausch gut untersuchte Methoden wie RSA oder Diffie-Hellman zur Verfügung standen. Auch die Industrie hatte inzwischen reagiert: Am Markt gab es eine ganze Reihe spezieller Hardware- und Software-Produkte zu kaufen, die beispielsweise den Datenaustausch zwischen Banken oder geschäftlichen E-Mail-Verkehr verschlüsselten.

Kryptologie für den PC-Anwender gab es kaum

Eines gab es Anfang der neunziger Jahre jedoch noch kaum: Software-Programme, mit denen auch der durchschnittliche Computer-Anwender auf seinem PC verschlüsseln und digital signieren konnte. Diese Situation war jedoch nicht auf eine etwaige Ignoranz der Software-Hersteller zurückzuführen, sondern auf ein mangelndes Interesse der Kunden. Damals interessierte sich schlichtweg noch kein privater Computer-Nutzer für Verschlüsselung, zumal die meisten PCs zu diesem Zeitpunkt noch nicht vernetzt waren. Doch dies sollte sich ändern. So gingen die Neunziger als das Jahrzehnt in die Kryptografie-Geschichte ein, in dem die Verschlüsselung erstmals zum Massenphänomen wurde. Den wichtigsten Beitrag zu dieser Entwicklung leistete jedoch weder ein bedeutender Software-Anbieter noch ein aufstrebendes Startup-Unternehmen, sondern ein anarchistisch angehauchter Programmierer namens Phil Zimmermann. Der Amerikaner mit deutschen Vorfahren entwickelte im Alleingang eine einfache Verschlüsselungs-Software, die auf kuriose Weise zur erfolgreichsten ihrer Art werden sollte: **PGP** (Pretty Good Privacy).

Eine ziemlich sichere Software

Die Wurzeln von PGP reichen bis in die achtziger Jahre zurück. Damals arbeitete der 1956 geborene Phil Zimmermann als Programmierer und engagierte sich in seiner Freizeit für die Friedensbewegung. Wie seinen Mitstreitern waren Zimmermann die republikanischen US-Regierungen unter Reagan und Bush suspekt. Staatlichen Organisationen misstraute er grundsätzlich. Vor allem die berüchtigte Lauschbehörde National Security Agency (NSA), die mit einem Milliarden-Budget die Kommunikation im In- und Ausland überwachte, sah er als gefährlich an. Ihm war klar, dass die zunehmende Vernetzung von Computern inklusive dem boomenden Internet der NSA in die Hände spielte, zumal sich diese Zugang zu allen wichtigen Netzknoten in den USA verschaffen und dadurch im großen Stil lauschen konnte. Angesichts der drohenden totalen Überwachung sah Zimmermann die Verschlüsselung als wichtiges Mittel für den Schutz des Bürgers gegenüber dem Staat an und begann, sich mit diesem Thema zu beschäftigen.

Phil Zimmermann ist der Erfinder des Verschlüsselungsprogramms PGP. Mit seiner Arbeit machte er trotz heftiger Widerstände Kryptologie zum Algemeingut und wurde zur Kultfigur.

So hatte Phil Zimmermann bereits Pläne zu einer Verschlüsselungssoftware in der Schublade, als er 1991 von einer Gesetzesvorlage hörte, die sein Misstrauen gegenüber dem Staat noch verstärkte. Für Verschlüsselungsprogramme, so der Plan, sollte künftig eine Art Hintertür vorgeschrieben sein, die einer staatlichen Behörde das Entschlüsseln aller Daten erlaubte. Obwohl diese Gesetzesvorlage wieder verworfen wurde, war sie für Zimmermann die Initialzündung, nun endlich seine lange geplante Verschlüsselungs-Software zu programmieren. Diese sollte natürlich keine Hintertür enthalten. Dabei stand die Verschlüsselung von E-Mails im Mittelpunkt von Zimmermanns Plänen, da er das Mitlesen der elektronischen Post durch die NSA als größtes Problem ansah. Den Namen für sein Programm schaute er sich bei einem lokalen Krämerladen namens »Pretty Good Grocery« ab. So entstand »Pretty Good Privacy« (PGP).

Neu war die Idee eines Verschlüsselungsprogramms für E-Mails zu diesem Zeitpunkt allerdings nicht mehr. Mehrere Hersteller hatten bereits entsprechende Produkte auf den Markt gebracht, sogar eine Norm des Internet-Standardisierungsgremium IETF zu diesem Thema gab es schon. Die damaligen Anbieter hatten mit ihren Verschlüsselungsprogrammen jedoch vor allem das Militär und Unternehmen mit hohem Sicherheitsbedarf im Visier, während sie an so hehre Ziele wie den Schutz des Bürgers vor der Obrigkeit nicht dachten. Phil Zimmermann hatte dagegen keine kommerziellen Absichten und plante deshalb ein einfaches, kostenloses Programm für Otto Normalverbraucher, wobei er sich nicht weiter um die Produkte anderer Anbieter kümmerte. Er hielt sich daher auch nicht an die damals gängige Norm für verschlüsselte E-Mails, zumal diese unter der Mitwirkung staatlicher Behörden entstanden war, denen er ja grundsätzlich misstraute. PGP war dadurch zu keiner anderen Software kompatibel.

PGP verwendet die besten bekannten Verfahren

Für die Realisierung von PGP suchte sich Zimmermann die besten kryptologischen Verfahren zusammen, die man damals kannte. Die Übertragung des Schlüssels erfolgte mit dem RSA-Verfahren. Dem von der NSA mitentwickelten DES vertraute er dagegen nicht und bevorzugte stattdessen zunächst ein selbstentwickeltes Verfahren, das er »Bass-O-Matic« nannte. Als er diese Methode jedoch einem bekannten Kryptologen zeigte, entdeckte dieser auf Anhieb eine Schwachstelle, was Zimmermann schließlich zur Einsicht brachte, das Erfinden von Verschlüsselungsverfahren lieber Profis zu überlassen. Statt auf seine Eigenentwicklung setzte er nun lieber auf ein damals noch recht neues Verfahren namens **IDEA** (International Data Encryption Algorithm), das zwei namhafte Kryptologen in der Schweiz entwickelt hatten. Diese Entscheidung erwies sich als goldrichtig, denn IDEA offenbarte später in zahlreichen Untersuchungen keinerlei Schwachstellen und gilt heute als eines der stärksten Verschlüsselungsverfahren überhaupt.

Der Aufstieg von PGP

Obwohl PGP damit Kryptologie vom Feinsten bot, konnte man das simple Prográmmchen nicht gerade als Spitzen-Software bezeichnen. So konnte beispielsweise von Benutzungsfreundlichkeit nun wahrlich keine Rede sein: Da es keine grafische Benutzeroberfläche gab, die sich mit einer Maus steuern ließ, musste der Anwender zur Verschlüsselung unverständliche Befehle über die Tastatur eintippen. Für einen Laien war PGP daher kaum geeignet. Da Zimmermann als Einzelkämpfer zudem keine nennenswerten Marketing-Aktivitäten starten konnte, nahm kaum jemand davon Notiz, als er 1991 seine erste PGP-Version fertig stellte und in seinem Freundeskreis verbreitete. Niemand ahnte, dass damit das erfolgreichste Verschlüsselungsprodukt aller Zeiten seinen Siegeszug startete.

Immerhin stieß Zimmermann auf das Interesse einiger Computer-Anwender, die wie er keine Lust hatten, sich vom Staat ausspionieren zu lassen. Da das Programm nichts kostete, fand es schnell erste Nutzer und wurde im Internet verbrei-

PGP verbreitete sich schnell

tet. Eine Eigendynamik entwickelte die Sache erstmals, als Zimmermann Ärger mit der Firma RSA Data Security bekam, die die Patentrechte am RSA-Verfahren hielt. Zimmermann hatte PGP mit dem RSA-Verfahren ausgestattet, ohne eine Lizenz dafür erworben zu haben, was natürlich gegen das Gesetz verstieß. Da RSA Data Security nun mit einem Gerichtsverfahren drohte, blieb Zimmermann nichts anderes übrig, als die Weiterentwicklung von PGP zu stoppen. Doch die Büchse der Pandora war inzwischen geöffnet: PGP kursierte längst weltweit im Internet und wurde von einem Computer-Anwender zum nächsten gereicht. Dass das Programm nun auf einmal verboten war, machte es nur noch reizvoller.

So musste sich Zimmermann auch nicht lange über das scheinbare Ende von PGP ärgern, denn er erhielt unerwartete Unterstützung von Gesinnungsgenossen an der Bostoner Eliteuniversität MIT (Massachusetts Institute of Technology). Da die RSA-Erfinder zum Zeitpunkt der Entstehung des Verfahrens dort aktiv gewesen waren, war das MIT an den RSA-Patentrechten beteiligt. Deshalb konnten einige MIT-Mitarbeiter PGP ungestraft weiterentwickeln, wobei sie Phil Zimmermann natürlich in ihre Arbeit einbezogen. RSA Data Security hatte nun keine rechtlichen Argumente mehr in der Hand und musste sich schließlich geschlagen geben. PGP war wieder legal und wurde immer populärer.

Keine Kompromisse

Kompromisslosigkeit brachte PGP den Erfolg

PGP war zwar nach wie vor nicht einfach zu bedienen, doch dafür bot es andere handfeste Vorteile. Insbesondere zahlte sich aus, dass Zimmermann keine Kompromisse bezüglich der Sicherheit eingegangen war. Er hatte die besten verfügbaren Verfahren in sein Programm eingebaut und hatte dabei von Anfang an mächtige Geheimorganisationen wie die NSA als Gegner einkalkuliert. Die damals gängige E-Mail-

Verschlüsselungsnorm PEM, an die sich fast alle anderen Hersteller hielten, war dagegen deutlich moderater realisiert und sah beispielsweise den DES zur Verschlüsselung vor, der nicht als NSA-sicher galt.

Keine Kompromisse ging Zimmermann auch bezüglich der Offenheit von PGP ein. Er machte den gesamten Quell-Code des Programms öffentlich zugänglich, wodurch sich jeder davon überzeugen konnte, dass es keine absichtlich eingebaute Schwachstellen enthielt. Für einen kommerziellen Software-Anbieter kommt eine solche Offenlegung des Codes dagegen meist nicht infrage, da man ja schließlich nicht die Konkurrenz schlau machen will. So profitierte PGP von immer wieder aufkommenden Gerüchten, die NSA würde die Hersteller von Verschlüsselungs-Software zum Einbau von Hintertüren nötigen, um die eingesetzten Codes knacken zu können. Auch in dieser Hinsicht konnte also nur PGP NSA-Sicherheit für sich reklamieren.

Doch selbst wer nicht an solche Verschwörungstheorien glaubte, profitierte vom offen zugänglichen PGP-Code. Von den immer zahlreicher werdenden Anhängern des Programms machten sich manche nämlich tatsächlich die Mühe, das Programm Zeile für Zeile zu untersuchen. Dadurch kam mit der Zeit jede noch so kleine Schwachstelle ans Licht und konnte von den PGP-Entwicklern um Phil Zimmermann behoben werden. So entwickelte sich PGP zu einem der bestuntersuchten Programme der Welt, bei dem auch scheinbare Nebenaspekte wie die Erzeugung von Schlüsseln mit einem Zufallsgenerator oder das zuverlässige Löschen des Schlüssels aus dem Speicher den neuesten Erkenntnissen der Forschung entsprachen. Auch wenn PGP nach wie vor nicht einfach zu bedienen war, in Punkto Sicherheit gab es nichts Besseres.

PGP wurde immer sicherer

Der Gedanke, mit PGP die höchstmögliche Sicherheitsstufe zu erhalten und sich damit selbst gegen mächtige Staatsorganisationen schützen zu können, faszinierte viele Anwender. Selbst wer keine hochgeheimen Daten verschickte, setzte oft PGP ein und war damit buchstäblich auf der sicheren Seite. Kein Wunder, dass das Programm immer populärer wurde.

Sicherer als der Staat erlaubt

Zimmermann geriet mit dem Gesetz in Konflikt

Seinen endgültigen Durchbruch erlebte PGP, als Zimmermann erneut in die Schlagzeilen geriet. Dieses Mal waren es jedoch keine Patentstreitigkeiten, sondern polizeiliche Ermittlungen, die ihn in die Bredouille brachten. 1993 wurde ein Verfahren gegen ihn eröffnet, weil man ihm einen Verstoß gegen die damaligen Exportbestimmungen der USA vorwarf. Die Ausfuhr von Verschlüsselungstechnik in den USA war seinerzeit an strenge Auflagen gebunden, da es sich dabei um militärisch verwendbare Technik handelte. Da die meisten namhaften Software-Hersteller seit je her aus den Vereinigten Staaten stammen, hatten diese Bestimmungen den sicherlich nicht ungewollten Nebeneffekt, dass sie der NSA das Lauschen und Mitlesen im Ausland deutlich erleichterte. Da Zimmermann nach Meinung der Ermittler eine Mitschuld daran traf, dass PGP über das Internet ins Ausland gelangt war, drohte ihm nun eine Gefängnisstrafe wegen Verstoßes gegen einen Paragraphen, nach dem normalerweise Waffenschmuggler verurteilt wurden.

Durch die seltsamen Vorwürfe gegen Zimmermann gerieten die Vorgänge um PGP endgültig zum Medienereignis. Dabei hatte Phil Zimmermann natürlich die Sympathien der Öffentlichkeit auf seiner Seite, während viele für das Verhalten der Obrigkeit nur noch ein Kopfschütteln übrig hatten. Einige Sympathisanten gründeten daraufhin einen Spendenfond, mit dem der PGP-Erfinder seine Anwaltskosten decken konnte. Zimmermann stand nun drei Jahre lang mit einem Bein im Gefängnis, bis diese unwürdige Affäre 1996 schließlich durch eine Einstellung des Verfahrens endete. Eine Mitschuld Zimmermanns an der Verbreitung von PGP im Ausland könne nicht bewiesen werden, lautete die offizielle Begründung.

Obwohl sich das Verfahren gegen Zimmermann nur auf den Export von PGP bezog, witterten viele Anhänger mittlerweile eine staatliche Kampagne gegen die Software und ihren Erfinder. PGP war offensichtlich sicherer als der Staat erlaubte und ließ die allmächtige NSA um ihre Pfründe fürchten. Bessere Argumente für den Einsatz von PGP hätte es in den Augen der damals noch recht anarchistischen Internet-Gemeinde kaum geben können. Während immer mehr PGP-verschlüsselte Daten die Netze und PCs dieser Welt bevölkerten, entwickelte sich der charismatische Phil Zimmermann zum Medien-Star und zu einer der größten Kultfiguren des Internet-Booms.

Zimmermann wurde zur Kultfigur

Mit PGP hatte Phil Zimmermann nicht nur die Obrigkeit in den USA mächtig blamiert, sondern gleichzeitig auch für die Popularisierung moderner Verschlüsselungstechnik gesorgt. Nachdem Jahrhunderte lang nur mächtige Herrscher, Geheimdienste und das Militär die jeweils besten Verfahren nutzen konnten, wurde starke Kryptologie mit PGP zum Allgemeingut. Interessant ist, dass dieses Verdienst ausgerechnet einem Programmierer zukommt, der weder aus der wissenschaftlichen Krypto-Szene noch aus der Branche der Krypto-Hersteller stammt. Da Zimmermann zudem in den Medien und als Redner eine glänzende Figur machte, konnte er sich vor diesbezüglichen Anfragen bald kaum noch retten. Kein Wunder, dass so mancher Kryptologe neidisch auf Zimmermann blickte, der einen Großteil des Medieninteresses am Thema Kryptologie auf sich zog.

PGP wurde als
Buch exportiert

Einen Beleg für sein Geschick im Umgang mit der Öffentlichkeit lieferte Zimmermann mit einer PR-Aktion, die der US-
Regierung einen weiteren Seitenhieb verpasste. Ausgangspunkt war eine gerade neu erschienene PGP-Version, die
Zimmermann aus den USA exportieren wollte, ohne die Exportbestimmungen zu verletzen. Unter großer Anteilnahme
der Öffentlichkeit ließ er den Quell-Code des Programms in
Buchform veröffentlichen, wobei das Seitenformat auf maschinelle Lesbarkeit ausgerichtet war. Bücher waren im Gegensatz zu Software nicht von den US-Exportbestimmungen betroffen, und so konnte PGP völlig legal das Land
verlassen. Die US-Regierung war damit endgültig der Lä-
cherlichkeit preisgegeben, zumal Witzbolde den Programm-
Code von Verschlüsselungsverfahren inzwischen sogar auf
T-Shirts drucken ließen. Diese Entwicklung führte schließlich dazu, dass die Exportbeschränkungen für Verschlüsselungstechnik 1999 größtenteils abgeschafft wurden.

PGP wird kommerziell

Phil Zimmermann hatte bei der Entwicklung von PGP zunächst zwar keine kommerziellen Absichten verfolgt, doch
angesichts des großen Erfolgs änderte er seine Prämissen.
Im Gegensatz zu vielen anderen Erfindern von Verschlüsselungslösungen konnte Zimmermann seine Entwicklung zu
Geld machen. 1996 gründete er die Firma PGP Inc., die seine
Software nicht zuletzt auch in Sachen Benutzungsfreundlichkeit deutlich verbessern sollte. Während private Anwender PGP weiterhin kostenlos nutzen durften, sprach PGP Inc.
nun verstärkt auch Unternehmen und Behörden an und ver-
langte von ihnen Lizenzgebühren.

PGP ging
Kompromisse
ein

1997 verkaufte Zimmermann seine Firma PGP Inc. an das
auf Computer-Sicherheit spezialisierte Unternehmen Network Associates. Damit war aus PGP endgültig eine kom-

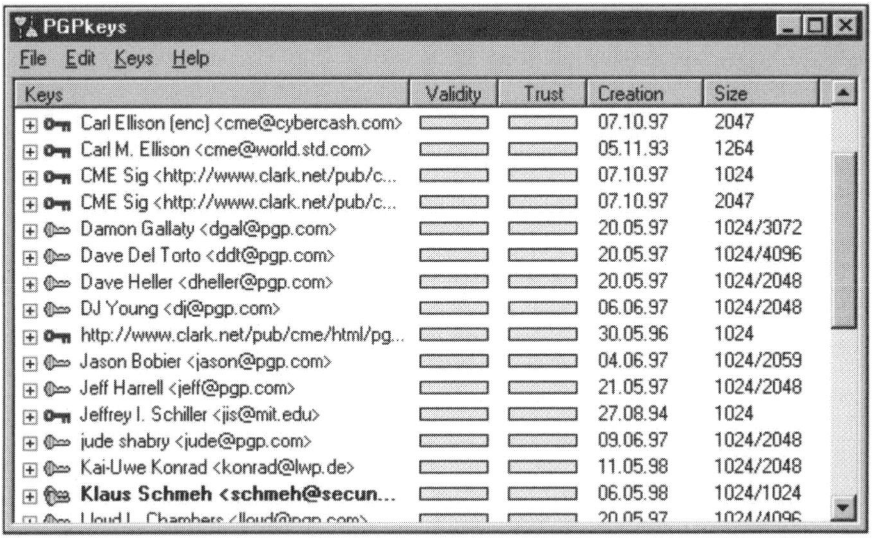

🔑 PGPkeys				_ □ X
File Edit Keys Help				

Keys	Validity	Trust	Creation	Size	▲
⊞ �key Carl Ellison (enc) <cme@cybercash.com>	▭	▭	07.10.97	2047	
⊞ ⊶ Carl M. Ellison <cme@world.std.com>	▭	▭	05.11.93	1264	
⊞ ⊶ CME Sig <http://www.clark.net/pub/c...	▭	▭	07.10.97	1024	
⊞ ⊶ CME Sig <http://www.clark.net/pub/c...	▭	▭	07.10.97	2047	
⊞ ⊷ Damon Gallaty <dgal@pgp.com>	▭	▭	20.05.97	1024/3072	
⊞ ⊷ Dave Del Torto <ddt@pgp.com>	▭	▭	20.05.97	1024/4096	
⊞ ⊷ Dave Heller <dheller@pgp.com>	▭	▭	20.05.97	1024/2048	
⊞ ⊷ DJ Young <dj@pgp.com>	▭	▭	06.06.97	1024/2048	
⊞ ⊶ http://www.clark.net/pub/cme/html/pg...	▭	▭	30.05.96	1024	
⊞ ⊷ Jason Bobier <jason@pgp.com>	▭	▭	04.06.97	1024/2059	
⊞ ⊷ Jeff Harrell <jeff@pgp.com>	▭	▭	21.05.97	1024/2048	
⊞ ⊶ Jeffrey I. Schiller <jis@mit.edu>	▭	▭	27.08.94	1024	
⊞ ⊷ jude shabry <jude@pgp.com>	▭	▭	09.06.97	1024/2048	
⊞ ⊷ Kai-Uwe Konrad <konrad@lwp.de>	▭	▭	11.05.98	1024/2048	
⊞ **Klaus Schmeh <schmeh@secun...**	▭	▭	06.05.98	1024/1024	
⊞ ⊷ Lloyd L. Chambers <lloyd@pgp.com>	▭	▭	20.05.97	1024/4096	▼

Abb. 3.9-1: Hinter der unscheinbaren Benutzeroberfläche von PGP stecken moderne kryptologische Verfahren. Erstmals wurden damit sichere Verschlüsselungsmethoden für eine breite Anwenderschicht nutzbar.

merzielle Software geworden, bei der nicht mehr der Schutz des Einzelnen vor dem Staat, sondern die Rendite im Vordergrund stand. Kein Wunder, dass das einst so unkonventionelle Programm seinen Konkurrenten nun immer ähnlicher wurde (Abb. 3.9-1), wobei Network Associates sogar mit der PGP-Tradition brach, den Quell-Code öffentlich zugänglich zu machen. Zudem wurde PGP mit einer Nachschlüsselfunktion ausgestattet, die bei entsprechender Konfiguration dem Administrator Zugang zu verschlüsselten Mails gewährte. Eine solche Hintertür war zwar für viele Unternehmen eine wichtige Voraussetzung beim Kauf von Verschlüsselungsprogrammen, doch die traditionellen PGP-Nutzer rümpften über diese Abkehr von der einst so geschätzten Kompromisslosigkeit die Nase.

Angesichts der immer zahlreicheren Zugeständnisse an den Kommerz boykottierten viele Fans die neueren PGP-Versionen. Doch auch Unternehmen und Behörden hielten sich mit der Nutzung von PGP zurück, da die Software zu den anderen Produkten am Markt nicht kompatibel war und dadurch stets Insellösungen schuf. Größere Kunden gewann Network Associates oft nur, wenn diese PGP als Provisorium nutzten. Dies taten allerdings viele Unternehmen: Sie setzten PGP zur Stopfung akuter Sicherheitslücken ein, um bei nächster Gelegenheit auf eine normgerechte Verschlüsselungslösung umzusteigen.

PGP wurde vorübergehend eingestellt

Angesichts der flauen Umsätze verlor Network Associates schließlich das Interesse an PGP und nahm das Programm im Jahr 2001 vom Markt. Ein Jahr später kaufte ein neu gegründetes britisches Unternehmen die Rechte an PGP auf und startete einen neuen Vermarktungsversuch, dessen Erfolg bei Redaktionsschluss dieses Buchs noch nicht absehbar war. Die echten PGP-Fans interessieren sich für solche Aktivitäten nur noch am Rande, seitdem ein paar Enthusiasten 1999 eine eigene PGP-Version herausbrachten haben, die sie als GnuPG (**Gnu Privacy Guard**) bezeichnen. GnuPG verwendet die gleichen Formate und Verfahren wie das Vorbild, ist kostenlos und bietet einen öffentlichen Quell-Code.

Phil Zimmermann hat sich inzwischen aus der Weiterentwicklung von PGP zurückgezogen und vermarktet dafür mit beachtlichem Erfolg sich selbst. Als erstklassiger Rhetoriker, der aus dem Stegreif packende Reden hält, kann er für seine Auftritte bei Kongressen und Firmenveranstaltungen oft fünfstellige Honorare verlangen. In seinen Vorträgen erzählt er meist von der Geschichte seines Lebenswerks PGP und von seinem nach wie vor vorhandenen Misstrauen ge-

genüber der Obrigkeit. Besonders stolz ist Zimmermann auf
zahllose Dankesschreiben von Oppositionsgruppen aus totalitären Staaten, für die eine sichere Verschlüsselungssoftware oft lebenswichtig ist. Phil Zimmermanns Ziel, den Bürger vor dem Staat zu schützen, hat sich also zumindest in
dieser Hinsicht erfüllt.

GnuPG (Gnu Privacy Guard) Open-Source-Software zur Datenver-schlüsselung, die dem beliebten PGP nachempfunden und damit kompatibel ist

PGP (*Pretty Good Privacy*; Pretty Good Privacy) Weit verbreitetes Schutzprogramm, mit dem E-Mails und beliebige Dateien ver- und wieder entschlüsselt werden kön-nen.

Glossar

3.10 Kryptologie und Politik

Codemaker gegen Codebreaker hieß Jahrtausende lang das
Duell, das der Kryptologie ihren ganz besonderen Reiz ver-
lieh. Blickt man jedoch auf die Ereignisse der letzten drei
Jahrzehnte zurück, dann fällt auf, dass inzwischen eine
zweite Auseinandersetzung die Krypto-Szene prägt: die
Befürworter gesetzlicher Vorschriften zum Kryptologie-Ein-
satz gegen die Gegner solcher Praktiken. Es geht also um
die Verwicklungen zwischen Kryptologie und Politik.

Die NSA

Wenn von Kryptologie und Politik die Rede ist, dann kommt
die Sprache fast zwangsläufig irgendwann auf die US-Ge-
heimorganisation **NSA** (National Security Agency), von der
in diesem Buch bereits mehrfach die Rede war. Die be-
rühmt-berüchtigte Behörde mit Sitz in Fort Meade nahe Baltimore (Abb. 3.10-1) hat die Aufgabe, die Computer- und
Kommunikations-Systeme der USA vor Angreifern aller Art

Die NSA ist eine Lauschbehörde

zu schützen und gleichzeitig in den Daten anderer Länder zu schnüffeln. Zur Legitimation dieser Aktivitäten heißt es pathetisch auf der NSA-Web-Seite: »Die Fähigkeit, die geheime Kommunikation unserer ausländischen Feinde zu verstehen und gleichzeitig unsere eigene Kommunikation zu schützen – eine Fähigkeit, in der die USA weltweit führend sind – gibt unserer Nation einen einzigartigen Vorteil in die Hand.« Dass die Geheimbehörde im Verdacht steht, auch die eigenen Bürger auszuspionieren und im Ausland Wirtschaftsspionage zu betreiben, verschweigt diese Quelle aus nahe liegenden Gründen.

Abb. 3.10-1: Die Zentrale der NSA in der Nähe von Baltimore. Vermutlich sind in diesen Gebäuden mehr Kryptologen aktiv als an sämtlichen Universitäten der Welt zusammen.

Gegründet wurde die NSA 1952 innerhalb des US-Verteidigungsministeriums, wobei es ähnliche Einrichtungen jedoch schon zuvor gegeben hatte. Zunächst war die NSA so ge-

heim, dass selbst ihre Existenz gegenüber der Öffentlichkeit verborgen wurde. Kein Wunder, dass Witzbolde später
immer wieder meinten, die Abkürzung NSA stehe für »no
such agency«. Kein Witz ist dagegen, dass mehrere Zehntausend Mitarbeiter – die genaue Zahl ist nicht bekannt –
auf der Gehaltsliste der NSA stehen. Deren Budget wird auf
etwa 10 Milliarden Dollar pro Jahr geschätzt. Nebenbei gilt
die Behörde mit Sitz in Maryland auch als weltweit größter
Abnehmer von Computer-Hardware und als Heimat einiger
der stärksten Rechenanlagen der Welt.

Zudem gibt es auf der Welt keinen größeren Arbeitgeber für
Mathematiker als die NSA. Da die meisten davon mit der
Entwicklung und dem Knacken von Verschlüsselungsverfahren beschäftigt sein dürften, sind in den Diensten der Behörde aller Wahrscheinlichkeit nach mehr Kryptologen aktiv
als an sämtlichen Universitäten der Welt zusammen. Dabei
hat die NSA zusätzlich den Vorteil, dass die akademische
Kryptologie erst in den siebziger Jahren entstanden ist, als
die staatlichen Code-Experten bereits auf einige Jahrzehnte
an kryptologischer Erfahrung zurückgreifen können. Angesichts dieser Superlative erzählt man sich von der NSA
wahre Wunderdinge: Der Kryptologie-Papst Bruce Schneier
äußert in seinem Buch »Applied Cryptography« beispielsweise die Vermutung, dass die NSA der akademischen Forschung um viele Jahre voraus ist /Schneier 96/. Gerüchten zufolge haben NSA-Kryptologen die asymmetrische Verschlüsselung schon Jahre vor Diffie und Hellman erfunden,
und darüber hinaus dürften sie so manches Verfahren geknackt haben, das in der Öffentlichkeit noch als sicher gilt.

> Die NSA
> beschäftigt
> zahlreiche
> Kryptologen

Da der NSA zudem eine einzigartige Hardware-Ausstattung
zur Verfügung steht, sind die Dechiffrier-Möglichkeiten der
staatlichen Kryptologen kaum zu unterschätzen. Wenn
Kryptologen von der NSA reden, dann tun sie das meist in
einer Mischung aus Furcht und Bewunderung. Gleichzeitig

gilt die NSA jedoch auch als das – wenn auch unbekannte – Maß aller Dinge in Sachen kryptologischer Sicherheit. Ein Verfahren, das für wirklich sicherheitskritische Daten eingesetzt wird, muss auch den Angriffen der NSA widerstehen. Auch wenn natürlich niemand wirklich weiß, wie das zu bewerkstelligen ist.

Die NSA verfügt über eine einzigartige Ausstattung

Doch die Fähigkeiten der NSA gehen zweifellos über die Kryptologie hinaus. So schreibt man der Behörde auch erstklassige Technik in der Spracherkennung zu, was beim Auswerten der unzähligen abgehörten Telefonate und Funksprüche hilft. Der PGP-Erfinder Phil Zimmermann (siehe Abschnitt »Sicherer als der Staat erlaubt: PGP« (S. 244)) weist in seinen Vorträgen immer wieder auf eine Spracherkennungssoftware hin, die von der NSA freigegeben wurde. Sie soll besser sein als alles, was in diesem Bereich kommerziell verfügbar ist. Dabei ist anzunehmen, dass die NSA nicht ihre modernsten Lösungen an die Öffentlichkeit gelangen lässt.

Es ist natürlich nicht im Detail bekannt, wie die NSA an die Daten herankommt, die sie entschlüsselt und auswertet. Man kann jedoch davon ausgehen, dass die Behörde ein weltweites Netz von Abhörstationen betreibt, wobei das Lauschen auf Satelliten- und drahtlosen Funkverbindungen noch zu den leichteren Übungen zählt. Kommunikationsleitungen, die innerhalb der USA verlaufen, stehen der NSA vermutlich ohnehin offen, während niemand weiß, mit welchen Tricks sich die US-Lauscher Zugang zu anderen Daten- und Sprachnetzen auf der Welt verschaffen. Bekannt ist allerdings, dass die NSA zusammen mit Geheimdiensten der Staaten Großbritannien, Kanada, Australien und Neuseeland das weltweite Abhörsystem **Echelon** betreibt, das täglich geschätzte 3 Milliarden Kommunikationsverbindungen mitprotokolliert. Eine der Echelon-Stationen befindet sich im bayerischen Bad Aibling, wo auf einem streng bewachten

Gelände Antennen in der Form überdimensionaler Golfbälle elektomagnetische Wellen auffangen.

Die Krypto-Debatte

Den Einfluss der NSA bekamen Anfang der siebziger Jahre schon die Entwickler des Data Encryption Standard (DES) zu spüren. Die damals noch wenig bekannte Geheimorganisation schrieb ihnen kurzerhand eine verdächtig geringe Schlüssellänge für ihr Verfahren vor und sorgte damit für eine Sicherheitslücke im ansonsten erstklassigen DES-Verfahren (siehe Abschnitt »Der Data Encryption Standard« (S. 197)). Ähnliche Erfahrungen mussten auch die RSA-Erfinder Rivest, Shamir und Adleman machen, als ihnen die NSA die Veröffentlichung ihrer Erkenntnisse verbieten wollte. Dieses Vorhaben misslang zwar, doch die drei Kryptologen standen vorübergehend mit einem Bein im Gefängnis (siehe Abschnitt »Das öffentliche Geheimnis« (S. 213)).

Auch beim DES mischte die NSA mit

Natürlich kamen diese Aktionen der NSA nicht ganz zufällig. Schließlich hatte die Behörde bei ihren weltweiten Lauschaktionen bis in die Siebziger oft leichtes Spiel, da außer staatlichen Stellen niemand in der Lage war, Telefongespräche, Fernschreiben, Funksprüche und andere Formen der Kommunikation sicher zu verschlüsseln. Das Aufkommen sicherer Verschlüsselungsverfahren wie DES und RSA muss die US-Geheimbehörde daher als große Gefahr empfunden haben. Die NSA-Bosse und US-Politiker machten sich angesichts dieser Beeinträchtigung staatlicher Lauschaktivitäten Sorgen um die nationale Sicherheit.

Ähnliche Entwicklungen spielten sich natürlich auch in anderen Ländern ab, und so entstand eine weltweite Debatte über die Nutzung von Kryptologie und die Rolle, die der Staat dabei spielt. Die wichtigste Frage hierbei lautete: Hat ein Staatsbürger das Recht, Verschlüsselung nach Belieben

Muss der Staat mitlesen können?

einzusetzen, oder muss sich der Staat die Möglichkeit vorbehalten, mitlesen zu können? Und wenn ja, in welchen Fällen sollte das Lauschen erlaubt sein, und wie konnte dann der Einsatz von Kryptologie kontrolliert werden? Der Disput gewann immer mehr an Fahrt, als Mitte der neunziger Jahre das Internet zu seinem bis heute andauernden Höhenflug ansetzte und der Einsatz von Verschlüsselung immer wichtiger, gleichzeitig aber auch immer einfacher wurde.

In totalitären Staaten waren solche Fragen schnell zugunsten einer wirksamen Überwachung beantwortet. Doch in den westlichen Demokratien brachen heftige Diskussionen aus. Wie man sich leicht vorstellen kann, trafen dabei reichlich gegensätzliche Vorstellungen aufeinander. Auf der einen Seite stand eine große Koalition der Ablehnung: Die Hersteller von Verschlüsselungsprodukten, Telefongesellschaften, Hitech-Industriezweige, Liberale und Verbraucherschützer wollten meist jeden Eingriff des Staats in die private Nutzung von Kryptologie verhindern. Neben der Freiheit des Einzelnen sahen sie bei entsprechenden Gesetzen auch der Wirtschaftsspionage Tür und Tor geöffnet. Darüber hinaus kam auch immer wieder das Argument, dass sich der Einsatz von Kryptologie sowieso nur schwer kontrollieren ließe und dass Kriminelle sich nicht an etwaige Verbote halten würden.

Es gab auch Befürworter einer Krypto-Regulierung

Dieser Anti-Regulierungs-Fraktion standen hauptsächlich konservative Politiker und Vertreter von Polizeibehörden gegenüber. Sie befürchteten, dass der unkontrollierte Einsatz von Kryptologie Kriminellen und insbesondere dem organisierten Verbrechen in die Hände spielen würde. Diese Befürchtungen waren nicht aus der Luft gegriffen. So verwiesen die Befürworter eines Krypto-Gesetzes unter anderem auf Ermittlungsverfahren in Italien, bei denen abgehörte Handy-Gespräche zahlreiche Mafiosi hinter Schloss und Riegel gebracht hatten. Auch dem 1998 in Buenos Aires gefas-

sten Reemtsma-Entführer Thomas Drach wurde ein abgehör-
tes Telefongespräch mit einem Freund in Deutschland zum
Verhängnis. Angesichts solcher Fälle stellte das Aufkommen
kryptologisch abgesicherter Telefone, bei denen der Staat
nicht mehr mithören konnte, für die Regulierungsbefürwor-
ter ein Horrorszenario dar. Da in den letzten Jahren auch
die E-Mail-Technologie im kriminellen Bereich zugenommen
hat, hatten sie für diesen Bereich ähnlich Befürchtungen.
Das Argument, Kriminelle würden sich ohne hin nicht an
ein etwaiges Krypto-Verbot halten, zählte für die Regulie-
rungsbefürworter nicht. Ihnen ging es vor allem darum,
dass wirksame Verschlüsselungsfunktionen nicht zur Stan-
dardausstattung von E-Mail-Programmen und Handys werden würde, denn erfahrungsgemäß machen sich selbst Kriminelle nur selten die Mühe, sich entsprechende Verschlüs-
selungszusätze zu besorgen.

Clipper und Co.

Vor dem Hintergrund solcher Diskussionen spielte sich in
der zweiten Hälfte der Neunziger eine ganze Reihe kurioser
Affären ab, die weit über Fachkreise hinaus für Diskussionen sorgten. Am öffentlichkeitswirksamsten waren dabei
verschiedene Ereignisse in den USA, wo die Interessen der
mächtigen NSA mit denen der ebenfalls mächtigen Industrie
aufeinander stießen. Eine wichtige Rolle spielte in diesem
Zusammenhang die rechtliche Lage: Der Einsatz von Verschlüsselung war und ist in den USA zwar ohne Einschrän-
kungen erlaubt. Größtenteils verboten war dagegen bis 1999
der Export von Verschlüsselungslösungen aus den Vereinigten Staaten. Diese Regelung war in einer Zeit entstanden,
als lediglich staatliche Organisationen Kryptologie einsetzten, und kryptologische Produkte daher als militärische Güter betrachtet wurden. Als jedoch in den neunziger Jahren
auch durchschnittliche PC-Anwender mit Verschlüsselungs-

programmen zu arbeiten begannen, entwickelten sich die US-Exportbestimmungen für Kryptologie immer mehr zum Ärgernis. Doch der NSA kam es nach wie vor entgegen, dass die zahlreichen Krypto-Hersteller aus den USA ihre Ware nicht ins Ausland liefern durften, und so änderte sich erst einmal nichts an der Rechtslage.

Selbst harmlose Programme durften nicht exportiert werden

So ergaben sich durch die Exportbeschränkungen mehrfach reichlich seltsame Situationen. Beispielsweise trugen die besagten Bestimmungen entgegen ihres Zwecks zum enormen Erfolg der Verschlüsselungs-Software PGP bei (siehe Abschnitt »Sicherer als der Staat erlaubt: PGP« (S. 244)), nachdem sich dessen Erfinder Phil Zimmermann mit einem Gerichtsverfahren herumschlagen musste. War ein Exportverbot des Verschlüsselungsprogramms PGP auf Grund dessen Stärke noch halbwegs nachvollziehbar, so konnte man in anderen Fällen nur den Kopf schütteln. Selbst die Ausfuhr eines Unix-Betriebssystems aus den USA war illegal, wenn dieses das Verschlüsselungsprogramm »Crypt« enthielt. Dabei stammte dieses harmlose Prögrämmchen aus der kryptologischen Steinzeit (aus dem Jahr 1970) und bot eine Verschlüsselung, die etwa der einer Enigma mit nur einem Rotor entsprach. Mit einer frei verfügbaren Software war eine Crypt-verschlüsselte Datei in Sekunden zu knacken. Vielen international tätigen US-Software-Hersteller blieb angesichts dieser Kleinkariertheit nicht anderes übrig, als bei ihren Produkten ganz auf Verschlüsselungsfunktionen zu verzichten. Dazu gehörte nicht zuletzt auch der Betriebssystem-Marktführer Microsoft, in dessen Windows-Lösungen kryptologische Mechanismen lange Zeit mit Abwesenheit glänzten. Von anderen Produkten, beispielsweise von den gängigen Web-Browsern, gab es dagegen zwei Versionen: eine US-Variante mit und eine Exportvariante ohne starke Verschlüsselung.

Den Höhe- und Wendepunkt in der US-Krypto-Debatte markierte jedoch eine Episode, die ausnahmsweise nichts mit dem Export von Verschlüsselung zu tun hatte. Vielmehr ging es dabei um den berüchtigten **Clipper**-Chip, den die US-Regierung 1993 ankündigte. Clipper, ein von der NSA entwickelter Computer-Chip, konnte Telefondaten verschlüsseln und sollte nach den Plänen der Clinton-Regierung in die Telefone der USA eingebaut werden. Eigentlich eine schöne Sache, schließlich wäre der gesamte US-Telefonverkehr dadurch im Handumdrehen vor Abhörern geschützt worden. Doch die Sache hatte einen Haken: Jedes Clipper-Exemplar sollte mit einem Nachschlüssel ausgestattet sein, der einer speziellen Behörde – und damit möglicherweise auch der NSA – bekannt war und ihr bei Bedarf das Lauschen ermöglichte.

Verschlüsselung ja, aber nur mit staatlicher Hintertür, lautete also die Clipper-Devise. Doch die US-Regierung hatte offensichtlich die gestiegene Sensibilität der Öffentlichkeit in solchen Fragen unterschätzt. So gab es massive Proteste gegen die Clipper-Pläne aus der Krypto-Szene, aus der Industrie sowie von Bürgerrechtlern. Und das, obwohl Clipper keine direkten Nachteile mit sich brachte: Der Chip sorgte mit einem sicheren Verfahren für ein hohes Maß an Abhörsicherheit, und wer sich vom Staat nicht in die Karten schauen lassen wollte, konnte jederzeit eine eigene Verschlüsselung zusätzlich einsetzen. Doch die Clipper-Gegner befürchteten, dass der Staat Clipper irgendwann als Vorwand nutzen würde, um andere Formen der Verschlüsselung zu verbieten.

Clipper wurde zum Flop

Nachdem der staatliche Verschlüsselungs-Chip immer stärker in die Kritik geraten war, trug schließlich auch eine Entdeckung des Kryptologen Matt Blaze zu dessen Ende bei. Blaze fiel 1994 auf, dass man Clipper auf einfache Weise so manipulieren konnte, dass der Nachschlüssel nicht mehr passte. Der US-Regierung drohten dadurch Millionen von Telefonen mit staatlich geförderten Verschlüsselungs-Chips, die keine Hintertür mehr für den Staat enthielten. Die Konsequenzen ließen nicht lange auf sich warten: 1996 gab die US-Regierung alle Clipper-Pläne auf.

Die deutsche Debatte

Auch in Deutschland gab es Diskussionen

Im deutschsprachigen Raum kam vielen die US-Krypto-Debatte zunächst einmal sehr gelegen. Durch die Exportbestimmungen in den Vereinigten Staaten konnten deutsche Unternehmen wie Brokat oder Kryptokom ihre Verschlüsselungslösungen mit großem Erfolg auf den Markt bringen, ohne die US-Konkurrenz fürchten zu müssen. Darüber hinaus gab es aber auch hierzulande heftige Diskussionen über den Sinn und Unsinn von Anti-Verschlüsselungs-Gesetzen. Ihren Höhepunkt erreichte die Debatte Mitte 1997, als Auseinandersetzungen um ein mögliches Verschlüsselungsverbot das Sommerloch füllten.

Die Gegner einer Krypto-Regulierung in Deutschland wurden von TeleTrusT, dem Branchen-Verband der IT-Sicherheits-Anbieter, angeführt, dessen Mitglieder ein massives wirtschaftliches Interesse an einem freien Krypto-Markt hatten. Anders sah dies beispielsweise Peter Frisch, der Präsident des Bundesamtsamts für den Verfassungsschutz: »Wir müssen verschlüsselte Botschaften lesen können«, forderte er. Doch das Sommertheater des Jahres 1997 verpuffte, ohne dass sich Regierung oder Opposition zu einem Bekenntnis für eine Krypto-Regulierung durchringen konnten.

Die Faulheit erwies sich als Komplize der Abhörer

So schlief nach 1997 im deutschsprachigen Raum und weltweit die Krypto-Debatte so langsam wieder ein. Die Gegner einer Regulierung behielten zumindest in den demokratischen Staaten die Oberhand, und die Politik verzichtete vorsorglich darauf, derart unpopuläre Maßnahmen in die Praxis umzusetzen. Die NSA und vergleichbare Behörden in anderen Ländern sind dennoch nicht arbeitslos geworden. Trotz aller kryptologischen Freiheiten gehen nämlich nach wie vor die meisten Nachrichten unverschlüsselt über die Kommunikationsverbindungen dieser Welt. Der Grund liegt jedoch weniger in irgendwelchen Gesetzen – Schuld ist vielmehr die Faulheit der Anwender.

Clipper Von der US-Regierung in den neunziger Jahren entwickelter Verschlüsselungs-Chip, der eine Hintertür für eine staatliche Behörde enthielt. Massive Proteste führten dazu, dass Clipper nicht wie geplant standardmäßig in US-Telefone eingebaut wurde.
Echelon Weltweites Spionage-Netzwerk, das von den USA, Großbritannien, Kanada, Australien und Neuseeland betrieben wird. Die Existenz von Echelon wurde inzwischen in offiziellen EU-Dokumenten bestätigt.

NSA (National Security Agency) Behörde in den USA, die das Abhören von Kommunikationsverbindungen im In- und Ausland betreibt. Die NSA gilt als weltweit größter Arbeitgeber für Mathematiker, sie beschäftigt vermutlich mehr Kryptologen als alle Universitäten der Welt zusammen. Das Know-how der NSA im Bereich der Kryptologie dürfte das der akademischen Welt deutlich übersteigen.

Glossar

3.11 Der Advanced Encryption Standard

Zu den zahlreichen Gerüchten und Verschwörungstheorien der modernen Kryptologie gehört, dass die Funktionsweise des Verschlüsselungsverfahrens DES (siehe Abschnitt »Der Data Encryption Standard« (S. 197)) ursprünglich geheim gehalten werden sollte. Die Geheimbehörde NSA, die die Firma IBM in den siebziger Jahren bei der Entwicklung des DES unterstützte, soll davon ausgegangen sein, dass das Verfahren nur in Form von Verschlüsselungs-Chips auf den Markt kommen würde, deren Innenleben nicht ohne Weiteres zu analysieren war. Bei IBM dachte man dagegen an eine allgemein verfügbare Verschlüsselungsmethode und machte zum Entsetzen der NSA alle Einzelheiten der Öffentlichkeit zugänglich. Auch wenn diese Geschichte nicht stimmen sollte, dürfte die NSA mit dem Aufkommen des DES nicht besonders glücklich gewesen sein. Denn mit dem DES stand der Allgemeinheit erstmals ein Verschlüsselungsverfahren mit hohem Sicherheitsniveau zur Verfügung, das der NSA das Abhören von Kommunikationsverbindungen im In- und Ausland erheblich erschwerte.

Ein neuer Standard

1997 wurde ein Wettbewerb gestartet

Der Einfluss der NSA dürfte dazu beigetragen haben, dass die zuständigen Behörden in den USA zunächst einmal keinen Nachfolger für den in die Jahre gekommenen DES suchten. Erst 1997 hatte die US-Normierungsbehörde NIST schließlich ein Einsehen und machte sich an die Arbeit, ein neues Verschlüsselungsverfahren zu normieren. Dieses sollte **Advanced Encryption Standard** (AES) genannt werden und war in erster Linie für den Einsatz in nichtmilitärischen Behörden der Vereinigten Staaten gedacht. Es war jedoch klar, dass zahlreiche andere Normierungsgremien und viele Hersteller das Verfahren übernehmen würden. Entsprechend groß war das Interesse, nicht nur in der Fachwelt.

Wie schon im Jahr 1973, als es um die Entwicklung des DES ging, startete die NIST wieder einen Wettbewerb, der ein geeignetes Verschlüsselungsverfahren hervorbringen sollte. Zum Auftakt gab die NIST verschiedene Kriterien bekannt, die zur Bewertung der Kandidaten herangezogen wurden. Natürlich sollte das Verfahren sicher sein und deshalb auch eine größere Schlüssellänge als der DES mit seinen 56 Bit besitzen. Darüber hinaus war ein schnelles Verschlüsselungsverfahren gefragt, das auch für weniger leistungsfähige Umgebungen – etwa Chipkarten – geeignet war. Insgesamt machte die NIST jedoch relativ wenige Vorgaben und überließ damit den Wettbewerbsteilnehmern die Ausgestaltung der Details.

Wie der AES-Wettbewerb anlief, zeigt deutlich, welche enorme Entwicklung die Kryptologie in den Jahrzehnten zuvor genommen hatte. Musste die NIST (die damals noch NBS hieß) beim DES-Wettbewerb den ersten Versuch noch abbrechen, weil es keinen einzigen brauchbaren Teilnehmer gab, so zählte man beim AES nicht weniger als 15 Verfahren, die bis zum Fristende Mitte 1998 eingereicht wurden. Alles, was in der Szene Rang und Namen hatte, beteiligte sich am Wettbewerb: Die Firma IBM, die ja bereits den DES entwickelt hatte, reichte ein Verfahren namens **MARS** ein, von RSA-Miterfinder Ron Rivest und seinen Mitarbeitern stammte der AES-Kandidat **RC6**. Der durch sein Fachbuch bekannte Bruce Schneier (siehe Abschnitt »Die Grundlagenkrise« (S. 293)) ging mit **Twofish** ins Rennen. Weitere bekannte Kryptologen hatten Verfahren namens **Serpent** oder **Rijndael** (sprich: »Reindahl«) eingereicht.

Es gab 15 Teilnehmer

Unter den Experten, die Verfahren einreichten und dabei meist in Teams auftraten, befanden sich neben zahlreichen US-Amerikanern Kryptologen aus aller Welt. Obwohl es sich um einen Wettbewerb der USA handelte, bestand nur eines der 15 Entwickler-Teams ausschließlich aus US-Kryptologen. Auch ein deutsches Team war am Start: Die beiden Kryptologen in Diensten der Deutschen Telekom Klaus Huber und M. J. Jacobson reichten ihr Verfahren namens **Magenta** ein – benannt nach der Farbe des Telekom-Logos.

Angesichts der schlechten Erfahrungen, die man in der Kryptologie immer wieder mit diversen US-Behörden gemacht hatte, betrachteten viele in der Szene den AES-Wettbewerb mit Skepsis. Manche Experten befürchteten eine Einfluss-

Der Wettbewerb lief fair und offen ab

nahme der NSA, andere konnten sich nicht vorstellen, dass ein ausländisches Verfahren zum US-Standard erklärt werden würde. Doch die Befürchtungen erwiesen sich als unbegründet. Die NIST erhielt für den fair durchgeführten Wettbewerb Lob von allen Seiten und ließ den Verdacht von Mauscheleien erst gar nicht aufkommen. Da die Einbeziehung von Expertenmeinungen zum Konzept gehörte, entwickelte sich der AES-Wettbewerb zu einer riesigen Spielwiese für Kryptologen, die sich in einem zweijährigen Auswahlverfahren austoben konnten. Dies war auch nötig, denn viele der eingereichten Verfahren verwendeten neue oder noch wenig untersuchte Techniken und mussten daher erst einmal unter die Lupe genommen werden. Es gab also viel zu tun für die Kryptologen der Welt, deren Szene durch den AES-Wettbewerb einen spürbaren Schub erlebte.

Die Ausgeschiedenen

Bis April 1999 dauerte die erste Begutachtungsphase im AES-Wettbewerb. Die zahlreichen Analysearbeiten, die in dieser Zeit entstanden, wurden bei zwei Expertenkonferenzen ausführlich diskutiert, wodurch sich schnell die Spreu vom Weizen unter den 15 AES-Kandidaten trennte. Mitte 1999 warf die NIST dann zehn der 15 Kandidaten aus dem Rennen.

Fünf weitere schieden aus

Fünf der Ausgeschiedenen mussten wegen Sicherheitsproblemen die Segel streichen. Am härtesten traf es dabei ausgerechnet den einzigen deutschen Teilnehmer Magenta, bei dem Kryptologen im Publikum schon während der ersten Präsentation eine Sicherheitslücke entdeckten. Wie sich zeigte, war diese peinliche Schlappe auf einen vermeidbaren Fehler in der Funktionsweise des Verfahrens zurückzuführen, doch eine Nachbesserung war zu diesem Zeitpunkt nicht mehr zulässig. So wurde Magenta zweifellos unter

Wert geschlagen, ging aber dennoch als schlechtester AES-Kandidat in die Krypto-Geschichte ein.

Neben den fünf wegen Sicherheitsmängeln ausgeschiedenen Verfahren gab es fünf weitere, die aus anderen Gründen aus dem Rennen genommen wurden. Einige der Kandidaten boten eine zu geringe Verschlüsselungsgeschwindigkeit, bei anderen wollten die Juroren das Risiko wenig untersuchter Design-Techniken nicht eingehen.

Die AES-Finalisten

Nach dem Aus für zehn der AES-Kandidaten blieben fünf Finalisten übrig. Dabei handelte es sich um MARS, RC6, Rijndael, Serpent und Twofish, also allesamt um Verfahren von namhaften Kryptologen, deren Vordringen ins Finale nicht ganz überraschend kam. Bei den Finalisten zeigte sich eindrucksvoll, welches Niveau die Kryptologie inzwischen erreicht hatte: Alle fünf Verfahren hatten trotz zahlreicher Untersuchungen keine Sicherheitslücken offenbart und beeindruckten auch in Punkto Verschlüsselungsgeschwindigkeit. Es war für die NIST also keine einfache Aufgabe, aus diesen starken Kandidaten einen Sieger zu küren.

Bevor die NIST eine Entscheidung traf, war eine weitere Runde des Wettbewerbs vorgesehen, in der sich Kryptologen in aller Welt zu den verbliebenen Kandidaten auslassen konnten. In zahlreichen Forschungsarbeiten geschah dies dann auch, wobei sogar die NSA allen fünf Finalisten ein ausreichend hohes Maß an Sicherheit attestierte. Nachdem allerdings verschiedene Untersuchungen deutlich machten, dass MARS und RC 6 unter bestimmten Rahmenbedingungen etwas langsamer verschlüsselten als die Konkurrenten, büßten diese beiden Verfahren Anfang 2000 ihre Siegchancen ein.

Nun waren nur noch Rijndael, Serpent und Twofish im Rennen. Rijndael erwies sich als besonders elegantes Verfahren, dessen Funktionsweise sich mathematisch einfach be-
schreiben lässt. Die verwendeten Techniken galten damals
jedoch noch als recht neu und wenig untersucht, manche
sahen auch in der mathematischen Einfachheit ein Risiko.
Serpent setzte im Gegensatz zu Rijndael ausschließlich auf
Bewährtes und zudem auf ein besonders hohes Sicherheitsniveau, war dafür aber das langsamste der drei verbliebenen
Verfahren. Twofish wurde von Experten zwischen den beiden Extremen Rijndael und Serpent angesiedelt. Die NIST
musste sich also zwischen drei Verfahren entscheiden, die
sich nur schwer vergleichen ließen.

Trotz aller Rivalitäten blieb der Wettbewerb auch in dieser Phase fair. Twofish-Miterfinder und PR-Talent Bruce
Schneier meldete sich zwar immer wieder medienwirksam
zu Wort und veröffentlichte sogar ein ganzes Buch über sein
Verfahren Twofish. In seiner Argumentation blieb er jedoch
stets sachlich. Angesichts des offensichtlich toten Rennens
forderten einige Kryptologen nun, die NIST solle mehrere
Verfahren zur Norm erheben, worauf die Behörde jedoch
nicht einging.

Der Sieger

Nach über zwei Jahren des Analysierens verkündete die NIST
am 2. Oktober 2000 schließlich: Der Sieger heißt Rijndael.
Damit hatte sich die Jury für den elegantesten Finalisten entschieden und die Bedenken bezüglich der unkonventionel-
len Funktionsweise ignoriert. In der letzten AES-Konferenz
hatte Rijndael 86 Stimmen erhalten, während sich Serpent
mit 59, Twofish mit 31, RC6 mit 23 und MARS mit 13 Stimmen begnügen mussten.

Angesichts der Tatsache, dass Rijndael bei allen Analysen hervorragend abgeschnitten hatte, kam die Entscheidung der NIST nicht mehr ganz überraschend. Der Sieg von Rijndael wurde von den meisten Experten als verdient bezeichnet.

Am Anfang des Wettbewerbs hatte Rijndael nur zum erweiterten Favoritenkreis gehört. Die beiden Erfinder Joan Daemen und Vincent Rijmen hatten sich zwar schon vor der AES-Kür einen Namen als erfahrene Kryptologen gemacht, sie erreichten jedoch nicht den Bekanntheitsgrad eines Ron Rivest oder Bruce Schneier. Mit ihrem Sieg im AES-Wettbewerb rückten Daemen und Rijmen jedoch in den Blickpunkt des öffentlichen Interesses. Da beide Belgier sind, war die Befürchtung, die NIST würde kein ausländisches Verfahren auswählen, widerlegt. Weitere Details über die beiden Kryptologen gingen nun durch die Computer-Presse: Joan Daemen, der auf Grund seines Vornamens teilweise für eine Frau gehalten wurde, arbeitete für das im Bereich Chipkarten aktive Unternehmen Proton World, während Rijmen an der Universität von Leuven aktiv war.

Seit 2001 gilt der AES, und damit Rijndael, als offizielle Norm für verschlüsselte Daten im Behördenbereich der USA. Wie allgemein erwartet wurde, hat das Verfahren jedoch weit darüber hinaus seine Anwender gefunden, und so gibt es längst zahlreiche Computer-Programme und Hardware-Chips, die den AES einsetzen. Auch wenn das Verfahren sicherlich nie die überragende Stellung einnehmen wird, die einst der DES innehatte, so könnte der AES dennoch zur wichtigsten Verschlüsselungsmethode der kommenden Jahrzehnte werden.

Ein kleiner Schatten ist jedoch inzwischen auf den AES gefallen. Im Herbst 2002 veröffentlichten zwei Kryptologen eine neuartige Methode zum Knacken von Verschlüsselungsverfahren und lösten damit in der Fachwelt heftige Diskussionen aus.

Die XLS genannte Methode, die mathematisch recht anspruchsvoll ist, könnte auch auf Rijndael und außerdem auf den AES-Finalisten Serpent anwendbar sein. Die Diskussion darüber war bei Redaktionsschluss dieses Buchs noch im Gange, namhafte Kryptologen bezweifelten jedoch, dass XLS beim AES eine Wirkung hat. Und selbst wenn dies der Fall wäre, hätte dies zunächst keine Auswirkungen auf die Praxis, denn der notwendige Aufwand wäre so hoch, dass man die Gesetze der Physik außer Kraft setzen müsste, um einen Super-Computer zu bauen, der den AES auf diese Weise knacken könnte. Doch Kryptologen sind von Natur aus paranoid und daher hätte eine frühere Veröffentlichung von XLS möglicherweise dafür gesorgt, dass die NIST ein anderes Verfahren zum Sieger ernannt hätte.

Einstweilen muss man sich über die Sicherheit des AES also keine Sorgen machen und kann sich daher anderen Aspekten des Themas widmen. Zum Beispiel dem Namen des Verfahrens Rijndael: Dieser ist von den Nachnamen der Erfinder Joan Daemen und Vincent Rijmen abgeleitet und wird niederländisch, also »Reindahl« ausgesprochen. Auf ihrer Web-Seite nennen die beiden auch den Grund für die ungewöhnliche Namenswahl: »Wir hatten es beide satt, dass man unsere Namen Daemen und Rijmen ständig falsch ausspricht.« Allen, die lieber eine einfachere Bezeichnung gehabt hätten, drohen die beiden: »Wir ziehen bereits Herfstvrucht, Angstschreeuw und Koeieuier in Erwägung.«

Glossar　**AES** (Advanced Encryption Standard) Symmetrisches Verschlüsselungsverfahren, das in den USA als Standard festgelegt worden ist. Die Funktionsweise wurde im Rahmen eines weltweiten Wettbewerbs festgelegt, an dem 15 Verfahren beteiligt waren.

Magenta Symmetrischer Verschlüsselungsalgorithmus, der von Mitarbeitern der Deutschen Telekom entwickelt wurde. Gehörte zu den 15 Kandidaten des AES-Wettbewerbs, schied jedoch in der ersten Runde aus. Die Bezeichnung "Magenta" ist von der gleichnamigen Farbe, die im Telekom-Logo vorkommt, abgeleitet. **MARS** Symmetrisches Verschlüsselungsverfahren, das von der Firma IBM entwickelt wurde. MARS gehörte zu den 15 AES-Kandidaten. **RC6** Symmetrisches Verschlüsselungsverfahren mit variabler Schlüssel- und Blocklänge. Gehörte zu den 15 AES-Kandidaten. **Rijndael** Symmetrisches Verschlüsselungsverfahren, das von zwei belgischen Kryptologen entwickelt wurde. Gewann den AES-Wettbewerb und wird seitdem auch AES genannt. Syn.: AES **Serpent** Symmetrisches Verschlüsselungsverfahren, das zu den 15 AES-Kandidaten gehörte. Die Funktionsweise folgt einem konventionellen Design mit besonders großzügig bemessenen Sicherheitspuffern gegenüber bekannten Dechiffrier-Methoden. **Twofish** Symmetrisches Verschlüsselungsverfahren, das von Bruce Schneier entwickelt wurde. Gehörte zu den 15 AES-Kandidaten. Twofish ist eine Weiterentwicklung des Verfahrens Blowfish.

3.12 Hans Dobbertin knackt MD5

Die Frankfurter Allgemeine Sonntagszeitung nennt ihn den »Meister der Chiffren« und »Deutschlands besten Code-Knacker«. Zurecht, denn Hans Dobbertin, promovierter Mathematiker und derzeit Professor für Informationssicherheit an der Ruhr-Universität Bochum, hat ein hohes Ansehen in der internationalen Krypto-Szene. Auf sein Konto gehen nicht nur die bedeutendsten Dechiffrier-Leistungen, die in der öffentlichen Kryptologie je auf deutschem Boden erzielt worden sind, sondern auch die Entwicklung eines heute weit verbreiteten Verfahrens. Hans Dobbertin hat also gleich mehrfach Kryptologie-Geschichte geschrieben.

Hans Dobbertin ist Kryptologe

Der 1952 geborene Dobbertin zeigte sein Talent bereits in früher Jugend. 1971 gewann er die Mathematiksparte des Wettbewerbs »Jugend forscht«, später studierte er Mathematik und promovierte im gleichen Fach. 1991 ging er zum Bundesamt für Sicherheit in der Informationstechnik (BSI) und entdeckte dort seine neue Leidenschaft: die Kryptologie. Zu seinem Schwerpunkt sollten jedoch nicht Verschlüsselungsverfahren werden, sondern ein anderes Teilgebiet, das man als **kryptografische Hashfunktionen** bezeichnet. Hier konnte Dobbertin die Erfolge feiern, die dazu führten, dass ihn die Frankfurter Allgemeine Sonntagszeitung später sogar eine »Legende« nannte /Vasek 02/.

Kryptografische Hashfunktionen

Digitale Signaturen sind langsam

Welchen Sinn kryptografische Hashfunktionen haben, versteht man am besten bei einer genauen Betrachtung der digitalen Signaturen (siehe Abschnitt »Digitale Signaturen« (S. 232)). Letztere stehen zwar für eine äußerst interessante Technik, doch bei deren Einsatz in der Praxis ergibt sich ein erheblicher Nachteil: Alle bekannten digitalen Signaturverfahren sind recht langsam und können nur Datenmengen verarbeiten, die maximal einige Hundert Byte groß sind. Da die Größe einer zu signierenden Datei jedoch oft die Megabyte-Grenze überschreitet, müsste ein zu signierendes Dokument in den meisten Fällen in Tausende kleiner Einheiten zerstückelt werden, die anschließend jeweils eine eigene digitale Signatur erhalten. Die Folge einer solchen Praxis wäre jedoch, dass ein Signaturvorgang mehrere Stunden dauert, die Überprüfung einer digitalen Signatur ebenfalls umständlich ist und sich die Größe eines Dokuments durch die zahlreichen Signaturen mehr als verdoppelt. Ein Einsatz in der Praxis wäre auf diese Weise kaum möglich.

Um dieses Problem zu lösen, haben sich Kryptologen in den achtziger Jahren das Prinzip der kryptografischen Hashfunktion einfallen lassen. Dabei handelt es sich um ein Verfahren, das zu einer gegebenen Nachricht beliebiger Länge eine spezielle Prüfsumme (Hashwert) bildet. Anstatt ein längeres Dokument für das Signieren zu zerstückeln, so die Idee, wird lediglich ein Hashwert davon signiert. Dieser

Vorgang ist um ein Vielfaches schneller als das Anfertigen Tausender digitaler Signaturen und macht das bearbeitete Dokument nur unwesentlich länger.

Die Anforderungen an eine kryptografische Hashfunktion sind jedoch alles andere als trivial. Die wichtigste davon ist, dass es nicht möglich sein darf, zwei unterschiedliche Nachrichten mit dem gleichen Hashwert zu finden – ansonsten würde nämlich eine digitale Signatur zu beiden Nachrichten passen. Da es stets deutlich mehr mögliche Nachrichten als mögliche Hashwerte gibt, ist diese Anforderung nicht einfach zu erfüllen, denn die Existenz mehrerer Nachrichten mit gleichem Hashwert ist nicht zu verhindern. Eine kryptografische Hashfunktion muss aus diesem Grund so konstruiert sein, dass es mit vertretbarem Aufwand nicht möglich ist, die vorhandenen Duplikate zu finden.

Duplikate dürfen nicht zu finden sein

Mit den kryptografischen Hashfunktionen hat sich in den achtziger Jahren ein weiteres interessantes Betätigungsfeld für Kryptologen eröffnet. Es zeigte sich schnell, dass die zur Konstruktion solcher Verfahren geeigneten Methoden die gleichen sind wie bei symmetrischen Verschlüsselungsverfahren (etwa dem DES). Auch bei kryptografischen Hashfunktionen kommen daher ausschließlich einfache Bitoperationen zum Einsatz, die in mehreren ähnlich ablaufenden Runden geschickt kombiniert werden. Vom DES und ähnlichen Verfahren bekannt ist auch die bei kryptografischen Hashfunktionen übliche Vorgehensweise, die verarbeitete Nachricht in Blöcke einheitlicher Länge aufzuteilen.

MD4

Einige wesentliche Ideen für den Aufbau kryptografischer Hashfunktionen, die bis heute gültig sind, lieferte der bereits in Abschnitt »Das öffentliche Geheimnis« (S. 213) erwähnte Kryptologe Ralph Merkle. Die von ihm entworfene

MD4 ist eine kryptografische Hashfunktion

Funktion »Snefru« setzte sich jedoch auf Grund einiger Sicherheitsmängel nicht durch. Auf Merkles Arbeit baute auch der RSA-Miterfinder Ron Rivest auf, als er eine kryptografische Hashfunktion namens **MD4** entwickelte, die er 1990 öffentlich vorstellte. »MD« steht hierbei für »Message Digest«, was ein anderer Ausdruck für einen Hashwert ist.

MD4 wurde zu einer Art Prototyp für zahlreiche andere kryptografische Hashfunktionen. Im Rahmen des EU-Forschungsprojekts RIPE entwickelten beispielsweise einige Kryptologen eine verstärkte MD4-Variante, die sie **RIPE-MD** nannten. MD4-Erfinder Ron Rivest machte sich ebenfalls Gedanken über Verbesserungsmöglichkeiten, wodurch das Nachfolgeverfahren **MD5** entstand. Nicht zuletzt nahm auch die US-Geheimbehörde NSA MD4 zum Vorbild und entwickelte daraus eine kryptografische Hashfunktion namens **SHA-1**, die 1991 als Bestandteil der Signaturnorm DSS (Digital Signature Standard) veröffentlicht wurde. Praktisch alle heute in der Praxis eingesetzten kryptografischen Hashfunktionen sind somit MD4-Nachfolger. Sie unterscheiden sich vom Vorbild, das mit drei Runden und einem Hashwert von 128 Bit arbeitet, meist durch eine höhere Rundenzahl und einen längeren Hashwert.

Ein zweites Urbild darf nicht zu berechnen sein

Während die einen Kryptologen kryptografische Hashfunktionen entwickelten, machten sich andere daran, sie zu knacken. Dabei hat der Begriff »knacken« in diesem Zusammenhang natürlich eine etwas andere Bedeutung als bei einem Verschlüsselungsverfahren. Als »geknackt« gilt eine kryptografische Hashfunktion zunächst einmal dann, wenn es einem Dechiffrierer gelingt, zu einer gegebenen Nachricht eine zweite mit gleichem Hashwert zu finden. Kryptologen sprechen dabei von einem zweiten Urbild. Die Folgen, die ein zweites Urbild hat, sind klar: Signiert Alice den Hashwert einer Bestellung für einen Staubsauger und gibt es dazu ein zweites Urbild, dann gilt ihre Signatur auch für dieses zweite Dokument. Wenn es darin um die Bestellung von 100 Staubsaugern geht, hat Alice Pech.

Die Anforderungen, die Kryptologen an eine kryptografische Hashfunktion stellen, gehen jedoch noch weiter. Es soll nicht nur unmöglich sein, zu einer *gegebenen* Nachricht eine zweite mit gleichem Hashwert zu finden – vielmehr soll es generell nicht machbar sein, zwei Nachrichten mit gleichem Hashwert (eine so genannte **Kollision**) zu finden. Zusätzlich ist natürlich stets die Frage interessant, ob ein zweites Urbild oder die beiden Nachrichten einer Kollision einen sinnvollen Inhalt haben oder einfach nur aus einem bedeutungslosen Bit-Salat bestehen.

Auf Kollisionskurs

Über kryptografische Hashfunktionen, Kollisionen und zweite Urbilder machte sich Hans Dobbertin also Gedanken, nachdem er seine Stelle beim BSI angetreten hatte. 1994 erhielt die Behörde einen Beratungsauftrag vom Zentralen Kreditausschuss (ZKA), der innerhalb eines Software-Projekts die bereits erwähnte kryptografische Hashfunktion RIPE-MD einsetzen wollte. Dem ZKA lag bereits ein positives Gutachten zu diesem Verfahren vor, doch vorsichtshalber sollte nun noch einmal das BSI eine Stellungnahme dazu abgeben.

Dobbertin fand Kollisionen

Hans Dobbertin, der zu diesem Zeitpunkt bereits als Spezialist des BSI für kryptografische Hashfunktionen galt, machte sich an die Arbeit. Auf den ersten Blick erschien RIPE-MD eine hohe Sicherheit zu bieten. Das Verfahren arbeitet zwar wie das Vorbild MD4 in drei Runden, sieht jedoch zwei voneinander unabhängige Ablaufstränge vor – diese sollten für eine doppelte Absicherung sorgen. Doch Dobbertin machte diese Überlegung zunichte, indem er es schaffte, für eine Zwei-Runden-Version von RIPE-MD Kollisionen zu finden. Diese blieben zwar für das eigentliche Verfahren, das in drei

Runden arbeitet, wirkungslos, doch schon diese theoretische Schwachstelle ließ erhebliche Zweifel an der Sicherheit von RIPE-MD aufkommen. Nebenbei hatte Hans Dobbertin mit seiner Entdeckung auch MD4 geknackt, das ähnlich, aber weniger sicher aufgebaut war. Zum ersten Mal hatte damit ein ziviler deutscher Kryptologe ein Verfahren gelöst, das in der Praxis eingesetzt wurde. Dobbertins Ruf als bester deutscher Code-Knacker hatte seinen Anfang genommen.

Über den Wert der MD4-Kollisionen gab es jedoch geteilte Meinungen. Ein britischer Kryptologe meinte, man brauche sich keine großen Sorgen zu machen, da die mit Dobbertins Methode aufspürbaren Kollisionen keine Nachrichten mit sinnvollem Inhalt beträfen. Doch Hans Dobbertin bewies das Gegenteil: Er konstruierte zwei fiktive Kaufverträge, die sich nur durch die Kaufsumme unterschieden, und schickte sie in digitaler Form an seinen britischen Kollegen. Zu dessen Überraschung ergaben beide den gleichen Hashwert. Die Wirksamkeit von Dobbertins Methode war damit eindrucksvoll belegt.

Der MD5-Angriff

Dobbertin knackte MD5

Nach MD4 knöpfte sich Hans Dobbertin den Nachfolger MD5 vor. Dabei handelte es sich um die damals meistverwendete kryptografische Hashfunktion, die unter anderem auch in Phil Zimmermanns Software PGP zum Einsatz kam. MD5 liefert einen Hashwert der Länge 128 Bit, wobei das Verfahren mit einem ebenfalls 128 Bit langen Wert initialisiert wird. Dieser Initialisierungswert ist in der Spezifikation des Verfahrens festgelegt, er lautet in Hexadezimalschreibweise 01234567 89ABCDEF FEDCBA98 76543210.

Mehrere Kryptologen hatten sich bereits vor Hans Dobbertin an MD5 versucht, doch mehr als ein paar Kollisionen bei stark vereinfachten Varianten des Verfahrens waren dabei nicht zutage gekommen. Hans Dobbertin gelang jedoch ein größerer Erfolg: Er fand Kollisionen bei einer MD5-Variante mit geändertem Initialisierungswert. Damit war MD5 zwar noch nicht wirklich geknackt, da Dobbertins Methode bei einem korrekten Initialisierungswert nicht funktionierte. In der Kryptologie ist es jedoch üblich, Verfahren nur dann zu akzeptieren, wenn sie einen komfortablen Sicherheitspuffer beinhalten, und dieser war mit Dobbertins Arbeit aufgebraucht. Außerdem hinterlässt es generell ein schlechtes Gefühl, wenn die Sicherheit eines Verfahrens in einem vorgegebenen Wert liegt – wer weiß schließlich, ob der Entwickler bei der Wahl dieses Werts nicht irgendwelche Hintergedanken hatte. Experten rieten daher nun von der weiteren Verwendung von MD5 ab. Auch Phil Zimmermann strich MD5 aus seiner Software PGP und setzte fortan SHA-1 ein.

Die Schwächen von RIPE-MD, MD4 und MD5 hatte Hans Dobbertin nun eindrücklich bewiesen. Software-Entwickler und IT-Berater in aller Welt mussten sich nun jedoch Gedanken darüber machen, welche kryptografische Hashfunktion sie überhaupt noch empfehlen konnten. Das einzige zu diesem Zeitpunkt unbeschädigte Verfahren war SHA-1, doch dieser von der berüchtigten NSA entwickelten Methode trauten viele schon allein wegen ihrer Herkunft nicht über den Weg. Hans Dobbertin erkannte diese Lücke und machte sich kurzerhand daran, sie zu schließen. Zusammen mit den beiden Belgiern Bart Preneel und Antoon Bosselaers entwickelte er eine verbesserte Version von RIPE-MD, die als **RIPE-MD-160** bezeichnet wird. Da sich RIPE-MD-160 bisher gegenüber allen Versuchen, Kollisionen zu finden, behauptet hat, ist das Verfahren zur zweitwichtigsten kryptografischen Hashfunktion neben SHA-1 geworden. RIPE-MD-160 ist außerdem das einzige von einem Deutschen mitentwickelte kryptologische Verfahren, das es zum Einsatz in der Praxis gebracht hat.

Nur noch SHA-1 galt als sicher

Dies unterstreicht erneut die Ausnahmestellung, die Hans Dobbertin unter den deutschen Kryptologen genießt.

Die Bajuwarische Befreiungsarmee

Seinen Ruf als bester deutscher Code-Knacker konnte Hans Dobbertin 1996 auch in einem ganz anderen Zusammenhang unter Beweis stellen. Damals trieb in Österreich eine Terrorgruppe namens »Bajuwarische Befreiungsarmee« ihr Unwesen und verschickte Briefbomben unter anderem an den Wiener Bürgermeister Helmut Zilk und an die Fernsehmoderatorin Arabella Kiesbauer. Außerdem schickte die Gruppe eine Nachricht an die österreichische Polizei, die mit dem RSA-Verfahren verschlüsselt war. Die Ermittler mussten damit rechnen, dass diese Mitteilung wichtige Informationen enthielt, und machten sich daher daran, sie zu entschlüsseln. Auch die deutschen Kollegen vom BSI wurden dabei um Amtshilfe gebeten, wodurch Hans Dobbertin in die Dechiffrier-Versuche involviert wurde.

Die RSA-Verschlüsselung war unsicher

Doch die Sache schien aussichtslos. Der Verschlüssler hatte sich für das RSA-Verfahren ein Primzahlprodukt mit 243 Stellen ausgesucht, was selbst mit den besten Rechnern der Welt nicht zu knacken war. Vermutlich hätten sich die involvierten Kryptologen an der RSA-Nachricht die Zähne ausgebissen, hätte der Absender nicht einen groben Fehler gemacht: Er wählte die zwei Primzahlen so, dass ihre Differenz vergleichsweise klein war. Hans Dobbertin bemerkte diese Schwachstelle, als er die Quadratwurzel des Primzahlprodukts zog und dabei feststellte, dass im Ergebnis dieser Rechnung nach dem Komma erst einmal eine ganze Reihe von Neunen folgte. Mit dem Wissen um die geringe Differenz im Rücken wurde das Entschlüsseln zum Kinderspiel.

Die Inhalte der Nachricht erwiesen sich zwar dann doch als belanglos, doch der Bajuwarischen Befreiungsarmee konnten die österreichischen Behörden bald darauf dennoch das Handwerk legen. Es stellte sich heraus, dass nur eine Person hinter der angeblichen Terrorgruppe steckte: der Steirer Franz Fuchs, der sich bei seiner Festnahme versehentlich die Hände absprengte. Fuchs gab später an, dass er die Schwachstelle absichtlich in die RSA-Verschlüsselung eingebaut hatte, was Dobbertin für glaubhaft hält. Immerhin hat der Bochumer Professor seit dieser Episode eine interessante Frage für seine Studenten parat:»Wie stellt man fest, ob bei einem öffentlichen RSA-Schlüssel die beiden Primzahlen zu eng beieinander liegen?«

Kollision Eine Kollision liegt vor, wenn zwei verschiedene Nachrichten den gleichen Hashwert liefern. Eine kryptografische Hashfunktion gilt als geknackt, wenn es gelingt, eine Kollision zu finden.

kryptografische Hashfunktion Verfahren zur Berechnung einer speziellen Prüfsumme, die beispielsweise digital signiert werden kann. Das Ergebnis einer kryptografischen Hashfunktion muss in der Praxis für jede Eingabe eine andere Ausgabe liefern, ansonsten gilt sie als geknackt. Syn.: digitaler Fingerabdruck

MD4 Kryptografische Hashfunktion, die von Ron Rivest entwickelt wurde. MD4 diente als Vorbild für praktisch alle anderen derzeit in der Praxis eingesetzten kryptografischen Hashfunktionen, wie beispielsweise MD5, RIPE-MD-160 und SHA-1.

MD5 Kryptografische Hashfunktion, die von Ron Rivest entwickelt wurde. Eine leicht vereinfachte Variante davon wurde von dem deutschen Kryptologen Hans Dobbertin geknackt. Seitdem wurde das Verfahren in den meisten Implementierungen durch RIPE-MD-160 oder SHA-1 ersetzt.

RIPE-MD Kryptografische Hashfunktion, die innerhalb des EU-Projekts RIPE entwickelt wurde. Wurde von Hans Dobbertin geknackt. Später entstand mit RIPE-MD-160 ein bis heute als sicher geltendes Nachfolge-Verfahren.

RIPE-MD-160 Kryptografische Hashfunktion, die von Hans Dobbertin und zwei weiteren Kryptologen entwickelt wurde. Gilt neben SHA-1 als derzeit wichtigstes Verfahren seiner Art.

SHA-1 (Secure Hash Algorithm 1) Kryptografische Hashfunktion, die von der NSA entwickelt wurde. Seitdem MD5 auf Grund von Sicherheitsproblemen immer weniger eingesetzt wird, hat sich SHA-1 zur bedeutendsten kryptografischen Hashfunktion entwickelt.

Glossar

3.13 Der Cybermoney-Flop

Als in den sechziger Jahren die amerikanische Militärbehörde ARPA den Grundstein für das spätere Internet legte, dachten die damaligen Online-Pioniere sicherlich an vieles. An das Übertragen von Geldbeträgen über das Netz dachten sie allerdings nicht. Man konnte bei der ARPA ja schließlich nicht ahnen, das knapp drei Jahrzehnte später aus dem einstigen Forschungsprojekt ein Massenmedium werden würde, über das Otto Normalverbraucher Bücher und Lebensmittel einkauft. Für solche Geschäfte, und dabei insbesondere für das Online-Bezahlen, war das Internet dank seiner zahlreichen Sicherheitslücken nicht geeignet.

Bezahlen im Netz

Der Bedarf für Online-Bezahlen entstand

Mitte der neunziger Jahre drängten jedoch erste Versandhäuser und Online-Läden ins Internet und machten damit die Notwendigkeit für das Bezahlen im Netz offensichtlich. Benötigt wurde dabei ein System, bei dem der Kunde nach dem Aussuchen einer Ware den entsprechenden Betrag per Mausklick und ohne größere Umstände an den Verkäufer transferieren konnte. Das ganze musste natürlich so ablaufen, dass einerseits keiner der Beteiligten betrügen konnte und dass andererseits auch ein ungebetener Lauscher, mit dem man im Internet immer rechnen musste, keine Chance zur Manipulation hatte. Bis Mitte der neunziger Jahre standen für Zahlungen im Netz nur herkömmliche Methoden wie Rechnung oder Kreditkarte zur Verfügung, doch das sollte sich schnell ändern.

Kaum hatten die ersten Unternehmen den Bedarf für ein »Cybermoney«, wie das Bezahlen im Netz oft genannt wurde, erkannt, da brach auch schon eine wahre Goldgräberstimmung aus. Gleich dutzendweise warfen meist kleinere Fir-

men spezielle Software-Lösungen auf den Markt, die das Be-
zahl-Problem im Internet lösen sollten. Teilweise nutzten
sie dabei bereits vorhandene Kreditkarten, teilweise kamen
digitale Schecks mit virtuellen Konten zum Einsatz. In manchen Fällen wagten Anbieter sogar das Experiment, digitales
Bargeld in Umlauf zu bringen, das man in Form virtueller
Münzen über das Internet schicken konnte.

Als wichtiges Hilfsmittel der diversen Cybermoney-Anbie-
ter erwies sich die Kryptologie. Sie garantierte nicht nur
den Datenschutz, der bei einer Zahlung im Netz gewähr-
leistet sein muss, sondern spielte in Form digitaler Signaturen (siehe Abschnitt »Digitale Signaturen« (S. 232)) auch
ein wichtige Rolle, wenn es um digitale Schecks oder virtuelle Münzen ging. Für Kryptologen eröffnete sich dadurch
ein völlig neues Betätigungsfeld: Anstatt einen unbekannten Mitleser von seinem Tun abzuhalten, kümmerten sie sich
nun darum, Manipulationen bei der Übertragung von Geldbeträgen zu verhindern. Neu daran war unter anderem, dass
bei einer Geldübertragung auch Sender und Empfänger als
Bösewichte infrage kamen. Es gab also einiges zu tun für
Krypto-Experten.

Doch während zahlreiche Kryptologen noch an ihren Cyber-
money-Systemen bastelten, kam 1994 bereits das erste Online-Bezahlsystem auf den Markt. **First Virtual** hieß die von
zwei amerikanischen Geschäftsleuten ausgetüftelte Lösung,
die interessanterweise auf den Einsatz von Kryptologie verzichtete. First Virtual funktionierte denkbar einfach: Kundin
Alice musste zunächst ihre Kreditkartennummer beim Betreiber des Systems hinterlegen. Wenn sie einen Einkauf im
Internet bezahlen wollte, teilte sie dem Händler ihre First-
Virtual-Kundennummer mit, der diese dann zusammen mit
der Kaufsumme an den Betreiber weiterleitete. Dieser sorgte
nun für die Verbuchung des Zahlungsvorgangs über Alices

First Virtual verwendete keine Kryptologie

Kreditkarte, wobei Alice dann noch eine entsprechende Be-
stätigungs-E-Mail versenden musste.

Der von First Virtual vorgesehene Ablauf hatte im wesentlichen drei Vorteile: Erstens benötigte der Kunde keinerlei spezielle (Krypto-)Software. Zweitens musste Alice ihre
Kreditkartennummer nicht über das abhöranfällige Internet
schicken, und drittens brauchte der Händler keine Kredit-
kartenlizenz. Da First Virtual zudem schneller am Markt
war als alle Konkurrenten, gaben viele Cybermoney-Experten dem System eine Chance. Doch der Markt reagierte verhalten auf die neue Technik, zumal das Online-Shopping
damals noch keine nennenswerte Bedeutung hatte. 1998
wurde First Virtual aus Mangel an Kunden eingestellt.

Cybermoney boomt und floppt

Auch Cybercash hatte keinen Erfolg

Kurz nach First Virtual zogen andere Anbieter mit weiteren
Online-Bezahlsystemen nach. Die US-Firma **Cybercash** versuchte es beispielsweise mit einem Software-Paket, das zur
Bezahlung Kreditkartennummern in verschlüsselter Form
über das Internet übertrug. Die zu Grunde liegende Verschlüsselung war so konstruiert, dass selbst der Online-
Händler die Kartennummer nur verschlüsselt zu Gesicht bekam und sie in dieser Form an die Clearing-Stelle weiterlei-
ten musste. Darüber hinaus kamen bei Cybercash auch digitale Signaturen zum Einsatz, damit Kundin Alice ihre Zah-
lungsanweisung nicht abstreiten konnte. Kryptologen wiesen darauf hin, dass Cybercash sicherer sei als etwa das Bezahlen per Kreditkarte im Restaurant, wo ja jederzeit der
Ober die Kartennummer notieren kann. Doch die Kunden
schien das nicht zu überzeugen: 2001 musste Cybercash In-
solvenz anmelden.

Der Konkurrenz erging es mit einer ähnlichen Idee nicht besser. Nachdem Cybercash erste Pionierarbeit geleistet hatte,

entstand 1996 eine Norm namens **Secure Electronic Transactions** (SET), die sichere Kreditkartenzahlungen im Internet vereinheitlichen sollte. An der Entwicklung von SET beteiligte sich so ziemlich alles, was in der Kreditkarten- und Computer-Branche Rang und Namen hatte: VISA, Mastercard, Microsoft, IBM und einige mehr. Der Ablauf einer Zahlung orientierte sich an dem von Cybercash, das sich ebenfalls an SET beteiligte, vorgegebenen Modell. Im Mittelpunkt stand die verschlüsselte Übertragung einer Kreditkartennummer, wobei der Händler diese nicht zu Gesicht bekam.

So mancher Cybermoney-Experte rümpfte zwar über SET die Nase, denn letztendlich orientierte sich dieses weniger an den Bedürfnissen von Kunde und Händler als an denen der Kreditkartenfirmen. Die große Marktmacht sprach jedoch dafür, dass sich das System durchsetzen würde. Doch weit gefehlt: Nachdem im Dezember 1996 unter großem Medienrummel die erste SET-Zahlung über die Bühne ging, ließ der große Ansturm erst einmal auf sich warten. Da Kreditkarten-Zahlungen auch ohne SET funktionierten und das Sicherheitsrisiko vor allem bei den Kreditkartenfirmen lag, stellte kaum ein Online-Händler auf das neue System um. Spätestens im Jahr 2000 war klar, dass es sich nicht durchsetzen würde. Heute gilt SET als tot.

SET gilt heute als tot

Andere Anbieter setzten auf Chipkarten statt auf reine Software-Lösungen. Die meisten Bezahl-Systeme in diesem Bereich waren jedoch nicht in erster Linie für das Internet, sondern für das Bezahlen im täglichen Leben gedacht. Anstatt für die Brötchen beim Bäcker ein paar Geldstücke auf den Tresen zu legen, sollte der Kunde zukünftig seine zuvor bei der Bank aufgeladene Karte zücken – meist ohne lästige Geheimnummer oder Unterschrift. Cybermoney-Experten sprachen dabei von einer »elektronischen Geldbörse«.

Zu den weltweit mehreren Dutzend Lösungen im Bereich der elektronischen Geldbörsen gehörte die deutsche **Geldkarte**. Diese ging 1997 als Bestandteil der EC-Karten an den Markt und hatte dadurch praktisch über Nacht 55 Millionen Kunden. Auch kryptologisch gesehen war die Geldkarte durchaus interessant: Das System verzichtete auf digitale Signaturen und arbeitete stattdessen mit unterschiedlichen Schlüsseln, die ein Aufladen der Karte und das Bezahlen ermöglichte. Doch trotz bester Voraussetzungen floppte auch die Geldkarte gewaltig: Sowohl im Internet als auch außerhalb erreicht der Anteil der Geldkarten-Zahlungen bisher noch nicht einmal die Promillegrenze. Kaum jemand rechnet inzwischen noch damit, dass sich die Geldkarte in absehbarer Zeit durchsetzen wird.

Auch Micropayment kriselt

Micropayment ist für Kleinstbeträge gedacht

Während die meisten Cybermoney-Systeme für Beträge ab etwa einem Euro geeignet waren, machten sich einige Unternehmen Gedanken darüber, wie man auch kleinere Beträge über das Netz transferieren konnte. Der Grund dafür ist klar: Über das Internet lassen sich auch zahlreiche Güter übertragen, deren Wert im Cent-Bereich liegt – beispielsweise Zeitschriftenartikel oder Telefonauskünfte. Es lag auf der Hand, dass man für solche Kleinstbeträge keine virtuellen Schecks oder gar Kreditkarten einsetzen konnte, da die Transaktionskosten dazu viel zu hoch waren.

So erfanden Kryptologen den Begriff **Micropayment**. Damit sind Online-Zahlungen in geringen Größen gemeint, wobei die Grenze bei etwa einem Dollar festgelegt wurde. Die Eigenschaft eines guten Micropayment-Systems liegen auf der Hand: Die Transaktionskosten müssen niedrig sein, dafür können die Sicherheitsanforderungen zurückgeschraubt werden. Da digitale Signaturen, die stets mit einem erheblichen Rechenaufwand verbunden sind, für das Micropayment zu aufwendig sind, mussten sich die Kryptologen etwas anderes einfallen lassen.

Von den RSA-Miterfindern Ron Rivest und Adi Shamir (siehe Abschnitt »Das öffentliche Geheimnis« (S. 213)) stammt der Entwurf für ein Micropayment-System namens **Micromint**. Dieses verwendet Kollisionen von abgeschwächten kryptografischen Hashfunktionen (siehe Abschnitt »Hans Dobbertin knackt MD5« (S. 273)), wobei jede Kollision einer Münze entspricht. Der Wert einer Münze sollte etwa einen Cent betragen. Eine weitere Micropayment-Lösung von Rivest und Shamir, die für noch kleinere Beträge gedacht war, ist **Payword**, das ebenfalls mit einer kryptografischen Hashfunktion arbeitet. Doch obwohl zwei der bedeutendsten Kryptologen der Welt hinter den beiden Systemen steckten, wurde weder Micromint noch Payword je in die Praxis umgesetzt.

Etwas weiter brachte es dagegen **Millicent**, ein Micropayment-System der Firma DEC (Abb. 3.13-1). Millicent, das 1995 in Betrieb ging, ermöglichte das Bezahlen von Beträgen auch unterhalb der Cent-Grenze, wobei virtuelle Konten zum Einsatz kamen. Zum Erfolg von Millicent schrieb das Bundesamt für Sicherheit in der Informationstechnik auf seiner Web-Seite lapidar: »Auch Millicent hat sich nicht am Markt etablieren können.« Nicht besser erging es weiteren Micropayment-Systemen wie **Cybercoin** oder **Clickshare**.

Auch Millicent wurde kein Erfolg

Die Ecash-Pleite

Das ambitionierteste Projekt im Bereich des Online-Bezahlens startete die niederländische Firma Digicash. Gründer dieses Unternehmens war der US-Kryptologe David Chaum, der seine Wirkungsstätte nach Europa verlagert hatte, um den lästigen amerikanischen Exportbeschränkungen für Krypto-Produkte aus dem Weg zu gehen. Die 1990

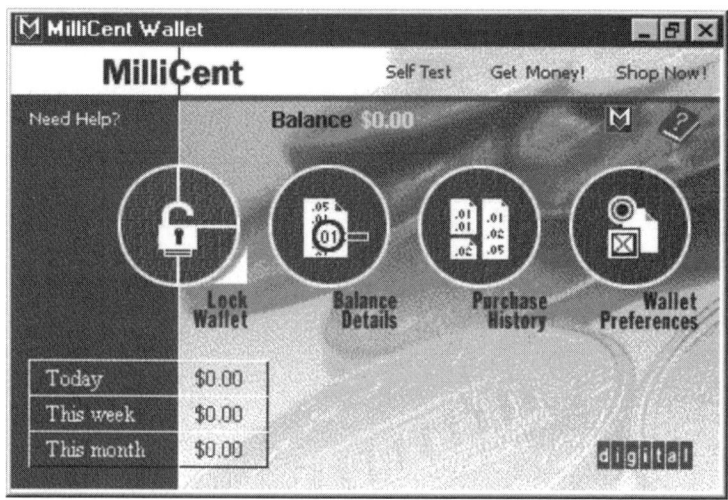

Abb. 3.13-1: Millicent erlaubte auch die Übertragung von Geldbeträgen im Cent-Bereich. Es floppte jedoch genauso wie zahlreiche andere Micropayment-Systeme.

gegründete Firma Digicash konnte mit der Programmierung eines Mautsystems für die niederländische Regierung erste Erfolge einheimsen, doch Chaum hatte andere Pläne im Hinterkopf. Bereits in den achtziger Jahren hatte er erkannt, dass die Übertragung von Geldbeträgen über ein Computer-Netz ein lukratives Geschäft sein könnte. 1985 erhielt Chaum sein erstes Patent in diesem Bereich, dem 15 weitere folgten.

Ecash simulierte Bargeld

Chaums Traum war es, allein mit kryptologischen Mitteln Bargeld zu simulieren. Dies war kein einfaches Unterfangen, auch wenn es natürlich kein Problem ist, einen digitalen Geldschein zu entwerfen. Ein solcher kann jedoch problemlos gefälscht oder kopiert werden, was einen Einsatz in der Praxis verbietet. Das Problem mit der Fälschung ließ sich leicht mit Hilfe digitaler Signaturen lösen, die Sache mit dem Kopieren – Kryptologen nennen es das »Double-Spending-Problem« – allerdings nicht. Genau hier setzte Chaums Idee an: Er entwickelte einen speziellen Zahlungsablauf, der neben dem Kunden und dem Händler eine unabhängige Zentralstelle vorsah, die sich die Seriennummern der digitalen Geldscheine notierte und dadurch sicher stellte, dass keiner davon mehrfach ausgegeben wurde. Zusätzlich entwickelte Chaum einen speziellen kryptologischen Mechanismus, mit dem eine Bank digitale Geldscheine signieren konnte, ohne dabei die Seriennummer zu Gesicht zu bekommen. Da außerdem jeder Geldschein nur einmal für eine Zahlung verwendet werden durfte, entstand tatsächlich ein völlig anonymes Zahlungssystem, bei dem es selbst für die Bank unmöglich war, einen Zahlungsstrom zu verfolgen – so wie bei echtem Bargeld. Chaum gab seinem Bargeld-Projekt den Namen **Ecash** (Abb. 3.13-2, Abb. 3.13-3).

Abb. 3.13-2: Ecash simulierte Bargeld, auf das der Nutzer über eine grafische Oberfläche zugreifen konnte. Leider wurde daraus kein Erfolg.

1994 startete Chaums Firma Digicash einen Pilotversuch mit Ecash. Die Öffentlichkeit registrierte das neue Cybermoney mit großem Interesse: Kryptologen lobten Ecash als kryptologisch anspruchsvollstes Produkt seiner Zeit und freuten sich über dessen geschickte Anwendung von Verschlüsselung und digitalen Signaturen. Datenschützer würdigten die Anonymität, die das digitale Bargeld selbst gegenüber der

Bank bot. Auch die Presse berichtete ausführlich über die neue Technik, wodurch sich schließlich 30.000 Pilotkunden fanden, die mit Test-Geldscheinen diverse Dummy-Produkte kauften. Als Ecash 1995 in den Wirkbetrieb überging, unterstützte die amerikanische Mark Twain Bank das System. In Deutschland konnte Chaum sogar die Deutsche Bank als Partner gewinnen.

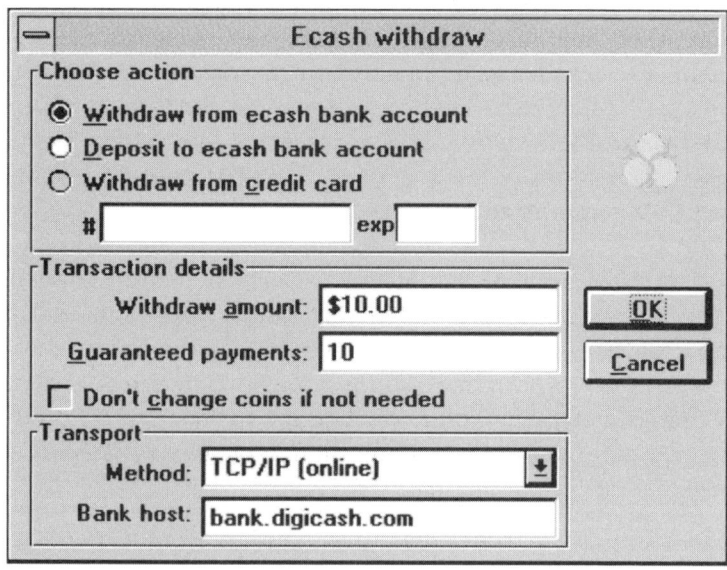

Abb. 3.13-3: Geld abheben mit Ecash. Technische Mängel blieben dabei jedoch nicht aus.

Die Nachfrage nach Ecash blieb gering

Doch trotz des guten Starts kam Ecash nicht recht auf Touren. Kunden berichteten immer wieder von technischen Problemen, während sich Chaum den Vorwurf gefallen lassen musste, zwar ein guter Kryptologe, aber eben kein guter Geschäftsmann zu sein. Die Deutsche Bank verschob ihren Modellversuch gleich mehrfach und gab das Projekt schließlich ganz auf. Ecash hatte dem typischen Henne-Ei-Problem der Branche zu kämpfen: Weil es kaum Händler gab, die es akzeptierten, hielt sich die Nachfrage der Kunden in Grenzen. Angesichts der wenigen Kunden warteten auch die Händler erst einmal ab. Da Digicash keine Ecash-Lizenzen vergab, sondern die Produktentwicklung im eigenen Haus behalten wollte, musste sich das Unternehmen zudem gegen die missgünstige Konkurrenz zur Wehr setzen. Vor allem die Kreditkartenunternehmen sahen das kleine niederländische Unternehmen als Wettbewerber und propagierten daher lieber ihr eigenes System SET oder bastelten gar selbst an eigenem virtuellen Bargeld. So hatte Ecash zwar eine tolle Technik, dafür aber keine Lobby, wodurch sich der Erfolg einfach nicht einstellen wollte. 1998 war Digicash schließlich Pleite.

Ist Cybermoney tot?

Ecash, Cybercash, SET, Millicent, ... Die Liste der gescheiterten Online-Bezahl-Projekte ist lang. Selbst große Namen wie Microsoft oder Mastercard konnten nicht verhindern, dass der gesamte Cybermoney-Boom schließlich in einem großen Fiasko endete. Die Folge war bereits vor der Jahrtausendwende eine ausgeprägte Katerstimmung, die an die Stelle der Euphorie von einst trat.

Viel ist bereits darüber diskutiert worden, worauf diese Serie von Misserfolgen zurückzuführen ist. Sicherlich spielt die Tatsache eine Rolle, dass es viel zu viele Anbieter gab und sich daher kein Standard durchsetzen konnte. Darüber hinaus war es vielen Anwendern einfach zu umständlich, sich eine spezielle Cybermoney-Software zu installieren, auch wenn diese das Bezahlen erleichtert und sicherer gemacht hätte. Auf der anderen Seite hatten auch die Händler wenig Lust, sich ein Bezahl-System ins Haus zu holen, das zwar Geld und Aufwand kostete, jedoch keine neuen Kunden brachte. Die Cybermoney-Branche hatte also mit einem klassischen Henne-Ei-Problem zu kämpfen. Erschwe-

Kein System hatte bisher Erfolg

rend kam bei all diesen Problemen hinzu, dass auch die Online-Shopping-Branche an sich kriselte und erst Ende der Neunziger langsam an Fahrt gewann. Doch die Hoffnung, mit den Erfolgen von Amazon und E-Bay würde auch das Online-Bezahlen endlich seinen Durchbruch schaffen, erfüllten sich nicht. Bis heute bezahlen die meisten Kunden beim Online-Einkauf per Kreditkarte, Einzugsermächtigung oder Rechnung.

Ist Cybermoney damit tot? Sicherlich nicht, denn nach wie vor tummeln sich einige Lösungen am Markt. Nach dem Verschwinden fast aller Unternehmen aus den Anfangsjahren mühen sich derzeit neuere Anbieter wie **Firstgate, Paysafe Card, Paybox** oder **T-Pay** mit dem Versuch ab, das Online-Bezahlen endlich zu etablieren. Ob eine dieser Lösungen am Ende Erfolg haben wird? Man weiß es nicht, doch eines ist kaum zu bestreiten: Der Bedarf für Cybermoney ist so offensichtlich, dass sich diese Technik eigentlich irgendwann durchsetzen müsste.

Glossar

Clickshare Micropayment-System aus den USA, das inzwischen eingestellt wurde

Cybercash US-Unternehmen und gleichnamiges Online-Bezahlsystem, das auf der verschlüsselten Übertragung von Kreditkartennummern basierte. Wurde inzwischen eingestellt.

Cybercoin Micropayment-System der Firma Cybercash, das inzwischen eingestellt wurde. Mit Cybercoin konnten Geldbeträge im Bereich von unter einem Dollar über das Netz transferiert werden.

Ecash System für das Online-Bezahlen, das Bargeld simuliert. Ecash galt als eines der ambitioniertesten und kryptologisch anspruchsvollsten Online-Bezahlsy-steme, wurde jedoch wegen Erfolglosigkeit eingestellt.

First Virtual Online-Bezahlsystem, das Mitte der neunziger Jahre auf den Markt kam. Es setzte keine Verschlüsselungsverfahren ein. Wie fast alle anderen Online-Bezahlsysteme der ersten Generation setzte sich auch First Virtual nicht durch.

Firstgate Micropayment-Anbieter der zweiten Generation, dessen Lösung click&buy derzeit zu den erfolgreichsten am Markt gehört. Wurde im Jahr 2000 in Köln gegründet.

Geldkarte Chipkartenlösung zum Bezahlen kleinerer Geldbeträge. War vor allem für den Einsatz im Einzelhandel und an Automaten

gedacht, kann jedoch auch über das Internet verwendet werden. Die Geldkarte hat sich bisher nicht durchgesetzt.
Micromint Micropayment-System, das nie in die Praxis umgesetzt wurde. Es wurde von Ron Rivest mitentwickelt.
Micropayment Bereich des Online-Bezahlens, in dem es um Summen unter einem Euro geht. Micropayment spielt vor allem beim Bezahlen von digitalen Inhalten (etwa eines Zeitschriftenartikels) eine wichtige Rolle.
Millicent Micropayment-System der Firma DEC, das mit speziellen Online-Konten arbeitete. Hat sich am Markt nicht durchgesetzt.
Paybox Deutsches Online-Bezahlsystem der zweiten Generation.

Hat bisher den Durchbruch noch nicht geschafft.
Paysafe Card Online-Bezahlsystem der zweiten Generation, das in Österreich entwickelt wurde. Ermöglicht Zahlungen mit einer vorab bezahlten Karte.
SET (Secure Electronic Transactions) Protokoll zur verschlüsselten Übertragung von Kreditkartennummern. Obwohl namhafte Unternehmen wie Microsoft, IBM, Visa und Mastercard SET unterstützten, setzte es sich am Markt nicht durch.
T-Pay Online-Bezahlsystem der Deutschen Telekom. Bietet fünf Zahlungsvarianten (u. a. Bezahlen über die Telefonrechung) an. Hat wie alle anderen Systeme dieser Art noch keine größeren Nutzerzahlen.

3.14 Die Grundlagenkrise

Wenn es eine Bibel der Kryptologie gibt, dann hat der US-Amerikaner Bruce Schneier sie geschrieben. Dessen Werk »Applied Cryptography« aus dem Jahr 1996 bietet auf über 800 Seiten nicht nur eine einzigartige Sammlung an Fakten über das Thema, sondern ist auch in vorbildlicher Weise verständlich und übersichtlich geschrieben /Schneier 96/. So ist es auch kein Wunder, dass sich das Buch weltweit über 100.000 mal verkauft hat, was angesichts des sehr speziellen Themas nun wahrlich nicht alltäglich ist.

Die kryptologische Utopie

Wenn es um die Sicherheit eines kryptologischen Verfahrens geht, lässt Schneiers Buch keine Kompromisse

Schneier machte keine Kompromisse

zu. Dass eine Verschlüsselungsmethode selbst der milliardenschweren Dechiffrierungs-Maschinerie der US-Geheimbehörde NSA trotzen muss, steht für Schneier außer Frage. Meist spielen sich seine Vorstellungen sogar in noch viel höheren Sphären ab: So wird dem Leser beispielsweise vorgerechnet, dass man theoretisch einen Super-Computer bauen könnte, der eine bestimmte hochsichere Verschlüsselung an einem Tag knacken könnte – wenn es denn im gesamten Universum genügend Siliziumatome für eine solche Megamaschine gäbe. Superparanoiden, die an parallele Universen glauben, empfiehlt Schneier, diese Verschlüsselung gleich dreifach einzusetzen.

Solche Überlegungen ziehen sich durch das gesamte Buch. Schon in der Einführung zu »Applied Cryptography« heißt es: »Wenn ich einen Brief nehme, ihn in einen Tresor einschließe, den Tresor irgendwo in New York verstecke und Sie dann dazu auffordere, den Brief zu lesen, dann ist das keine Sicherheit. [...] Wenn ich jedoch einen Brief nehme, ihn in einen Tresor einschließe und Ihnen den Tresor zusammen mit einem Konstruktionsplan und hundert weiteren, baugleichen Tresoren inklusive Zahlenkombination gebe, so dass Sie und die besten Tresorknacker der Welt den Schließmechanismus analysieren können und Sie dennoch den Tresor nicht öffnen und den Brief lesen können, dann ist das Sicherheit.«

Schneiers Buch setzte Maßstäbe
Die Ansichten aus Schneiers Krypto-Bibel haben das Denken in der Kryptologie der neunziger Jahre wesentlich geprägt. Astronomische Sicherheitsstufen waren aus diesem Grund damals Pflicht und Paranoia für Kryptologen eher eine Voraussetzung als eine Krankheit. Ein kryptologisches Verfahren kann gar nicht sicher genug sein, hieß die Devise. Diese Entwicklung hatte jedoch einen Nachteil: Den Leuten, die für den praktischen Einsatz von Kryptologie verantwortlich waren, wurde suggeriert, dass kryptologische Verfahren mit

hoher Sicherheitsstufe alle Sicherheitsprobleme lösten. Um in Schneiers Bild zu bleiben: Wenn selbst die weltbesten Tresorknacker einen Tresor nicht öffnen konnten, fühlte man sich am Ziel. Andere Aspekte wurden nicht betrachtet.

Aus heutiger Sicht weiß man, dass diese Einschätzung viel zu optimistisch war und sich als eine Art kryptologische Utopie erwies. Dies zeigte sich spätestens, als Ende der neunziger Jahre immer mehr kryptologische Lösungen den Weg in die Praxis fanden. Nun stellten viele Experten erstaunt fest, dass beim Einsatz von Kryptologie massenweise Probleme auftraten, die Schneier in seinem Buch erst gar nicht angesprochen hatte. So mussten sich die Entwickler von Verschlüsselungsprogrammen beispielsweise mit der Frage auseinandersetzen, wie man einen sorglosen PC-Anwender dazu bringt, seine Software überhaupt zu benutzen. Sicherheitsbeauftragte interessierten sich ohnehin weniger für Schlüssellängen und Dechiffrier-Methoden als etwa für das banale Problem, dass die Anwender ihr Passwort für die Verschlüsselungslösung aus Bequemlichkeit an den Monitor klebten.

Viele Experten sehen angesichts solcher Probleme eine Grundlagenkrise, in die die Kryptologie geraten ist. Was, so lautet die Frage, bringt selbst das sicherste Verschlüsselungsverfahren, wenn es nicht auf angemessene Weise in die Praxis umgesetzt wird?

Die Umsetzung ist entscheidend

Die Netscape-Panne

Welche Folgen ein schlampiger Umgang mit an sich sicheren Verfahren haben kann, erfuhr 1996 die Firma Netscape. Das Unternehmen hatte mit dem Navigator die damals marktführende Internet-Software im Portfolio, die neben zahlreichen anderen Funktionen auch die Möglichkeit zur Verschlüsselung bot. Sieht man einmal davon ab, dass Netscape sein Produkt in der Exportversion nicht mit der vollen Verschlüsselungsstärke ausstatten durfte (die damaligen Exportbestimmungen der USA verboten dies), so verwendete der Navigator moderne Verschlüsselungsverfahren, an denen selbst Bruce Schneier nichts auszusetzen gehabt hätte.

Die Netscape-Verschlüsselung wurde geknackt

Um so größer war die Überraschung, als es 1996 den beiden Studenten Ian Goldberg und David Wagner gelang, eine Verschlüsselung des Navigators zu knacken. Für einen solchen Vorgang benötigten sie nicht etwa astronomische Zeiträume, sondern lediglich ein paar Sekunden. Ihr Trick: Anstatt sich an das supersichere Verschlüsselungsverfahren heranzuwagen, nahmen sie den Zufallsgenerator unter die Lupe, mit dem der Navigator seine Schlüssel generierte. Sie stellten fest, dass sich der Hersteller mit diesem Teil des Programms keine größere Mühe gemacht hatte, obwohl beispielsweise in Schneiers Buch ausdrücklich auf die Wichtigkeit eines guten Zufallsgenerators hingewiesen wurde. So war es für Goldberg und Wagner ein Kinderspiel, den nur scheinbar zufällig generierten Schlüssel zu erraten und die Verschlüsselung so zu knacken. Natürlich konnte die Firma Netscape den schwachen Zufallsgenerator durch einen stärkeren ersetzen und die Sicherheitslücke damit schließen. Doch der Vorfall machte erstmals vor einer größeren Öffentlichkeit deutlich: Selbst das beste Verschlüsselungsverfahren ist zu knacken, wenn es nicht richtig eingesetzt wird.

Seitenkanal-Attacken

Doch beim Einsatz von Kryptologie in der Praxis spielen nicht nur so krasse Fehler wie im Falle des Netscape Navigators eine Rolle. Vielmehr geht es oft auch um recht subtile Fragestellungen. Dies wurde den Kryptologen spätestens klar, als dem US-Verschlüsselungsexperten Paul Kocher 1995 ein weiterer erstaunlicher Dechiffrier-Erfolg gelang. Kocher nahm sich eine Chipkarte vor, die Daten mit dem RSA-Verfahren verschlüsselte. Um den auf der Karte gespeicherten Schlüssel zu bestimmen, hätte er mit den bekannten mathematischen Verfahren einige Milliarden Jahre an Zeit investieren müssen. Doch Kocher wählte einen anderen Weg und benötigte kaum mehr als eine Stunde. Seine Idee war so einfach wie genial: Er fütterte die Karte mit unterschiedlichen Daten und maß jeweils die Zeit, welche der Chip für einen Verschlüsselungsvorgang brauchte. Schon etwa 1.000 Verschlüsselungen lieferten ihm ausreichend viele Informationen, um den Schlüssel bestimmen zu können.

Mit seiner Methode, die er **Timing-Attacke** nannte, hatte auch Kocher gezeigt, dass das Knacken einer Verschlüsselung oft einfacher war, als es schien. Einmal mehr war die hohe Sicherheit eines bewährten Verfahrens völlig ins Leere gelaufen. Auch in diesem Fall konnten die Hersteller der Schwachstelle schnell begegnen: Sie bauten einfach künstliche Verzögerungen in ihre Chips ein. Doch durch die Timing-Attacke wurde klar, dass die richtige Umsetzung kryptologischer Verfahren mehr Aspekte umfasste, als man bis dahin geglaubt hatte.

Die Sicherheit von RSA lief ins Leere

Mit seiner Arbeit löste Kocher eine ganze Lawine aus. Kryptologen und Hardware-Experten in aller Welt untersuchten nun Verschlüsselungs-Chips auf weitere Anhaltspunkte, die Rückschlüsse auf den verwendeten Schlüssel liefern konnten. Und sie wurden fündig. So stellte sich beispielsweise heraus, dass der Stromverbrauch bei einem Verschlüsselungsvorgang nutzbare Informationen lieferte, genauso wie bestimmte Fehlermeldungen, wenn die eingegebenen Daten nicht die richtige Form hatten.

Selbst das Verhalten einer Verschlüsselungs-Hardware bei bewusst herbeigeführten Fehlern in der Stromversorgung oder der Taktung konnte den Schlüssel verraten. Einige

Kryptologen entdeckten außerdem, dass bestimmte Beschädigungen einer Karte zu Fehlfunktionen führten, die Rückschlüsse auf den Schlüssel erlaubten, und steckten Verschlüsselungs-Chips daher in den Mikrowellenherd oder legten eine Überspannung an. Die Suche nach solchen Methoden, die man auch als **Seitenkanal-Attacken** bezeichnet, ist noch in vollem Gange und bietet zahlreichen Kryptologen ein interessantes Forschungsgebiet.

Der Mensch als Problem

Der Mensch ist das größte Problem in der Kryptologie

Doch trotz ihrer Bedeutung sind Seitenkanalattacken nur die Spitze eines Eisbergs, wenn es um die Tücken der Praxis in der Kryptologie geht. Die wichtigste Schwachstelle in diesem Zusammenhang ist nämlich eine andere: der Mensch. Diese Erkenntnis ist nicht neu. So gut wie alle im zweiten Teil dieses Buchs beschriebenen Erfolge beim Dechiffrieren von Verschlüsselungsmaschinen sind eng mit Fehlern der Bediener verbunden. So wählten beispielsweise die Funker, die im Zweiten Weltkrieg mit der Enigma arbeiteten, vorzugsweise Rotorstellungen wie AAA oder ABC und machten dadurch den Code-Knackern in Bletchley Park das Leben leicht.

Auch mit dem Aufkommen des Computers hat sich die Lage kaum geändert. Fälle, in denen der Leichtsinn der Anwender für die Aushebelung von Verschlüsselungsmechanismen sorgte, gibt es daher längst in großer Zahl. Schon Mitte der achtziger Jahre ereignete sich ein Vorfall, der dies belegt. Damals verschaffte sich eine Gruppe von deutschen Hackern, zu denen auch der später tot aufgefundene Karl Koch gehörte, über Datennetze Zugang zu verschiedenen Computer-Systemen in aller Welt. Die dabei gewonnenen Erkenntnisse verkauften sie an den sowjetischen Geheimdienst KGB.

Wer nun jedoch denkt, die Jungs um Karl Koch hätten auf geniale Weise die damaligen Zugangssicherungen, die mit kryptologischen Verfahren arbeiten, geknackt, der irrt. Im Gegenteil: Den ersten Eintritt in ein System schafften sie meist, indem sie das damals vom Hersteller voreingestellte Passwort ausprobierten. Da viele Administratoren schlichtweg zu faul gewesen waren, dieses zu ändern, funktionierte dieser Trick immer wieder. Hatten die KGB-Hacker auf diese Weise erst einmal den Einstieg geschafft, dann fanden sie in gespeicherten E-Mails oft Hinweise auf Passwörter für andere Systeme – beispielsweise, wenn ein Mitarbeiter seiner Urlaubsvertretung sein Passwort mitteilte. Auch wenn sich die Schäden, die Koch und seine Kumpanen mit ihrer Spionage anrichteten, letztendlich in Grenzen hielten, wurde wieder einmal deutlich: Leichtsinnige Anwender führen ein scheinbar wirkungsvolles Sicherheitssystem schnell ad absurdum.

Als spektakulärstes Beispiel für den Leichtsinn von Anwendern, das in der Öffentlichkeit bekannt wurde, gilt nach wie vor eine Abhöraffäre, von der die Firma Siemens betroffen gewesen sein soll. Mehreren Presseberichten zufolge schickte das Unternehmen im Jahr 1993 ein Angebot in Milliardenhöhe über den Bau eines Hochgeschwindigkeitszugs an die Regierung von Südkorea. Das Versenden erfolgte per Fax, eine Verschlüsselung fand nicht statt. Dieses Fax hörte der französische Geheimdienst ab und spielte es einem in Frankreich angesiedelten Konkurrenzunternehmen zu, das nun das Siemens-Angebot unterbieten konnte. Wenn diese Geschichte, die von Siemens selbst nie bestätigt wurde, stimmt, dann ist dem Unternehmen ein Milliardenschaden entstanden, weil ein paar Mitarbeiter es versäumt haben, ein Fax zu verschlüsseln.

Das ICE-Angebot wurde abgefangen

Die Korrektur eines Fehlers

Dass die Kryptologie schnell zur brotlosen Kunst wird, wenn sie in der Praxis nicht oder nicht richtig eingesetzt wird, hat inzwischen auch Krypto-Papst Bruce Schneier eingesehen. Im Jahr 2000 veröffentlichte er ein Buch mit dem Namen »Secrets and Lies«, in dem er sich genau diesem Aspekt widmete. Im Vorwort ist zu lesen: »Ich habe dieses Buch auch deshalb geschrieben, weil ich damit einen Fehler korrigieren wollte. Vor sieben Jahren habe ich ein anderes Buch geschrieben: Applied Cryptography. Darin habe ich eine mathematische Utopie beschrieben. [...] In meiner Vision stand Kryptologie für die technologische Gleichberechtigung: Jeder mit einem billigen (und ständig billiger werdenden) Computer konnte dabei die gleiche Sicherheitsstufe wie die mächtigste Regierung erreichen. [...] Genau das ist jedoch nicht wahr.« Auf diese Einleitung folgten zahlreiche Überlegungen zum Thema Sicherheit und Kryptologie, wobei die in diesem Kapitel beschriebenen Probleme im Mittelpunkt stehen.

Awareness boomt

So bestreitet inzwischen niemand mehr, dass sich die Kryptologie nicht in einem Vakuum bewegt, sondern den bekannten menschlichen Schwächen ausgeliefert ist. Neben Schneier haben auch andere Experten auf diese Herausforderung reagiert. So ist zum Beispiel in vielen Unternehmen das Thema **Security Awareness** (also die Sensibilisierung der Mitarbeiter in Fragen der Sicherheit) zu einem wichtigen Aspekt geworden. Firmen wie RWE oder die Münchener Rückversicherung haben unternehmensinterne Kampagnen gestartet, um ihre Mitarbeiter zu sicherheitsbewusstem Verhalten zu animieren. Der richtige Umgang mit Verschlüsselungsprogrammen spielt dabei eine wichtige Rolle. Für viele Kryptologie-Experten bedeutet dies jedoch ein komplettes Umdenken: Statt Schlüssellängen und Verschlüsselungsverfahren spielen dabei nämlich ganz andere Aspekte eine Rolle. So etwa die Frage, wie man einen Cartoon gestaltet, der die Anwender auf witzige Art erreichen soll (Abb. 3.14-1).

Solche Maßnahmen können dazu beitragen, dass sich eine Geschichte wie die folgende authentische Begebenheit nicht wiederholen wird: Nachdem sich der Mitarbeiter eines Unternehmens schon seit längerem darüber geärgert hatte, dass er jeden Monat sein Betriebssystem-Passwort ändern musste und dabei die fünf letzten Passwörter nicht mehr verwenden durfte (dies war natürlich eine Sicherheitsmaßnahme), hatte er sich etwas einfallen lassen. Er schrieb ein kleines Programm, das automatisch das Passwort fünfmal änderte und anschließend das ursprüngliche Passwort wieder einstellte. So konnte er dauerhaft immer mit dem gleichen Passwort arbeiten und sparte sich die lästigen Änderungen. Auf diese Idee zur Erleichterung der täglichen Arbeit war der besagte Mitarbeiter so stolz, dass er sie im Unternehmen verbreiten wollte. Er reichte sie deshalb beim betrieblichen Vorschlagswesen ein.

Security Awareness Teilgebiet der IT-Sicherheit, in dem es um die Sensibilisierung der Anwender in Sicherheitsfragen geht. Die Bedeutung dieses Themas ist in den letzten Jahren stark angestiegen, nachdem zahlreiche Untersuchungen gezeigt haben, dass ein mangelndes Sicherheitsbewusstsein der Anwender immer wieder zu Zwischenfällen führt.
Seitenkanal-Attacke Methode zum Knacken von Verschlüsselungen, bei der Zusatzinformationen wie die Verschlüsselungsdauer oder der Stromverbrauch der Ver-

schlüsselungseinheit genutzt werden. Zahlreiche Implementierungen bekannter Verschlüsselungsverfahren ließen sich durch Seitenkanal-Attacken knacken.
Timing-Attacke Methode zum Knacken von Verschlüsselungsverfahren, bei der die zur Verschlüsselung benötigte Zeit gemessen wird. Gehört zu den Seitenkanal-Attacken. Eine Timing-Attacke kann beispielsweise eingesetzt werden, um den auf einer Chipkarte gespeicherten Schlüssel zu berechnen.

Glossar

Abb. 3.14-1: Manche Unternehmen setzen Cartoons ein, um ihre Mitarbeiter in Fragen der Computer-Sicherheit zu sensibilisieren. Unvorsichtige Anwender sind traditionell ein großes Problem in der Kryptologie.

3.15 Die brennende Generation

»Raubkopierer sind Verbrecher«, mit diesem Slogan startete die Filmindustrie im Jahr 2003 eine Werbekampagne, mit der sie dem um sich greifenden Kopieren von Videofilmen Einhalt gebieten wollte. Diese Aktion kam nicht überraschend. Schließlich gab es kopierte Video- und Musikkassetten zu diesem Zeitpunkt bereits seit Jahrzehnten. In den achtziger Jahren entwickelte sich das Kopieren von Computer-Programmen dank dem legendären Commodore 64 zum illegalen Volkssport, der bis heute von nahezu jedem Privatanwender betrieben wird. Eine wahre Kopierwelle hat die Welt überrollt und den beteoffenen Branchen schweren Schaden zugefügt.

Digitales Rechte-Management

Besonders hart erwischte es Ende der neunziger Jahre die Musikindustrie. Da es dank der immer billiger werdenden CD-Brenner möglich geworden war, Tonträger ohne Qualitätsverlust zu kopieren, rutschten die Musikkonzerne in die tiefste Krise ihrer Geschichte und mussten in manchen Jahren zweistellige Umsatzverluste einstecken. Um die Jahrtausendwende kam dann auch die Filmindustrie an die Reihe, die sich nun mit dem Kopieren von DVDs herumschlagen musste. Eine Untersuchung der Filmförderungsanstalt im Jahr 2003 ergab, dass 23,5 Millionen Deutsche einen CD-Brenner und 800.000 einen DVD-Brenner besaßen. Mit dem Aufkommen breitbandiger Internet-Anschlüsse wie DSL wurde auch der Austausch der gebrannten Ware deutlich einfacher, was dazu führte, dass Millionen von Filmdateien durch das Netz wanderten. Die Presse sprach von einer »brennenden Generation«.

Das Brennen sorgte für Verluste

Diese neuen Herausforderungen riefen natürlich auch die Wissenschaft auf den Plan. Es entstand eine neue Disziplin, die sich **digitales Rechte-Management** (DRM) nannte und in der sich vor allem Informatiker, Elektrotechniker und Juristen tummelten. DRM-Experten machten schnell zwei grundsätzliche Möglichkeiten aus, das unkontrollierte Kopieren durch technische Maßnahmen zu verhindern: Zum einen kann das Endgerät (also etwa der CD-Spieler) ein Duplizieren verhindern, indem es entsprechende Dateien nur freigibt, wenn etwa der Kunde dafür bezahlt hat. Da digitale Daten dazu gekennzeichnet werden müssen, wird diese Variante auch als **Marking** bezeichnet. Die zweite Möglichkeit besteht darin, dass der Hersteller die Daten verschlüsselt, wobei nur ein berechtigter Kunde den Schlüssel erhält. Dies wird auch **Containment** genannt. Beide Varianten funktionieren nur mit Hilfe der Kryptologie: Beim Containment ist dies offensichtlich, aber auch beim Marking spielen kryptologische Verfahren eine Rolle. So werden die entsprechenden Kennzeichnungen häufig digital signiert, damit sie nicht manipuliert werden können.

DRM ist eine neue Herausforderung für die Kryptologie

Das digitale Rechte-Management ist auf diese Weise in den letzten Jahren zu einem neuen Anwendungsgebiet der Kryptologie geworden. Dazu hat natürlich auch beigetragen, dass die betroffenen Unternehmen große Anstrengungen gestartet haben, um der grassierenden Kopierwelle Einhalt zu gebieten und dabei auch erheblich Gelder investieren. Für Kryptologen ergibt sich in diesem Zusammenhang eine völlig neue Herausforderung: Nachdem die Codemaker gegenüber den Codebreakern in den letzten Jahrzehnten die Überhand gewonnen haben, stehen sie im DRM-Bereich einem Gegner gegenüber, der ganz andere Möglichkeiten und Ziele hat als der klassische Abhörer.

Schon einfache Überlegungen zeigen, dass ein DRM-System zwangsläufig einen schweren Stand hat. So ist beispiels-

weise der Hersteller einer Datei beim Marking darauf angewiesen, dass das Gerät seines Kunden die Kennzeichnung
auch tatsächlich liest und ein Kopieren gegebenenfalls ver-
hindert. Genau daran hat der Kunde allerdings meist kein
Interesse, weshalb er sich lieber von vornherein ein Gerät
kauft, das ein eventuelles Marking ignoriert. Beim Containment verhält es sich kaum besser: Hat ein Anwender mit
Hilfe des Schlüssels erst einmal auf legale Weise Zugriff zu
einer Datei erlangt, dann lässt sich ein Kopieren kaum noch
verhindern. Keine Frage, digitales Rechte-Management ist
ein schwieriges Thema.

Bezahlfernsehen

Einer der Fälle, in denen Containment recht gut funktioniert,
ist das private Bezahlfernsehen. Der deutsche Sender Premiere ist ein Beispiel dafür. Das Verfahren ist dabei recht
einfach: Der Sender strahlt sein Programm in verschlüsselter Form aus und stattet seine Kunden mit einem geeigneten Entschlüsselungsgerät aus. Der Schlüssel, den das Gerät
benötigt, ist auf einer Chipkarte, die der Kunde beim Kauf
seines Pakets erhält, unauslesbar gespeichert. Die moderne
Chipkarten-Technik stellt sicher, dass auch gewiefte Hacker,
den Schlüssel nicht von der Karte lesen können.

Beim Bezahl-
fernsehen
funktioniert
das DRM

Am einfachsten und sichersten wäre es nun, wenn die Karte
selbst das Entschlüsseln des Fernsehsignals übernehmen
würde. Dies wäre zwar theoretisch möglich, da eine Chipkarte beliebige Rechenoperationen durchführen kann. Die
Rechenleistung einer bezahlbaren Chipkarte ist jedoch zu
gering, um Fernsehbilder schnell genug entschlüsseln zu
können. Das Fernsehsignal ist daher nicht mit dem auf der
Chipkarte gespeicherten Schlüssel, sondern mit einem anderen, dem so genannten »Control Word«, verschlüsselt. Der
Sender schickt das Control Word in verschlüsselter Form an

die Karte, die ihn entschlüsselt und dann dem Decoder zur Verfügung stellt. In regelmäßigen Abständen verschickt der Sender ein neues Control Word.

Als Premiere 1990 an den Start ging, ergab sich noch ein weiteres Problem: Der Sender strahlte sein Programm damals noch analog aus, und analoge Daten lassen sich nicht sicher verschlüsseln, ohne dass die Qualität darunter leidet. Man behalf sich daher mit einem Trick: Die Decoder verwendeten zwar ein gezwungenermaßen unsicheres Verschlüsselungssystem, doch der Control wurde im Abstand von wenigen Sekunden gewechselt. Eine spezielle Software war dadurch zwar in der Lage, die Premiere-Verschlüsselung zu knacken, doch die marktüblichen PCs waren damals noch zu schwach, um mit den ständigen Schlüsselwechseln Schritt zu halten.

Premiere gab es auch kostenlos

Mitte der neunziger Jahre erreichten die handelsüblichen PCs jedoch eine Rechenstärke, die der analogen Premiere-Verschlüsselung gewachsen war. So fanden Software-Programme reißenden Absatz, die ein per TV-Karte eingespieltes verschlüsseltes Fernsehsignal so schnell knackten, dass der Zuschauer nichts davon merkte. Wer einen PC und eine TV-Karte besaß, konnte dadurch kostenlos Premiere schauen.

Der Münchener Fernsehsender reagierte auf diese Entwicklung und stellte 1998 auf digitale Übertragung um. Nun konnten die Decoder mit einem sicheren Verschlüsselungsverfahren namens **CSA** (Code-Scrambilng-Algortithmus) ausgerüstet werden, das kein PC mehr dechiffrieren konnte. Dafür ergab sich jedoch ein anderes Problem: Die von Premiere eingesetzten Chipkarten erwiesen sich als nicht ausreichend sicher, was der Hacker-Gemeinde natürlich nicht entging. So gelang es einigen findigen Bastlern, den Schlüssel aus der Chipkarte zu extrahieren und damit eigene Karten herstellen zu können. Solche Piratenkarten überschwemmten in der Folgezeit den Schwarzmarkt in Millionenstückzahlen.

Erneut musste Premiere also reagieren. Der Sender führte im Jahr 2003 neue Chipkarten ein, die bei Redaktionsschluss dieses Buchs als sicher galten. Nach Angaben des Senders bedeutete dies für über eine Million Schwarzseher das vorläufige Ende des Premiere-Genusses, wobei viele anschließend ein legales Abonnement erworben haben sollen. Den Hackern nutzte es auch nichts, dass die zunächst geheime Funktionsweise des CSA öffentlich bekannt wurde, denn bis heute hat niemand eine Schwachstelle in diesem Verfahren entdeckt. Das Kerckhoffsche Prinzip, wonach die Sicherheit eines Verschlüsselungsverfahrens allein im Schlüssel liegen muss, war in diesem Fall also erfüllt.

Bereits im November 2003 vermeldete jedoch die Computer-Zeitschrift c't unter der Überschrift »Wieder alles umsonst?« ein erneutes Knacken der Premiere-Verschlüsselung /Violka, Porteck 03/. Dieses Mal konnten die Manager des Unternehmens die neue Nachricht jedoch gelassen aufnehmen, denn eine neue Piratenkartenflut war nicht zu befürchten. Die von der c't beschriebene Methode sah nämlich vor, dass ein Server eine legale Premiere-Chipkarte zur Gewinnung des jeweiligen Control Words nutzte und diese über das Internet an angeschlossene Clients verteilte. Das Problem für die Hacker-Gemeinde: Der Betreiber eines solchen illegalen Servers ist meist einfach zu ermitteln.

Der neue Hack erwies sich als harmlos

Der Digital Millenium Copyright Act

Natürlich kann auch die beste Verschlüsselung nicht verhindern, dass ein Premiere-Kunde einen Film auf Video aufnimmt. Dies zeigt einmal mehr, dass es im digitalen Rechte-Management keine perfekten Lösungen gibt. So verwundert es auch nicht, dass es bereits zahlreiche Lösungen gegeben hat, die geknackt worden sind. Das bekannteste Beispiel ist die bekannte Software »Acrobat Reader« der Firma Adobe. Der Acrobat Reader stellt Texte im so genannten PDF-Format dar, in dem weltweit Millionen von Dokumenten gespeichert sind. Zu den Funktionen, die dieses Programm bietet, gehören auch verschiedene DRM-Funktionen, die sowohl Containment als auch Marking verwenden.

Der Acrobat Reader wurde geknackt

Im Jahr 2001 veröffentlichte die russische Firma Elcomsoft ein Programm, das sämtliche DRM-Funktionen des Acrobat Reader aushebelte und dabei sogar die Verschlüsselung knackte. Dabei nutzte Dmitri Sklyarov, Programmierer der Software, zwei Schwächen des Adobe-Programms: Zum einen verwendete dieses in älteren Versionen eine Schlüssellänge von nur 40 Bit, was sich mit einem leistungsstarken Rechner durch einfaches Durchprobieren dechiffrieren lässt. Verantwortlich für diese Schwachstelle waren die in diesem Buch bereits mehrfach angesprochenen Krypto-Exportbestimmungen der USA. Zum anderen werden die Schlüssel des Acrobat Reader mit Hilfe von Passwörtern erzeugt. Dies nutzte das Elcomsoft-Programm, indem es den Inhalt eines ganzen digitalen Wörterbuchs durchprobierte, bis es schließlich auf das richtige Passwort stieß.

Dass Elcomsoft und insbesondere Sklyarov nun Ärger bekam, lag an einem US-Gesetz aus dem Jahr 1998, das den Namen »Digital Millenium Copyright Act« (DMCA) trägt. Der DMCA stellt die Umgehung von Kopierschutzverfahren unter Strafe und ist unter tätiger Lobby-Mitarbeit der betroffenen Industrien entstanden. Als Sklyarov im Juli 2002 gerade einen Computer-Kongress in den USA besuchte, wurde er von der Polizei verhaftet. Die Electronic Frontier Foundation, eine Art digitale Bürgerrechtsbewegung, startete daraufhin die Initiative »Free Dmitry«, um den Inhaftierten zu unterstützen. Mit Erfolg: Durch einen Freispruch im Dezember des gleichen Jahres kam Sklyarov mit einem blauen Auge davon.

Die neue Krypto-Debatte

Mit dem Sklyarov-Vorfall fand eine langjährige Diskussion über den Sinn und Unsinn des digitalen Rechte-Managements ihren Höhepunkt. Anarchistisch angehauchte Gruppierungen wie die Electronic Frontier Foundation torpedieren schon seit Jahren alle Bemühungen, digitale Daten vor unbefugter Nutzung zu schützen. In ihren Augen gefährdet das digitale Rechte-Management die Freiheit des einzelnen, ermöglicht Angriffe auf den Datenschutz und hindert rechtmäßige Nutzer digitaler Daten daran, sich beispielsweise Sicherungskopien anzufertigen oder die Daten in legitimer Form zu verarbeiten.

Die EFF macht sich gegen Urheberrechts-Bestimmungen stark

Im Zusammenhang mit der Software von Elcomsoft weisen DRM-Skeptiker darauf hin, dass diese beispielsweise auch von Blinden genutzt werden kann, um PDF-Dateien in eine für sie lesbare Form zu übertragen. Dies lässt der Acrobat Reader bei einer geschützten Datei nicht zu. Kein Wunder, dass sich im Internet massiver Protest gegen den Digital Millenium Copyright Act breit gemacht hat, in dem viele einen Eingriff in ihre persönliche Freiheit sehen. Der Fall Sklyarov ist nicht der einzige, in dem der DMCA zur Anwendung kam. Bereits im Jahr 2000 hatten acht Filmstudios das Hacker-Magazin »2600« verklagt, weil dieses ein Progamm veröffentlicht hatte, mit dem man DVDs unter Umgehung des Kopierschutzes auf Linux übertragen konnte. Das Magazin musste die Verbreitung einstellen.

Im Jahr 2001 machte der Princeton-Professor Ed Felten Bekanntschaft mit dem Gesetz, als er eine wissenschaftliche Arbeit ankündigte, in der das Knacken eines DRM-Systems der Secure Digital Media Initiative (SDMI) beschrieben wurde

Felten durfte seine Arbeit nicht veröffentlichen

/Felten 01/. In der Kryptologie sind derartige Veröffentlichungen seit je her üblich und gelten als wichtige Beiträge, um Verschlüsselungsverfahren sicherer zu machen. In diesem Fall drohte jedoch die SDMI mit einer Klage, weshalb Felten seine Arbeit erst einmal unter Verschluss halten musste. DRM-Gegner liefen Sturm gegen eine solche Einschränkung der wissenschaftlichen Freiheit. Während sich viele unabhängige Computer-Fans gegen DRM-Maßnahmen stark machten, sah die Industrie die Sache natürlich anders. Schließlich, so argumentieren die Film- und Musikkonzerne, müsse es eine Möglichkeit geben, die Kosten für die Produktion eines Films oder einer Musikaufnahme zu refinanzieren. Ansonsten würden viele Angebote schlichtweg vom Markt verschwinden.

Mit dem Aufkommen des digitalen Rechte-Managements entstand so eine neue Form der Diskussion über den Einsatz der Kryptologie. Bis dahin galt vor allem der Staat als Feindbild der Kryptologen, die sich gegen eine gesetzliche Bevormundung beim Einsatz von Verschlüsselung zur Wehr setzten. Nun war es auf einmal die Industrie, die den Part des Bösen übernahm. Doch während sich im Kampf gegen den Staat die Regulierungsgegner in den westlichen Industriestaaten inzwischen durchgesetzt haben, wird die Industrie sicherlich nicht so schnell klein beigeben. Ohne DRM schwimmen ihr die Felle davon. Ob sie mit ihrem Kampf jedoch Erfolg haben wird, bleibt abzuwarten.

Das DRM hat neue Helden hervorgebracht

Die konventionelle Krypto-Debatte hat Helden wie Phil Zimmermann hervorgebracht. Die Helden der DRM-Gegner heißen dagegen Dmitry Sklyarov und Ed Felten. Zu letzterem gibt es sogar ein Lied, dessen Text im Folgenden abgedruckt wird. Der Text wurde von Feltens Professoren-Kollege Perry Cook geschrieben, die Melodie stammt von einem Gospel-Song. Das Lied ist auf der Web-Seite der Princeton-Universität zugänglich, wobei keine Copyright-Angaben enthalten sind. Der Autor geht daher davon aus, dass der Urheber nicht seinerseits gerichtlich gegen die Verwertung dieser digitalen Daten vorgehen wird:

Hush, Dr. Felten, don't you cry.
They say you've broken SDMI.
All my trials, soon be over.

You got the files, broke the marking scheme.
A research challenge, so it would seem.
All my trials...

A letter came from the RIA,
"can't publish that," the lawyers say.
All my trials...

The DMCA is chilly and cold,
and those that challenge it must be mighty bold.
All my trials...

If music were a thing that only money could buy,
then the rich would listen, and the poor would cry.
All my trials...

Containment Methode, die im Digital Rights Management (DRM) genutzt wird. Sie sieht vor, dass Daten verschlüsselt werden, um eine unbefugte Nutzung zu verhindern.
CSA (Code Scrambling Algorithm) Verschlüsselungsverfahren, das zur Verschlüsselung des Fernsehsignals im Bereich des Bezahlfernsehens eingesetzt wird
Digital Rights Management Lehre der Methoden zum Schutz digitaler Daten vor unbefugter Nutzung. Das Digital Rights Management soll insbesondere das unbefugte Kopieren digitaler Daten (beispielsweise Videofilme, Musik-CDs und Computer-Programme) durch technische Maßnahmen verhindern, was jedoch in der Praxis oft schwierig ist.
Marking Methode, die im Digital Rights Management (DRM) genutzt wird: Daten werden markiert, um anzuzeigen, wie sie genutzt werden dürfen. Marking funktioniert nur, wenn das Computer-System des Anwenders die angezeigten Nutzungsrechte auch befolgt.

Glossar

3.16 Quanten und DNA

Ein Computer besteht aus einer größeren Anzahl kleiner Halbleiterschaltungen, die jeweils den Wert 0 und 1 annehmen können. So jedenfalls sieht die Lage im beginnenden 21. Jahrhundert aus. Doch das könnte sich ändern: Möglicherweise wird es eines Tages Computer-Anlagen geben, die auf quantenphysikalischen oder biologischen Phänomenen beruhen und dadurch völlig neue Wege öffnen. Noch sind derartige Vorstellungen Zukunftsmusik und niemand weiß, ob sie je in die Praxis umgesetzt werden können. Doch die Theorie zu solchen ungewöhnlichen Maschinen existiert bereits und macht eines deutlich: Auch in der Kryptologie könnte sich durch die neue Technik so manches ändern.

Quanten-Computer

Die Quantenmechanik hat ihre eigenen Gesetze

Zu den faszinierendsten Disziplinen der modernen Naturwissenschaften gehört die Quantenmechanik. Dieses Teilgebiet der Physik beschreibt das Verhalten der kleinsten bekannten Bausteine der Materie und hat dabei Erkenntnisse zu bieten, die dem gesunden Menschenverstand eklatant widersprechen. So besagt die Quantenmechanik beispielsweise, dass Energie in unteilbare Einheiten (Quanten) aufgeteilt ist oder dass elektromagnetische Wellen auch als Materie betrachtet werden können und umgekehrt. Nicht zuletzt können nach den Regeln der Quantenmechanik bestimmte unterschiedliche Eigenschaften eines Elementarteilchens nicht gleichzeitig gemessen werden. Dadurch kann ein Teilchen im Widerspruch zur klassischen Logik mehrere entgegengesetzte Zustände gleichzeitig einnehmen (Superposition).

Bereits in den achtziger Jahren kam erstmals der Gedanke auf, quantenmechanische Phänomene für den Bau eines

Computers zu nutzen. Die Vorteile eines solchen **Quanten-Computers** liegen auf der Hand: Es bieten sich völlig neue Konstruktionsmöglichkeiten, die den Gesetzen der klassischen Physik widersprechen. Auf der anderen Seite lässt sich ein solches Vorhaben jedoch nur sehr schwer in die Praxis umsetzen, weil die Bestandteile eines Quanten-Computers zwangsläufig sehr klein sind. Die erste Beschreibung eines Quanten-Computers veröffentlichte 1985 der britische Physiker David Deutsch. Gemäß seinen bis heute gültigen Überlegungen arbeitet ein solches Gerät mit so genannten **Qubits**, die einem klassischen Bit (also eine Einheit, die die beiden Werte 0 und 1 annehmen kann) entsprechen. Durch die Nutzung der Quantenmechanik hat ein Qubit die erstaunliche Eigenschaft, dass es in Form einer Superposition beide Werte gleichzeitig annehmen kann. Durch diese Doppelbelegung kann ein Quanten-Computer bei geeigneter Programmierung bestimmte mathematische Aufgaben sehr viel schneller erledigen als ein gewöhnlicher Rechner. Solche Überlegungen sind inzwischen keine reine Theorie mehr: Längst haben Physiker die ersten Quanten-Computer gebaut und Programme dafür entwickelt. Das derzeit leistungsfähigste Exemplar besitzt jedoch gerade einmal 7 Qubits und nimmt sich dadurch im Vergleich zu den 4.294.967.296 Bits eines handelsüblichen PCs (512 MByte RAM) reichlich bescheiden aus.

Quanten-Computer in der Kryptologie

Experten haben inzwischen zahlreiche Verfahren für die Lösung mathematischer Probleme entwickelt, die nur mit Hilfe eines Quanten-Computers durchführbar sind. Das bekannteste davon ist eine recht komplizierte Methode zur Zerlegung eines Primzahlprodukts in seine Faktoren, die 1994 der US-Wissenschaftler Peter Shor erfunden hat. Eine solche Methode ist für Kryptologen von höchstem Interesse,

Mit einem Quanten-Computer lässt sich RSA knacken

da die Multiplikation zweier Primzahlen die Basis des RSA-Verfahrens ist (siehe Abschnitt »Das öffentliche Geheimnis« (S. 213)), das bekanntlich als das derzeit wichtigste Krypto-Verfahren überhaupt gilt. Mit Shors Verfahren kann man also RSA knacken. Die Methode ist so leistungsfähig, dass das Aufkommen größerer Quanten-Computer RSA so gut wie wirkungslos machen würde. Noch ist es bis dahin ein weiter Weg, doch immerhin ist Shors Verfahren bereits in der Praxis getestet worden: Ein Quanten-Computer hat dabei die Zahl 15 korrekt in die beiden Primzahlen 3 und 5 zerlegt. Dies ist zwar zweifellos eine erstaunliche Leistung, doch eine Gefahr für das RSA-Verfahren stellt dieser Erfolg bisher nicht dar. Die derzeit üblichen RSA-Schlüssel bestehen nämlich aus 310-stelligen Zahlen.

1996 entwickelte Shors Kollege Lov Grover ein weiteres Programm, mit dem ein Quanten-Computer zur Dechiffrierung eingesetzt werden kann. Dieses Mal ging es jedoch nicht um RSA, sondern um symmetrische Verschlüsselungsverfahren wie DES oder AES. Grovers Programm macht es möglich, dass man mit einem leistungsfähigen Quanten-Computer den Aufwand zum Durchprobieren aller möglichen Schlüssel (vollständige Schlüsselsuche) eines solchen Verfahrens deutlich verkürzen kann. Der gewonnene Vorteil ist enorm, denn ein Quanten-Computer benötigt nur die Wurzel des Aufwandes, den ein herkömmlicher Rechner treiben müsste. Anders ausgedrückt: Eine Schlüssellänge von 128 Bit wirkt bei Einsatz eines Quanten-Computers nur noch wie 64 Bit. Viele Kryptologen empfehlen daher: Sollen verschlüsselte Daten über längere Zeit mit einer hohen Sicherheitsstufe gespeichert werden, dann sollte man die Schlüssellänge gegenüber allen konventionellen Überlegungen verdoppeln – für den Fall, dass es irgendwann leistungsfähige Quanten-Computer gibt.

Quanten-Kryptologie

Die Anwendung der Quantenmechanik in der Kryptologie beschränkt sich nicht auf den Bau von Computern zum Knacken von Codes. Im Gegenteil: Quanteneffekte lassen sich auch zur Realisierung besonders sicherer Verschlüsselungsmethoden (genauer gesagt: Schlüsselaustausch-Methoden) nutzen. Man spricht in diesem Zusammenhang von der **Quanten-Kryptologie** (in der Literatur, beispielsweise in /Lomonaco 99/, meist »Quanten-Kryptografie« genannt). Im Gegensatz zu den beschriebenen Quanten-Dechiffrier-Verfahren ist der durch die Quanten-Kryptologie gewonnene Vorteil jedoch deutlich geringer, man könnte sie sogar als Lösung ohne Problem bezeichnen. Dafür ist die Quanten-Kryptologie bereits etwas weiter fortgeschritten als die Quanten-Dechiffirerung, auch wenn ein praktischer Einsatz nach wie vor Zukunftsmusik ist.

> Die Quantenmechanik lässt sich zum Schlüsselaustausch nutzen

In der Quanten-Kryptologie nutzt man die Polarisierung von Photonen (Lichtquanten) als Informationsträger. Ein Photon ist senkrecht zur Bewegungsrichtung polarisiert, wobei die Polarisierung senkrecht, waagerecht oder in jedem Winkel dazwischen liegen kann. Nach den Gesetzen der Quantenmechanik kann man die Polarisierung eines Photons mit einem Filter messen, der selbst auf eine bestimmte Polarisierung festgelegt ist. Ist der Filter senkrecht polarisiert und das gemessene Photon ebenfalls, dann lässt der Filter das Photon durch. Ist das Photon dagegen waagerecht polarisiert, dann wird es vom senkrechten Filter abgeblockt. Das Besondere an der Qunatenmechanik ist jedoch, dass bei allen dazwischen liegenden Polarisierungen das Ergebnis zufällig ist. Ist der Filter waagerecht eingestellt und fällt ein 45 Grad polarisiertes Photon darauf, dann wird es in etwa der Hälfte der Fälle abgeblockt und in der anderen Hälfte durchgelassen. Wird der Winkel kleiner, dann steigt die Wahrscheinlichkeit, wird er größer dann fällt sie. Durchquert ein Photon den Filter, dann nimmt es dessen Polarisierung an.

Photonen eignen sich zur Nachrichtenübertragung

Die erste Idee, die der Quanten-Kryptologie zugerechnet wird, wurde in den sechziger Jahren von dem US-Amerikaner Stephen Wiesner entwickelt und zielte auf eine Art quantenmechanische Variante der digitalen Signatur. Wiesner wollte Geldscheine fälschungssicher machen, indem er Photonen unterschiedlicher Polarisierung darauf speicherte. Nur die Notenbank sollte die jeweilige Polarisierung kennen. Bei einem solchen Szenario hat ein Fälscher, der keine Informationen über die Polarisierung besitzt, keine Möglichkeit, diese fehlerfrei zu messen. Er weiß nämlich nicht, auf welchen Winkel er seinen Filter einstellen muss, damit jedes Photon in gleicher Richtung oder genau senkrecht dazu einfällt. Eine originalgetreue Fälschung ist deshalb nicht möglich. Da die Notenbank jedoch die richtigen Einstellungen kennt, kann sie jederzeit einen echten von einem falschen Schein unterscheiden.

Wiesners Quantengeld-Idee ließ sich bisher nicht in die Tat umsetzen. Schon allein das Speichern einzelner Photonen auf einem Geldschein ist derzeit technisch unmöglich, von allen anderen Problemen ganz abgesehen. Doch immerhin entwickelten die beiden Computer-Experten Charles Bennett und Gilles Brassard in den achtziger Jahren Wiesners Ideen zur Quanten-Kryptologie weiter. Diese lässt ein einfache Verfahren zu, das man als Quanten-One-Time-Pad bezeichnen könnte. Dazu wertet man ein abgeblocktes Photon als 0 und ein durchgelassenes als 1. Alice und Bob müssen sich außerdem auf einen aus Nullen und Einsen bestehenden Schlüssel einigen, der so lang ist wie die Nachricht. Wenn im Schlüssel eine Null steht, stellt Empfänger Bob seinen Filter auf senkrecht, bei einer Eins stellt er ihn auf 45 Grad. Will Alice eine Null senden, dann schickt sie ein Photon, das quer zu Bobs aktueller Filterstellung polarisiert ist und dadurch abgeblockt wird. Will sie eine Eins senden, dann polarisiert sie das Photon in Bobs Filterrichtung, wodurch es in jedem Fall durchgeht. Abhörer Mallory, der seinen eigenen Filter dazwischen schaltet, hat nun doppeltes Pech: Da er Bobs Filterstellung nicht kennt, trifft bei ihm zum einen im Schnitt jedes zweite Photon schräg ein und liefert mit der Wahrscheinlichkeit 0,5 ein falsches Messergebnis. Etwa ein Viertel der Bits, die Bob auffängt, sind somit falsch. Zum anderen bewirkt eine falsch gemessene Polarisierung, dass sich die Polarisierung des Photons ändert. Bob wird also schnell bemerken, dass an der empfangenen Nachricht etwas nicht stimmt und kann die Kommunikation danach abbrechen.

Das beschriebene Verfahren hat allerdings den vom One Time Pad bekannten Mangel, dass der Schlüssel genauso lang wie die Nachricht sein muss. Zudem ist der Vorteil, dass Bob sofort bemerkt, dass er abgehört wird, in der Praxis nicht besonders relevant, denn bei einer sicheren Verschlüsselung (und diese ist beispielsweise beim One Time Pad gegeben) stört ein Lauscher nicht. Bennett und Brassard schlugen daher eine andere Methode vor, die nicht zur Verschlüsselung, sondern zum Schlüsselaustausch dient. Dabei sendet Alice Photonen, die in zufälliger Folge waagerecht, senkrecht, 45 Grad oder 135 Grad polarisiert sind. Bob rät jeweils die Filtereinstellung (gerade oder schräg). Anschließend klären die beiden am Telefon, in welchen Fällen Bob richtig geraten hat (dies wird in etwa der Hälfte der Fälle der Fall sein). Die Polarisierungen, die Bob per Zufall richtig gemessen hat, verwenden die beiden dann als Schlüssel für ein konventionelles Verschlüsselungsverfahren, etwa den One Time Pad. Mit dem beschriebenen Verfahren können sich Alice und Bob auf einen Schlüssel einigen, auch wenn Mallory den Photonenstrom und das Telefongespräch abhören kann. Misst Mallory die Polarisierung der Photonen, dann verändert er diese, was Bob zum Abbruch der Kommunikation veranlasst.

Im Vergleich zu den Quanten-Computern ist die Quanten-Kryptologie schon deutlich weiter entwickelt. Schweizer Physiker haben es bereits geschafft, eine Strecke von 67 Kilometern auf diese Weise zu überbrücken. Über den konkreten Nutzen dieser Technologie kann man sich jedoch streiten: Mit Diffie-Hellman und einigen anderen Verfahren gibt es bereits Methoden zum Schlüsselaustausch, die sich bewährt haben. Der einzige Vorteil der Quanten-Kryptologie liegt darin, dass sie eine beweisbare Sicherheit liefert, während andere Verfahren ihre Sicherheit lediglich daraus beziehen, dass sie bisher niemand geknackt hat.

DNA-Computer

Während ein Teil der Forschungsgemeinde derzeit versucht, Quanteneffekte für den Bau von Computern zu nutzen, versuchen es andere mit biologischen Prozessen. Genauer gesagt geht es bei diesen so genannten **DNA-Computern** darum, die Erbsubstanz DNA (Desoxyribonukleinsäure) zum Speichern und Verarbeiten von Daten einzusetzen. Da die DNA die Aufgabe hat, die Erbinformationen eines Lebewesens zu transportieren, hat sie für einen solchen Anwendungszweck einige vorteilhafte Eigenschaften. Nach Ansicht von Experten könnte ein DNA-Computer mit einer Flüssigkeitsmenge von einem Liter und der darin enthaltenen Menge von 6 Gramm DNA eine Speicherkapazität von drei Milliarden Terabyte (also 3.000 Milliarden Gigabyte) bieten. Die Rechengeschwindigkeit läge um den Faktor eine Million höher als bei den derzeit leistungsfähigsten Computern.

Es versteht sich von selbst, dass sich eine derart gigantische Rechen-Power auch für Zwecke der Dechiffrierung nutzen ließe. In der Tat gingen die ersten Entwicklungen im Be-

reich der DNA-Computer auch in diese Richtung: 1994 präsentierte RSA-Miterfinder Leonard Adleman den ersten Prototypen eines solchen Geräts in Form eines Reagenzglases
mit 100 Mikrolitern DNA-Lösung. Die Vor- und Nachteile seiner ungewöhnlichen Maschine schilderte Leonard Adleman
2004 in einem FOCUS-Interview /Ricadela 04/:»Die Moleküle, das ist ihr Vorteil, sind sehr klein, billig und energieef-
fizient. [...] Allerdings ist es uns bisher leider nicht gelungen, das Verhalten der Moleküle so gut zu kontrollieren, wie
Physiker das bei Elektronen gelernt haben.«

Mit Hilfe seines DNA-Computers konnte Leonard Adleman
auf elegante Weise einige einfache mathematische Fragestellungen bearbeiten. Insbesondere zeigte Adleman, dass diese
Technik sehr gut dazu geeignet ist, das so genannte Tra-
veling-Salesman-Problem zu lösen. Dadurch ließe sich ein
DNA-Computer auch sehr gut zum Knacken einiger asymmetrischer Krypto-Verfahren einsetzen. Krypto-Papst Bruce
Schneier schreibt hierzu in seinem Buch »Applied Cryptography«: »[...] bisher hieß es: Nehmen wir an, ein Gegner
habe eine Million Prozessoren, von denen jeder pro Sekunde
eine Million Tests durchführen kann. Zukünftig wird es vielleicht heißen: Nehmen wir an, ein Gegner habe 1.000 Fer-
mentationsfässer, von denen jedes 20.000 Liter fasst.«

DNA-Computer Computer, der den Erbgutträger DNA als Speicher- und Rechenmedium nutzt. Theoretisch lassen sich damit große Datenmengen auf mikroskopisch kleinem Raum speichern und verarbeiten, was sich insbesondere auch für Dechiffrier-Vorgänge nutzen lässt. Bisher gibt es jedoch nur einfache Realisierungen mit experimentellem Charakter.

Quanten-Computer Computer, der auf Prinzipien der Quantenmechanik basiert, und dadurch Arbeitsschritte durchführen kann, die nach der klassischen Physik eigentlich nicht möglich sind. Bisher gibt es nur einfache Realisierungen mit experimentellem Charakter.
Quanten-Kryptologie Teilbereich der Kryptologie, in dem Quanteneffekte zur sicheren Übertragung von Nachrichten verwendet wer-

Glossar

den. Es gibt zwar bereits erste experimentelle Nachrichtenübertragungen aus dem Bereich der Quanten-Kryptologie, doch von einem praktischen Einsatz ist diese Technik noch weit entfernt.

Qubit Kleinste Verarbeitungseinheit eines Quanten-Computers.

Entspricht einem Bit bei einem konventionellen Rechner. Ein Qubit kann durch das Prinzip der Superposition mehrere Zustände gleichzeitig annehmen, was besondere Rechenvorgänge erlaubt.

3.17 Box: So funktioniert der AES

Das Verfahren Rijndael, das 2000 zum Advanced Encryption Standard ernannt worden ist, kann mit einer Schlüssellänge von 128 Bit, 192 Bit oder 256 Bit eingesetzt werden. Auch die Blocklänge beträgt je nach Wunsch des Programmierers 128, 192 oder 256 Bit. Vor der eigentlichen Bearbeitung wird der Eingabeblock in einzelne Bytes aufgeteilt, die zusammen die Statusmatrix bilden. Wie der DES und alle anderen gängigen symmetrischen Verschlüsselungsverfahren basiert der AES auf einigen wenigen einfachen Bitoperationen, die in mehreren identisch ablaufenden Runden zum Einsatz kommen. Im Falle des AES sind es genau vier Operationen, aus denen das Verfahren zusammengesetzt ist:

Der AES arbeitet mit nur vier Operationen

- **ByteSub**: Diese Operation ersetzt jedes Byte der Statusmatrix nach einer bestimmten Formel durch ein anderes. Dies entspricht einer S-Box beim DES.

- **ShiftRow**: Diese Operation vertauscht die Byte-Reihen der Statusmatrix untereinander.

- **MixColumn**: Diese Operation vertauscht die Byte-Spalten der Statusmatrix untereinander.

- **AddRoundKey**: Diese Operation addiert einen aus dem Schlüssel gewonnenen Wert byteweise zur Statusmatrix.

Die Rundenzahl des AES beträgt abhängig von Schlüssel und Blocklänge 10, 12 oder 14. Abgesehen vom ersten und letzten Durchgang wird in jeder Runde zunächst ByteSub, dann ShiftRow, dann MixColumn und schließlich AddRoundKey abgearbeitet. In der ersten und letzten Runde ist diese Reihenfolge leicht abgewandelt, um den Entschlüsselungsvorgang einfach zu halten. Der Inhalt der Statusmatrix nach Abarbeitung aller Runden ist der verschlüsselte Text.

Glossar

ABC Einfaches Verschlüsselungsverfahren aus dem Ersten Weltkrieg. ABC wurde von den Deutschen eingesetzt und von den Franzosen ohne größere Mühe geknackt. Seinen Namen erhielt das Verfahren von einer Vigenère-Chiffre mit dem Schlüssel ABC, die den ersten Schritt der Verschlüsselung bildet.

ABCD Einfaches Verschlüsselungsverfahren aus dem Ersten Weltkrieg, Weiterentwicklung des Verfahrens ABC.

ACP 212 Deutsche Verschlüsselungsvorrichtung aus den fünfziger Jahren, die nach dem Prinzip des One Time Pad arbeitete.

ADFGVX Einfaches Verschlüsselungsverfahren aus dem Ersten Weltkrieg, Weiterentwicklung von ADFGX.

ADFGX Einfaches Verschlüsselungsverfahren aus dem Ersten Weltkrieg. Ein nach diesem Verfahren verschlüsselter Text enthält nur die Buchstaben A, D, F, G und X, die sich im Morse-Alphabet in größtmöglicher Form unterscheiden.

AES (Advanced Encryption Standard) Symmetrisches Verschlüsselungsverfahren, das in den USA als Standard festgelegt worden ist. Die Funktionsweise wurde im Rahmen eines weltweiten Wettbewerbs festgelegt, an dem 15 Verfahren beteiligt waren.

Arlington Hall Ehemaliges US-Dechiffrier-Zentrum im Bundesstaat Virginia. In Arlington Hall wurden unter anderem im Rahmen des VE-NONA-Projekts sowjetische Nachrichten geknackt.

asymmetrische Verschlüsselungsverfahren verwenden zwei unterschiedliche Schlüssel zum Ver- und Entschlüsseln der Daten: den öffentlichen (public key) und den privaten Schlüssel (private key). Will ein Sender an einen Empfänger geheime Daten schicken, dann fordert er zunächst den öffentlichen Schlüssel an und verschlüsselt alle zu übertragenen Daten damit. Entschlüsselt werden können sie nur vom Empfänger, der den – geheimen – privaten Schlüssel besitzt.

B-21 Schwedische Verschlüsselungsmaschine aus den dreißiger Jahren. Sie wurde von Boris Hagelin entwickelt.

B-211 Schwedische Verschlüsselungsmaschine aus den dreißiger Jahren, Weiterentwicklung der B-21. Die B-211 wurde von Frankreich in Auftrag gegeben, dort gebaut und genutzt.

Bombe Von den Briten im Zweiten Weltkrieg gebautes Gerät zur Entschlüsselung von Enigma-Nachrichten. Die Bombe, an deren Entwicklung der Mathematiker Alan Turing maßgeblich beteiligt war, war eine Weiterentwicklung der polnischen Maschine "Bomba" (benannt nach dem polnischen Wort für "Eisbombe").

C-35 Schwedische Verschlüsselungsmaschine von Boris Hagelin aus den dreißiger Jahren. Arbeitete wie zahlreiche andere Hagelin-Maschinen nach dem Stangenrad-Prinzip.

C-52 Schwedische Verschlüsselungsmaschine aus dem Jahr 1952. Mit der C-52 erreichte die von Boris Hagelin entwickelte Stangenrad-Technik ihren Höhepunkt.

Caley-Purser Verschlüsselungsverfahren, das von der damals 17-jährigen Irin Sarah Flannery entwickelt wurde. Funktioniert ähnlich wie RSA, ist allerdings deutlich schneller. Das Verfahren wurde von Flannery selbst geknackt.

Chiffrierscheibe Einfache Verschlüsselungsvorrichtung, die für das 15. Jahrhundert erstmals belegt ist. Eine Chiffrierscheibe besteht genau genommen aus zwei Scheiben, die konzentrisch zusammengefügt sind und sich gegeneinander verdrehen lassen. Auf beiden Scheiben ist das Alphabet abgetragen. Die Stellung der Scheiben gibt an, welcher Buchstabe durch welchen anderen ersetzt wird.

Clickshare Micropayment-System aus den USA, das inzwischen eingestellt wurde

Clipper Von der US-Regierung in den neunziger Jahren entwickelter Verschlüsselungs-Chip, der eine Hintertür für eine staatliche Behörde enthielt. Massive Proteste führten dazu, dass Clipper nicht wie geplant standardmäßig in US-Telefone eingebaut wurde.

Colossus Programmierbare Rechenmaschine zur Dechiffrierung verschlüsselter Nachrichten, die von den Briten im Zweiten Weltkrieg entwickelt wurde. Colossus gilt als erster Computer der Technikgeschichte.

Containment Methode, die im Digital Rights Management (DRM) genutzt wird. Sie sieht vor, dass Da-

ten verschlüsselt werden, um eine unbefugte Nutzung zu verhindern.

CSA (Code Scrambling Algorithm) Verschlüsselungsverfahren, das zur Verschlüsselung des Fernsehsignals im Bereich des Bezahlfernsehens eingesetzt wird

Cybercash US-Unternehmen und gleichnamiges Online-Bezahlsystem, das auf der verschlüsselten Übertragung von Kreditkartennummern basierte. Wurde inzwischen eingestellt.

Cybercoin Micropayment-System der Firma Cybercash, das inzwischen eingestellt wurde. Mit Cybercoin konnten Geldbeträge im Bereich von unter einem Dollar über das Netz transferiert werden.

Cäsar-Chiffre Primitives Verschlüsselungsverfahren, bei dem jeder Buchstabe durch einen anderen ersetzt wird, der im Alphabet um eine bestimmte Anzahl von Stellen später folgt. Die Cäsar-Chiffre, die bereits Julius Cäsar eingesetzt haben soll, ist durch das Zählen von Buchstaben (Häufigkeitsanalyse) oder durch einfaches Durchprobieren leicht zu knacken.

DES (*DES*; Data Encryption Standard) Symmetrisches Verschlüsselungsverfahren, das in den siebziger Jahren entstanden ist. Der DES war das erste hochwertige Verschlüsselungsverfahren, das öffentlich bekannt und für die Allgemeinheit verfügbar war. Außer einer zu geringen Schlüssellänge sind bisher keine Schwächen bekannt.

Diffie-Hellman-Verfahren Verfahren zur Vereinbarung eines gemeinsamen geheimen Schlüssels über eine unsichere Leitung, das auf Prinzipen der diskreten Mathematik beruht. Wurde von den US-Kryptologen Whitfield Diffie und Martin Hellman erfunden.

differenzielle Kryptoanalyse Methode zur Dechiffrierung von Verschlüsselungsverfahren, bei der die Differenz zweier unverschlüsselter Texte und deren Fortpflanzung innerhalb des Verschlüsselungsvorgangs betrachtet wird. Für die differenzielle Kryptoanalyse muss der zu verschlüsselnde Text bekannt und am besten frei wählbar sein.

Digital Rights Management Lehre der Methoden zum Schutz digitaler Daten vor unbefugter Nutzung. Das Digital Rights Management soll insbesondere das unbefugte Kopieren digitaler Daten (beispielsweise Videofilme, Musik-CDs und Computer-Programme) durch technische Maßnahmen verhindern, was jedoch in der Praxis oft schwierig ist.

digitale Signatur Mit einem privaten Schlüssel erstellte Prüfsumme, die bei geeigneter Anwendung eine Unterschrift ersetzen kann. Die Überprüfung der Echtheit erfolgt mit Hilfe eines öffentlichen Schlüssels. Eine digitale Signatur macht Änderungen in den signierten Daten erkennbar und kann bei Einsatz eines geeigneten Verfahrens nicht gefälscht werden.

DNA-Computer Computer, der den Erbgutträger DNA als Speicher- und Rechenmedium nutzt. Theoretisch lassen sich damit große Datenmengen auf mikroskopisch kleinem Raum speichern und verarbeiten, was sich insbesondere auch für Dechiffrier-Vorgänge nutzen lässt. Bisher gibt es jedoch nur einfache Realisierun-

gen mit experimentellem Charakter.

Ecash System für das Online-Bezahlen, das Bargeld simulierte. Ecash galt als eines der ambitioniertesten und kryptologisch anspruchsvollsten Online-Bezahlsysteme, wurde jedoch wegen Erfolglosigkeit eingestellt.

Echelon Weltweites Spionage-Netzwerk, das von den USA, Großbritannien, Kanada, Australien und Neuseeland betrieben wird. Die Existenz von Echelon wurde inzwischen in offiziellen EU-Dokumenten bestätigt.

Enigma Mechanische Verschlüsselungsmaschine, die von den Deutschen im Zweiten Weltkrieg eingesetzt wurde. Die Enigma wurde zunächst von den Polen, später von den Briten geknackt und gilt heute als bekannteste Verschlüsselungsmaschine der Welt.

EU-Signaturrichtlinie EU-Richtlinie, die den Einsatz digitaler Signaturen innerhalb der EU regelt. Das deutsche Signaturgesetz richtet sich nach dieser Richtlinie.

Faktorisierung Zerlegung einer natürlichen Zahl in ihre Primfaktoren (z. B. $15 = 3 \times 5$). Eine Faktorisierung kann bei großen Zahlen recht aufwendig sein, was in Form des RSA-Verfahrens zur Verschlüsselung genutzt wird.

FEAL (Fast Encryption Algorithm) Japanisches Verschlüsselungsverfahren, das sich auf Grund zahlreicher Sicherheitsmängel nicht durchgesetzt hat. Zahlreiche Dechiffrier-Methoden können am Beispiel FEAL demonstriert werden.

FIALKA Verschlüsselungsmaschine der ehemaligen DDR, die eine Weiterentwicklung der Enigma darstellte. Arbeitete wie die Enigma mit einem Umkehrrotor. Wurde vermutlich nie geknackt.

First Virtual Online-Bezahlsystem, das Mitte der neunziger Jahre auf den Markt kam. Es setzte keine Verschlüsselungsverfahren ein. Wie fast alle anderen Online-Bezahlsysteme der ersten Generation setzte sich auch First Virtual nicht durch.

Firstgate Micropayment-Anbieter der zweiten Generation, dessen Lösung click&buy derzeit zu den erfolgreichsten am Markt gehört. Wurde im Jahr 2000 in Köln gegründet.

Geheimschreiber Verschlüsselungsmaschine der Firma Siemens & Halske, die im Zweiten Weltkrieg zum Einsatz kam. Nach der Enigma war der Geheimschreiber die zweitwichtigste deutsche Verschlüsselungsmaschine der damaligen Zeit. Die ersten Versionen davon waren recht schwach und wurden von den Schweden mit geringem Aufwand geknackt. Syn.: Geheimschreiber T52

Geldkarte Chipkartenlösung zum Bezahlen kleinerer Geldbeträge. War vor allem für den Einsatz im Einzelhandel und an Automaten gedacht, kann jedoch auch über das Internet verwendet werden. Die Geldkarte hat sich bisher nicht durchgesetzt.

GnuPG (Gnu Privacy Guard) Open-Source-Software zur Datenverschlüsselung, die dem beliebten PGP nachempfunden und damit kompatibel ist.

H54 Verschlüsselunsgmaschine, die in den fünfziger Jahren von der Firma Dr. Rudolf Hell gebaut wurde. Die Funktionsweise ist einer Maschine von Boris Hagelin

nachempfunden, der dafür Lizenzgebühren einnahm.

Hell-Geheimschreiber Verschlüsselungsmaschine aus dem Zweiten Weltkrieg, über die nur noch wenig bekannt ist. Sie soll von den Deutschen im Mittelmeer eingesetzt worden sein. Die Funktionsweise ist unklar.

HX-66 Rotor-Verschlüsselungsmaschine der Crypto AG, die in den sechziger Jahren auf den Markt kam. Die HX-66 ist eine der letzten Maschinen, die mit verdrahteten Rotoren arbeitete, und gilt als eine der besten.

Häufigkeitsanalyse Methode zur Dechiffrierung einfacher Verschlüsselungsverfahren, die eine Ermittlung der Häufigkeit einzelner Buchstaben oder Zeichen vorsieht. Damit kann beispielsweise eine Cäsar-Chiffre geknackt werden.

IDEA (International Data Encryption Algorithm) Symmetrisches Verschlüsselungsverfahren, das als eines der besten seiner Art gilt. Es wurde von zwei Kryptologen in der Schweiz entwickelt, konnte sich jedoch nicht im großen Stil durchsetzen, da es unter Patentschutz steht.

Kerckhoffsches Prinzip Prinzip in der Kryptologie, wonach die Sicherheit eines Verfahrens ausschließlich im Schlüssel liegt. Wurde im 19. Jahrhundert formuliert und gilt als wichtige Grundlage der modernen Kryptologie.

KL-7 Elektromechanische Verschlüsselungsmaschine, die von der NATO eingesetzt wurde. Die KL-7 gilt als eine der besten Rotor-Verschlüsselungsmaschinen und wurde vermutlich nie geknackt.

Knapsack-Verfahren Asymmetrisches Verschlüsselungsverfahren, das sich auf Grund von Sicherheitsmängeln nicht durchgesetzt hat. Es basiert auf dem so genannten Knapsack-Problem.

Kollision Eine Kollision liegt vor, wenn zwei verschiedene Nachrichten den gleichen Hashwert liefern. Eine kryptografische Hashfunktion gilt als geknackt, wenn es gelingt, eine Kollision zu finden.

Kryha-Maschine Durch eine Feder angetriebene Verschlüsselungsmaschine, die in den zwanziger Jahren entstand. Die Kryha-Maschine war kommerziell erfolgreich, bot jedoch keine besonders hohe Sicherheit und setzte sich daher im Militärbereich nicht durch.

kryptografische Hashfunktion Verfahren zur Berechnung einer speziellen Prüfsumme, die beispielsweise digital signiert werden kann. Das Ergebnis einer kryptografischen Hashfunktion muss in der Praxis für jede Eingabe eine andere Ausgabe liefern, ansonsten gilt sie als geknackt. Syn.: digitaler Fingerabdruck

Kryptologie Wissenschaft der Verschlüsselung und verwandter Themen. Umfasst die beiden Teilgebiete Kryptografie (Verschlüsselung) und Kryptoanalyse (unbefugtes Entschlüsseln).

Lorenz-Maschine Deutsche Verschlüsselungsmaschine, die im Zweiten Weltkrieg zum Einsatz kam. Sie wurde von den Briten mit Hilfe der Dechiffrier-Maschine Colossus geknackt.

Lucifer Symmetrisches Verschlüsselungsverfahren der Firma IBM, Vorläufer des Data Encryption Standard (DES). Lucifer hatte eine Schlüssellänge von 128 Bit.

Magenta Symmetrischer Verschlüsselungsalgorithmus, der von Mitarbeitern der Deutschen Telekom entwickelt wurde. Gehörte zu den 15 Kandidaten des AES-Wettbewerbs, schied jedoch in der ersten Runde aus. Die Bezeichnung "Magenta" ist von der gleichnamigen Farbe (lila), die im Telekom-Logo vorkommt, abgeleitet.

Marking Methode, die im Digital Rights Management (DRM) genutzt wird: Daten werden markiert, um anzuzeigen, wie sie genutzt werden dürfen. Marking funktioniert nur, wenn das Computer-System des Anwenders die angezeigten Nutzungsrechte auch befolgt.

MARS Symmetrisches Verschlüsselungsverfahren, das von der Firma IBM entwickelt wurde. MARS gehörte zu den 15 AES-Kandidaten.

MD4 Kryptografische Hashfunktion, die von Ron Rivest entwickelt wurde. MD4 diente als Vorbild für praktisch alle anderen derzeit in der Praxis eingesetzten kryptografischen Hashfunktionen, wie beispielsweise MD5, RIPE-MD-160 und SHA-1.

MD5 Kryptografische Hashfunktion, die von Ron Rivest entwickelt wurde. Eine leicht vereinfachte Variante davon wurde von dem deutschen Kryptologen Hans Dobbertin geknackt. Seitdem wurde das Verfahren in den meisten Implementierungen durch RIPE-MD-160 oder SHA-1 ersetzt.

Merkle-Puzzles Experimentelles Verfahren zur Lösung des Schlüsselaustausch-Problems, das für die Praxis nicht geeignet ist. Es gilt jedoch als das erste Verfahren dieser

Art aus dem akademischen Bereich überhaupt.

Micromint Micropayment-System, das nie in die Praxis umgesetzt wurde. Es wurde von Ron Rivest mitentwickelt.

Micropayment Bereich des Online-Bezahlens, in dem es um Summen unter einem Euro geht. Micropayment spielt vor allem beim Bezahlen von digitalen Inhalten (etwa eines Zeitschriftenartikels) eine wichtige Rolle.

Millicent Micropayment-System der Firma DEC, das mit speziellen Online-Konten arbeitete. Hat sich am Markt nicht durchgesetzt.

NEMA (Neue Maschine) Schweizerische Verschlüsselungsmaschine, die ähnlich wie die Enigma funktionierte, jedoch eine deutlich höhere Sicherheit bot. Die NEMA wurde vermutlich nie geknackt.

NSA (National Security Agency) Behörde in den USA, die das Abhören von Kommunikationsverbindungen im In- und Ausland betreibt. Die NSA gilt als weltweit größter Arbeitgeber für Mathematiker, sie beschäftigt vermutlich mehr Kryptologen als alle Universitäten der Welt zusammen. Das Know-how der NSA im Bereich der Kryptologie dürfte das der akademischen Welt deutlich übersteigen.

öffentlicher Schlüssel Informationseinheit, die mit Hilfe eines geeigneten Verfahrens zur asymmetrischen Verschlüsselung genutzt werden kann. Das Gegenstück ist der private Schlüssel, mit dem die Entschlüsselung erfolgt.

One Time Pad Beweisbar sicheres Verschlüsselungsverfahren, bei dem der Schlüssel so lang ist wie die Nachricht. Die reine Form des One Time Pad wird vor allem bei geringerem Nachrichtenaufkommen und hohen Sicherheitsanforderungen eingesetzt.

Paybox Deutsches Online-Bezahlsystem der zweiten Generation. Hat bisher den Durchbruch noch nicht geschafft.

Paysafe Card Online-Bezahlsystem der zweiten Generation, das in Österreich entwickelt wurde. Ermöglicht Zahlungen mit einer vorab bezahlten Karte.

PGP (*Pretty Good Privacy*; Pretty Good Privacy) Weit verbreitetes Schutzprogramm, mit dem E-Mails und beliebige Dateien ver- und wieder entschlüsselt werden können.

privater Schlüssel (*private key*) Wird von asymmetrischen Verschlüsselungsverfahren verwendet, um Dokumente zu signieren und mit dem öffentlichen Schlüssel verschlüsselte Dokumente wieder zu entschlüsseln. Der private Schlüssel muss immer geheim bleiben.

Public-Key-Infrastruktur Gesamtheit der Komponenten und Prozesse, die zum Einsatz von asymmetrischen Verschlüsselungsverfahren und digitalen Signaturen notwendig sind.

Purple Japanische Verschlüsselungsmaschine aus dem Zweiten Weltkrieg. Wurde von den US-Amerikanern um William Friedman geknackt, ohne dass diese je ein Exemplar zu Gesicht bekamen.

Quanten-Computer Computer, der auf Prinzipien der Quantenmechanik basiert, und dadurch Arbeitsschritte durchführen kann, die nach der klassischen Physik eigentlich nicht möglich sind. Bisher gibt es nur einfache Realisierungen mit experimentellem Charakter.

Quanten-Kryptologie Teilbereich der Kryptologie, in dem Quanteneffekte zur sicheren Übertragung von Nachrichten verwendet werden. Es gibt zwar bereits erste experimentelle Nachrichtenübertragungen aus dem Bereich der Quanten-Kryptologie, doch von einem praktischen Einsatz ist diese Technik noch weit entfernt.

Qubit Kleinste Verarbeitungseinheit eines Quanten-Computers. Entspricht einem Bit bei einem konventionellen Rechner. Ein Qubit kann durch das Prinzip der Superposition mehrere Zustände gleichzeitig annehmen, was besondere Rechenvorgänge erlaubt.

RC4 Modernes symmetrisches Verschlüsselungsverfahren, das zur Familie der Stromchiffren gehört. RC4 ist das einfachste derzeit in der Praxis eingesetzte Verschlüsselungsverfahren. Dennoch gilt es als sicher.

RC6 Symmetrisches Verschlüsselungsverfahren mit variabler Schlüssel- und Blocklänge. Gehörte zu den 15 AES-Kandidaten.

Reihenschieber Mechanisches Verschlüsselungsgerät aus den fünfziger Jahren, das in Deutschland entwickelt und eingesetzt wurde. Ähnelte optisch einem Rechenschieber. Der Reihenschieber gilt bis heute als sicher, wenn der Schlüssel oft genug gewechselt wird.

Rijndael Symmetrisches Verschlüsselungsverfahren, das von zwei belgischen Kryptologen entwickelt wurde. Gewann den AES-Wettbewerb und wird seitdem auch AES genannt. Syn.: AES

RIPE-MD-160 Kryptografische Hashfunktion, die von Hans Dobbertin und zwei weiteren Kryptologen entwickelt wurde. Gilt neben SHA-1 als derzeit wichtigstes Verfahren seiner Art.

RIPE-MD Kryptografische Hashfunktion, die innerhalb des EU-Projekts RIPE entwickelt wurde. Wurde von Hans Dobbertin geknackt. Später entstand mit RIPE-MD-160 ein bis heute als sicher geltendes Nachfolge-Verfahren.

Rotor-Verschlüsselungsmaschine Mechanischer Verschlüsselungsmaschinen-Typ, der etwa zwischen 1920 und 1970 zum Einsatz kam. Wichtigstes Bauteil einer solchen Maschine sind Rotoren. Frühe Varianten arbeiteten mit drei, spätere mit über zehn Rotoren.

Rotor Wichtiges Bauteil zahlreicher Verschlüsselungsmaschinen. Man versteht darunter eine kreisrunde Scheibe, die auf beiden Seiten mit (in der Regel 26) Kontakten besetzt ist. Die Kontakte sind auf unregelmäßige Weise miteinander verdrahtet.

RSA (Rivest, Shamir, Adleman) Bedeutendstes Verfahren für die asymmetrische Verschlüsselung und die digitale Signatur. Wurde von Rivest, Shamir und Adleman erfunden, nach deren Anfangsbuchstaben das Verfahren benannt ist.

Schlüsselaustausch-Problem Problemstellung in der Kryptologie, die darin besteht, dass zwei Kommunikationspartner sich auf einen gemeinsamen geheimen Schlüssel einigen müssen, obwohl dazu kein sicherer Kanal zur Verfügung steht.

Schlüsselgerät 39 Verschlüsselungsmaschine der Firma Telefonbau & Normalzeit, das während des Zweiten Weltkriegs entwickelt wurde, aber nie zum Einsatz kam. Über die Funktionsweise ist wenig bekannt.

Schlüsselgerät 41 Deutsche Verschlüsselungsmaschine der Firma Wanderer aus dem Jahr 1941. Wird in der Literatur fälschlicherweise auch C-41 genannt. Die Funktionsweise ähnelt der der Stangenradmaschinen von Boris Hagelin. Syn.: Hitlermühle

Schlüssel Geheiminformation (Passwort), die in einen Verschlüsselungsvorgang eingeht. Alle gängigen Verschlüsselungsverfahren arbeiten mit Schlüsseln, wobei die Funktionsweise des Verfahrens veröffentlicht werden kann.

Security Awareness Teilgebiet der IT-Sicherheit, in dem es um die Sensibilisierung der Anwender in Sicherheitsfragen geht. Die Bedeutung dieses Themas ist in den letzten Jahren stark angestiegen, nachdem zahlreiche Untersuchungen gezeigt haben, dass ein mangelndes Sicherheitsbewusstsein der Anwender immer wieder zu Zwischenfällen führt.

Seitenkanal-Attacke Methode zum Knacken von Verschlüsselungen, bei der Zusatzinformationen wie die Verschlüsselungsdauer oder der Stromverbrauch der Verschlüsselungseinheit genutzt werden. Zahlreiche Implementierungen bekannter Verschlüsselungsverfahren ließen sich durch Seitenkanal-Attacken knacken.

Serpent Symmetrisches Verschlüsselungsverfahren, das zu den 15 AES-Kandidaten gehörte. Die Funktionsweise folgt einem konventionellen Design mit besonders großzügig bemessenen Sicherheitspuffern gegenüber bekannten Dechiffrier-Methoden.

SET (Secure Electronic Transactions) Protokoll zur verschlüsselten Übertragung von Kreditkartennummern. Obwohl namhafte Unternehmen wie Microsoft, IBM, Visa und Mastercard SET unterstützten, setzte es sich am Markt nicht durch.

SHA-1 (Secure Hash Algorithm 1) Kryptografische Hashfunktion, die von der NSA entwickelt wurde. Seitdem MD5 auf Grund von Sicherheitsproblemen immer weniger eingesetzt wird, hat sich SHA-1 zur bedeutendsten kryptografischen Hashfunktion entwickelt.

SIGABA US-Verschlüsselungsmaschine, die im Zweiten Weltkrieg eingesetzt wurde. Die SIGABA gilt als bestes Verschlüsselungsgerät ihrer Zeit. Sie wurde vermutlich nie geknackt.

Signaturgesetz Deutsches Gesetz, das den Einsatz digitaler Signaturen regelt. Die erste Version trat 1997 in Kraft, 2001 erfolgte eine Anpassung an die EU-Signaturrichtlinie.

Stager-Verfahren Einfaches Verschlüsselungsverfahren aus dem amerikanischen Szessionskrieg. Basierte auf der Vertauschung der Reihenfolge von Wörtern und war in seiner einfachsten Form nicht besonders sicher. Daher wurden besonders auffällige Begriffe zusätzlich durch ein Codewort ersetzt.

Stromchiffre Verschlüsselungsverfahren, das auf der Generierung einer Zufallsfolge basiert, die zum zu verschlüsselnden Text addiert wird. Die Zufallsfolge entsteht aus einer kurzen Information, die als Schlüssel dient. Eine Stromchiffre ist damit eine spezielle Form des One Time Pad.

T-310 Elektronisches Verschlüsselungsgerät der ehemaligen DDR. Über die genaue Funktionsweise gibt es bisher noch keine Veröffentlichungen.

T-Pay Online-Bezahlsystem der Deutschen Telekom. Bietet fünf Zahlungsvarianten (u. a. Bezahlen über die Telefonrechung) an. Hat wie alle anderen Systeme dieser Art noch keine größeren Nutzerzahlen.

T43 Verschlüsselungsmaschine der Firma Siemens & Halske, das im Zweiten Weltkrieg eingesetzt wurde. Die T43 arbeitete nach dem Prinzip des One Time Pad und gehörte dadurch zu den modernsten Geräten ihrer Zeit. Bei richtiger Anwendung war sie nicht zu knacken. Alle gebauten Exemplare gelten als verschollen.

Timing-Attacke Methode zum Knacken von Verschlüsselungsverfahren, bei der die zur Verschlüsselung benötigte Zeit gemessen wird. Gehört zu den Seitenkanal-Attacken. Eine Timing-Attacke kann beispielsweise eingesetzt werden, um den auf einer Chipkarte gespeicherten Schlüssel zu berechnen.

Transpositions-Chiffre Verschlüsselungsverfahren, bei dem die Reihenfolge der eingegebenen Buchstaben oder Zeichen verändert wird. Eine Transpositions-Chiffre ist oft schwer zu knacken, erlaubt jedoch Rückschlüsse auf den Ursprungstext, da sich beispielsweise die Buchstabenhäufigkeit nicht ändert.

Trust Center Zentraler Bestandteil einer Public-Key-Infrastruktur. Im Trust Center befinden sich die Einheit, die digitale Zertifikate signiert, sowie die zur Zertifikatsinhaber-Verwaltung benötigten Komponenten. Der Begriff Trust Center wird in dieser Bedeutung nur im deutschsprachigen Raum verwendet.

Twofish Symmetrisches Verschlüsselungsverfahren, das von Bruce Schneier entwickelt wurde. Gehörte zu den 15 AES-Kandidaten. Twofish ist eine Weiterentwicklung des Verfahrens Blowfish.

Typex Britische Verschlüsselungsmaschine, die im Zweiten Weltkrieg eingesetzt wurde. Gehörte zur Familie der Rotor-Verschlüsselungsmaschinen und wurde vermutlich nie geknackt.

ÜBCHI Manuelles Verschlüsselungsverfahren aus dem Ersten Weltkrieg. Wurde von den Deutschen eingesetzt und von den Franzosen geknackt.

Umkehrrotor Bauteil einiger Verschlüsselungsmaschinen. Ein Umkehrrotor nimmt ein Stromsignal entgegen und gibt es auf die gleiche Seite wieder ab. Die bekannteste Maschine, die mit einem Umkehrrotor arbeitete, war die Enigma. Weitere Beispiele sind die NEMA (Schweiz) und die FIALKA (DDR). Syn.: Umkehrwalze, Reflektor

Vernam-Chiffre Verschlüsselungsverfahren, bei dem der Schlüssel so lang ist wie die Nachricht. Die Vernam-Chiffre funktioniert wie der One Time Pad, verwendet jedoch statt einer Zufallsfolge einen zuvor vereinbarten Text.

Vigenère-Chiffre Einfaches Verschlüsselungsverfahren, das im 16. Jahrhundert entwickelt wurde. Galt bis ins 19. Jahrhundert als unknackbar, ist heute jedoch leicht zu lösen.

vollständige Schlüsselsuche *(brute force)* Durchprobieren aller möglichen Schlüssel bei einem Verschlüsselungsverfahren. Mit der Vollständigen Schlüsselsuche kann jedes Verschlüsselungsverfahren geknackt werden, wenn die Funktionsweise und ein Teil der unverschlüsselten Nachricht bekannt sind. Bei einem guten Verfahren ist diese Vorgehensweise jedoch zu aufwendig.

Wörter-Code Form der Verschlüsselung, bei der ganze Wörter durch Buchstaben- oder Zahlenkombinationen ersetzt werden. Wörter-Codes waren im Ersten Weltkrieg und der Zeit danach recht populär, wurden jedoch in den dreißiger Jahren immer mehr von Verschlüsselungsmaschinen verdrängt.

Literatur

/Davies 95/
Davies, Donald W.; *The Lorenz Cipher Machine SZ42*, in: Cryptologia, 1/1995, 1995, S. 39.

/Deavours 85/
Deavours, Cipher A.; Kruh, Louis; *Machine Cryptography and Modern Cryptanalysis*, Norwood, Massachusetts, Artech House, 1985.

/Diffie, Hellman 76/
Diffie, Whitfield; Hellman, Martin; *New Directions in Cryptography*, in: IEEE Transactions on Information Theory, 6/1976, 1976, S. 644.

/Felten 01/
Felten, Edward W.; *Reading Between the Lines: Lessons from the SDMI Challenge (Proccedings of the 10th USENIX Security Symposium)*, 2001.

/Flannery 01/
Flannery, Sarah; Flannery, David; *In Code*, London, Profile Books, 2001.

/Hagelin 94/
Hagelin, Boris C. W.; *The Story of Hagelin Cryptos*, in: Cryptologia, 3/1994, 1994, S. 204.

/JProc 04/
Proc, Jerry; *Crypto Machines*, 2004, http://webhome.indirect.com/ ~jproc/crypto.

/Kahn 67/
Kahn, David; *The Codebreakers*, New York, Macmillan, 1967.

/Kahn et al. 02/
Kahn, David; *Codetalkers Recognition Not Just The Navajos*, in: Cryptologia, 4/2002, 2002, S. 241.

/Langer 01/
Langer, Josef; *SFM T 43*, 2001, http://www.eclipse.net/~dhamer/ downloads/SFMT43neu.PDF.

/Leeuw 03/
de Leeuw, Karl; *The Dutch Invention of The Rotor Machine, 1915-1923*, in: Cryptologia, 1/2003, 2003, S. 73.

/Leiberich 99/
Leiberich, Otto; *Vom diplomatischen Code zur Falltürfunktion*, in: Spektrum der Wissenschaft, Juni 1999, 1999, S. 26.

/Lomonaco 99/
Lomonaco, Samuel J.; *A Quick Glance at Quantum Cryptography*, in: Cryptologia, 1/1999, 1999, S. 1.

/Mache 04/
Mache, Wolfgang; *Chiffriergeschichte: Wehrmacht-Schlüsselfern-schreiber*, in: Die F-Flagge, 01 - 2004, 2004, S. 1.

/Meulen 98/
van der Meulen, Michael; *The Road to German Diplomatic Ciphers - 1919 to 1945*, in: Cryptologia, 2/1998, 1998, S. 141.

/Proc 04/
Proc, Jerry; *TSEC/KL-7 (ADONIS)*, 2004, http://webhome.indirect. com/~jproc/crypto/kl7.html.

/Ricadela 04/
Ricadela, Aaron, in: FOCUS, 18/2004, 2004, S. 110.

/Schneier 96/
Schneier, Bruce; *Applied Cryptography*, New York, John Wiley & Sons, 1996.

/Schneier 99/
Schneier, Bruce; *Sarah Flannery's Public-Key Algorithm*, in: Crypto-Garm, 12/1999, 1999, S. 1.

/Schulzki 00/
Schulzki-Haddouti; *Elektriktrick*, in: c't, 3/2000, 2000, S. 110.

/Sullivan, Weierud 99/
Sullivan, Geoff; Weierud, Frode; *The Swiss NEMA Cipher Machine*, in: Cryptologia, 4/1999, 1999, S. 310.

/Vasek 02/
Vasek, Thomas; *Der Meister der Chiffren*, in: Frankfurter Allgemeine Sonntagszeitung, 6.10.2002, 2002, S. 59.

/Violka, Porteck 03/
Violka, Karsten; Porteck, Stefan; *Wieder alles umsonst?*, in: c't, 17.11.2003, 2003.

A Mystery Twister

Wollen Sie sich auch einmal selbst als Code-Knacker betätigen? Nichts einfacher als das, denn an der Ruhr-Universität Bochum ist ein internationaler Kryptologie-Wettbewerb namens »Mystery Twister« angelaufen, an dem sich jeder beteiligen kann. Die erste Runde startet im Januar 2005, registrieren kann man sich unter www.mystery-twister.de (Abb. A.0-1).

Organisiert wird Mystery Twister vom Lehrstuhl für Informationssicherheit und Kryptologie (Teil des Horst Görtz Instituts) an der Ruhr-Universität Bochum. Die Aufgaben werden von einem Experten-Team um Prof. Dr. Hans Dobbertin (siehe Abschnitt »Hans Dobbertin knackt MD5« (S. 273)) ausgearbeitet.

Mystery Twister ist ein Wettbewerb

Abb. A.0-1: Mystery Twister ist ein Kryptologie-Wettbewerb für Laien und Profis. Unter www.mystery-twister.com finden sich die Einzelheiten.

B Die Software CrypTool

Falls Sie als Leser dieses Buchs Lust bekommen haben, selbst Daten zu verschlüsseln, zu signieren oder Verschlüsselungen zu knacken, dann sollten Sie sich die kostenlose Software CrypTool besorgen (im Internet unter www.cryptool.de). CrypTool ist eine Krypto-Lernsoftware, die unter Mitwirkung der Deutschen Bank von den Universitäten Darmstadt, Siegen und Karlsruhe entwickelt worden ist.

CrypTool ermöglicht es dem Benutzer, Daten einzugeben und darauf kryptologische Methoden anzuwenden. Unterstützt werden beispielsweise die in diesem Buch beschriebenen Verschlüsselungsverfahren Cäsar-Chiffre, Vigenère-Chiffre, Vernam-Chiffre, One Time Pad, DES, IDEA, AES, RSA und zahlreiche andere. Außerdem kann der Benutzer digitale Signaturen unter anderem mit RSA und DSA anfertigen, kryptografische Hashfunktionen wie MD5 oder RIPE-MD-160 verwenden oder sich eine Demonstration des Diffie-Hellman-Verfahrens vorführen lassen. Darüber hinaus unterstützt CrypTool Dechiffrier-Methoden wie die Häufigkeitsanalyse und einige andere.

CrypTool ist eine Lernsoftware

Da CrypTool außerdem durch eine grafische Oberfläche (siehe Abb. B.0-1) benutzungsfreundlich programmiert und gut dokumentiert ist, ist die kostenlose Software eine ideale Möglichkeit, in die Welt der geheimen Zeichen einzutauchen.

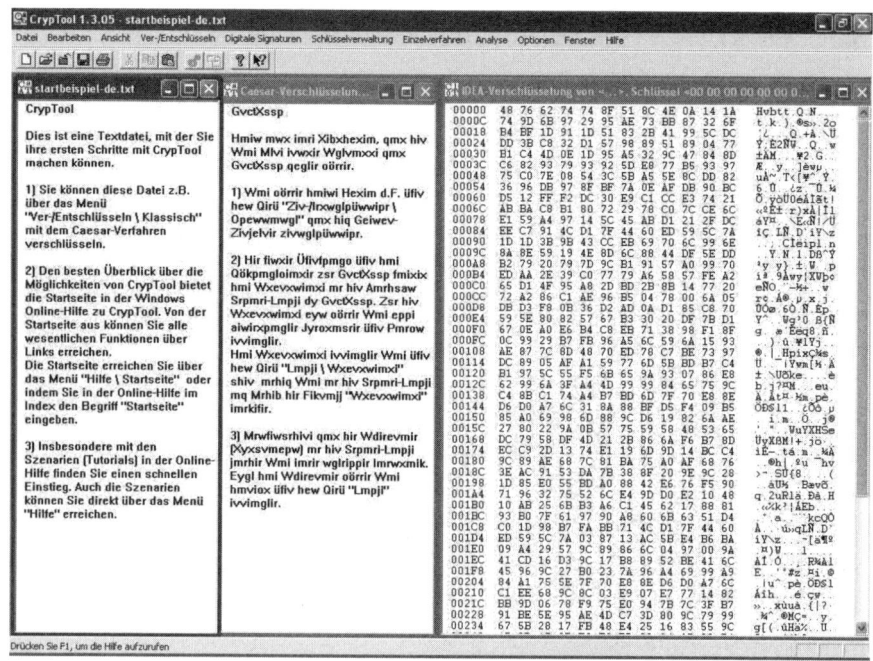

Abb. B.0-1: *CrypTool ist eine Lern-Software, die das Verschlüsseln und Signieren mit zahlreichen Verfahren ermöglicht.*

C Rätsel der Kryptologie-Geschichte

Viele der in diesem Buch beschriebenen Kenntnisse sind noch recht neu, und die Quellenlage ist in vielen Fällen unklar oder gar widersprüchlich. Es ist daher unvermeidlich, dass sich Fehler in dieses Buch eingeschlichen haben. Der Autor bittet daher alle Leser, ihm etwaige Fehler, Ungereimtheiten oder Verbesserungsvorschläge unter der E-Mail-Adresse klaus.schmeh@W3L.de zu melden.

Darüber hinaus hat der Autor folgende Bitte: Sollten Sie zu einem der im Folgenden genannten Themen oder zu sonstigen Teilbereichen der Kryptologie-Geschichte persönliche Erfahrungen oder sonstige Informationen besitzen, die Sie noch nie an einen Experten weitergegeben haben, dann wäre es hilfreich, wenn sie den Autor unter der oben genannten E-Mail-Adresse kontaktieren würden.

Verschlüsselung im Zweiten Weltkrieg

Besonders interessant sind für Krypto-Historiker Informationen über die in Abschnitt »Hitlers letzte Maschinen« (S. 163) beschriebenen Verschlüsselungsmaschinen Schlüsselgerät 39 (von der Firma T&N), Schlüsselgerät 41 (Hitlermühle), Hell Geheimschreiber und Siemens & Halske T43, die allesamt während des Zweiten Weltkriegs entstanden sind. Falls Sie selbst noch an der Produktion dieser Maschinen beteiligt waren oder mit Ihnen gearbeitet haben, könnten Sie der diesbezüglichen Forschung wichtige Informationen liefern. Vielleicht können Sie auch eine Aussage über das im gleichen Kapitel beschriebene Gerät machen, das im Toplitzsee aufgefunden wurde (Abb. C.0-1). Es muss sich

Zeitzeugen werden gesucht

dabei nicht notwendigerweise um eine Verschlüsselungsmaschine handeln.

Darüber hinaus sind natürlich auch Informationen aus erster Hand über die bereits relativ gut erforschten Maschinen Enigma, Geheimschreiber T52 und Lorenz-Maschine von Interesse. Oder vielleicht sind Ihnen sogar Verschlüsselungsaktivitäten aus dem Zweiten Weltkrieg bekannt, die in diesem Buch gar nicht erwähnt wurden. 60 Jahre nach Kriegsende kommt ein solcher Aufruf natürlich spät, doch die Chance, Zeitzeugen zu finden, ist sicherlich noch vorhanden.

Abb. C.0-1: Detailaufnahme der Toplitzsee-Maschine

Verschlüsselung in der DDR

Über die in der DDR eingesetzte Verschlüsselungstechnik ist bisher so gut wie nichts veröffentlicht worden. Die in diesem Buch aufgeführten Informationen stammen von der Forschungs- und Gedenkstätte Normannenstraße und wurden dem Autor freundlicherweise von dessen Vorstandsvorsitzenden Bernd Lippmann zur Verfügung gestellt. Leider sind die verfügbaren Quellen noch nicht systematisch ausgewertet worden. Unabhängig davon müsste es noch zahlreiche Zeitzeugen geben, die selbst zu DDR-Zeiten im Bereich der Verschlüsselung gearbeitet haben. Der Autor würde sich über Kontakte zu solchen Personen freuen.

Es müsste zahlreiche DDR-Zeitzeugen geben

Andere Bereiche

Es gibt noch zahlreiche weitere weiße Flecken auf der Kryptologie-Landkarte. So wissen beispielsweise selbst Experten nur wenig über Verschlüsselung in der ehemaligen Sowjetunion und anderen Ostblockstaaten zu berichten. Auch zu den meisten anderen Ländern gibt es bisher nur wenige bis gar keine Veröffentlichungen. Falls Sie also diesbezüglich etwas wissen, was Sie noch nie einem Experten mitgeteilt haben, melden Sie sich bitte beim Autor. Vielleicht wird Ihre Geschichte in der nächsten Ausgabe dieses Buchs berücksichtigt.

Zwei spezielle Fragen ergeben sich aus Geräten, die der Verschlüsselungsmaschinen-Experte Jerry Proc aufgespürt hat und auf seiner Web-Seite beschreibt /JProc 04/. Eine davon hat ein Holzgehäuse, sie ist in (Abb. C.0-2) zu sehen. Bei der anderen (Abb. C.0-3) handelt es sich offensichtlich um ein Schlüsseltelefon, das von der US-Marine eingesetzt wurde. Eine ungeklärte Frage ist schließlich auch, wann, wie, von wem und zu welchem Zweck die auf dem Titelbild dieses

Wer kennt die Chiffrierscheibe

Abb. C.0-2: Wer kann Angaben zu dieser bisher nicht identifizierten Verschlüsselungsmaschine machen?

Buchs abgebildete Chiffrierscheibe eingesetzt wurde. Das Gerät stammt aus den Beständen des Bundesamts für Sicherheit in der Informationstechnik (BSI) und könnte aus der Zeit nach dem Ersten Weltkrieg stammen. Genaueres ist nicht bekannt.

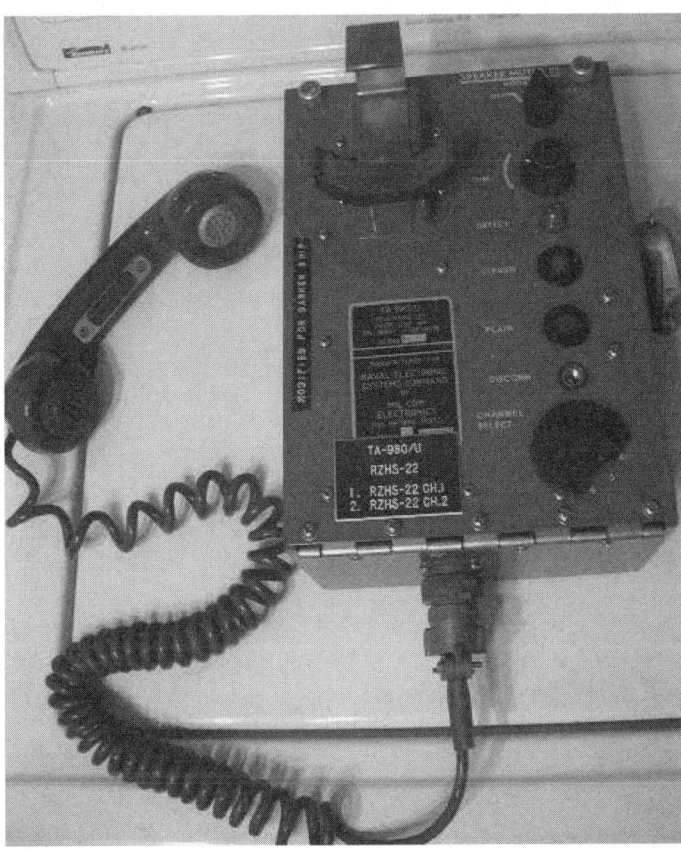

Abb. C.0-3: Dieses Telefon mit Verschlüsselungsfunktion wurde von einer texanischen Firma gebaut und von der US-Marine eingesetzt. Mehr ist darüber nicht bekannt.

D Danksagung

Zum Gelingen dieses Buchs haben zahlreiche Personen beigetragen. Der Autor bedankt sich insbesondere bei:

Zahlreiche Personen haben zum Gelingen des Buchs beigetragen

- Sacha Bán und Josef M. Meier von der Crypto AG für ihre inhaltliche Unterstützung und die Bereitstellung zahlreicher Fotos.
- Julie deSylva von der Abteilung Public and Media Affairs der NSA für die Bereitstellung zahlreicher Fotos.
- Prof. Dr. Hans Dobbertin für seine Unterstützung beim Kapitel »Hans Dobbertin knackt MD5«.
- Merryl Jenkins von der Bletchley Park Stiftung (www.bletchleypark.org.uk) für die Bereitstellung zahlreicher Fotos.
- Ralf Kirchhoff von der cv cryptovision gmbh für die Bereitstellung von Fotos.
- Klaus Kopacz für seine inhaltliche Unterstützung und die Bereitstellung zahlreicher Fotos.
- Thomas Lenschen von der Zeitschrift F-Flagge für seine inhaltliche Unterstützung.
- Dr. Otto Leiberich für seine inhaltliche Unterstützung.
- Bernd Lippmann für seine Unterstützung im Zusammenhang mit dem Thema Verschlüsselung in der DDR.
- Wolfgang Mache für seine Unterstützung im Zusammenhang mit Verschlüsselungsmaschinen (Siemens-Umfeld).
- Prof. Dr.-Ing. Christof Paar für das Geleitwort.
- Prof. Dr.-Ing. habil. Helmut Balzert und Dr. Olaf Zwintzscher vom Verlag W3L für die Realisierung dieses Buchs.

Außerdem gilt der Dank des Autors Tobias Bluhm, Fred Fischer, Martin Klauss, Kerstin Kohl, Andrea Krengel, Helge Kunze, Jerry Proc, Anja Schartl, Volker Schmeh und Claudia Wolff.

E Bildnachweis

Folgende Bilder wurden freundlicherweise von den jeweils genannten Personen oder Organisationen zur Verfügung gestellt:

Bletchley Park (www.bletchleypark.org.uk), Milton Keynes (Großbritannien): Abb. 2.3-2, Abb. 2.3-5, Abb. 2.10-1, Abb. 2.10-3, Abb. 2.10-4

Crypto AG (www.crypto.ch), Zug (Schweiz): Abb. 2.1-3, Abb. 2.1-4, Abb. 2.1-6, Abb. 2.3-4, Abb. 2.12-1, Abb. 2.12-2, Abb. 2.12-5, Abb. 2.12-6, Abb. 2.12-7, Abb. 2.15-1

cv cryptovision (www.cryptovision.com), Gelsenkirchen: Abb. 3.7-1, Abb. 3.7-2

Martin Klauss, Hannover: Abb. 1.1-3, Abb. 2.1-1, Abb. 2.1-5, Abb. 2.3-1, Abb. 2.7-1, Abb. 2.7-2, Abb. 2.8-1, Abb. 2.12-3, Abb. 2.12-4, Abb. 2.17-2, Farbbild 1, Farbbild 2, Farbbild 3, Farbbild 4, Farbbild 5, Farbbild 6, Farbbild 7, Farbbild 8, Farbbild 9, Farbbild 10

Klaus Kopacz, Stuttgart: Abb. Seite 164, Abb. 2.15-3, Abb. 2.15-4, Abb. 2.15-5, Abb. C.0-1

National Security Agency (www.nsa.gov), Fort Meade (USA): Abb. 1.2-1, Abb. 2.1-2, Abb. 2.3-3, Abb. 2.3-6, Abb. 2.3-7, Abb. Seite 86, Abb. 2.5-1, Abb. 2.5-2, Abb. 2.5-3, Abb. 2.8-2, Abb. 2.10-2, Abb. 2.17-1, Abb. 3.10-1

Jerry Proc (webhome.idirect.com/ jproc/crypto/), Hamilton (Kanada): Abb. C.0-2, Abb. C.0-3

Siemens / Wolfgang Mache, München: Abb. 2.15-2

Phil Zimmermann (www.philzimmermann.com), Silicon Valley (USA): Abb. Seite 245

Klaus Schmeh: Abb. 1.1-1, Abb. 1.1-2, Abb. 2.2-1, Abb. 2.4-1, Abb. 2.6-1, Abb. 2.6-2, Abb. 2.9-1, Abb. 2.9-2, Abb. 2.11-1, Abb. 2.13-1, Abb. 3.2-1, Abb. 3.5-1, Abb. 3.9-1, Abb. 3.13-1, Abb. 3.13-2, Abb. 3.13-3, Abb. 3.14-1, Abb. A.0-1, Abb. B.0-1

Namens- und Organisationsindex

Sachindex